蛋白质科学

理论、技术与应用

主 编 张艳贞 宣劲松

北京大学出版社
PEKING UNIVERSITY PRESS

图书在版编目(CIP)数据

蛋白质科学:理论、技术与应用/张艳贞,宣劲松主编. —北京:北京大学出版社,
2013.1

ISBN 978-7-301-21719-1

Ⅰ.①蛋… Ⅱ.①张… ②宣… Ⅲ.①蛋白质－高等学校－教材 Ⅳ.①Q51

中国版本图书馆 CIP 数据核字(2012)第 290410 号

书　　　名:	蛋白质科学——理论、技术与应用
著作责任者:	张艳贞　宣劲松　主编
责 任 编 辑:	黄　炜
标 准 书 号:	ISBN 978-7-301-21719-1/Q・0132
出 版 发 行:	北京大学出版社
地　　　址:	北京市海淀区成府路 205 号　100871
网　　　址:	http://www.pup.cn　新浪官方微博:@北京大学出版社
电 子 信 箱:	zpup@pup.cn
电　　　话:	邮购部 62752015　发行部 62750672　编辑部 62752038
	出版部 62754962
印　　　刷　者:	北京大学印刷厂
经　销　者:	新华书店

787 毫米×1092 毫米　16 开本　13 印张　296 千字
2013 年 1 月第 1 版　2013 年 1 月第 1 次印刷

定　　　价:	28.00 元

前　言

蛋白质是生物体最重要的组成成分之一,几乎参与了生命活动的全过程。随着人类基因组计划的实施、推进和深入,蛋白质研究逐步受到关注和重视,并被提升到前所未有的高度,正如人类基因组计划(Human Genome Project,HGP)主要负责人 Francis Collins 在人类基因组草图公布之际所强调的那样:真正的竞赛才刚刚开始! 竞赛的核心内容,就是要研究基因的产物——蛋白质。随即,美国、欧洲和亚太地区联合启动了国际性大合作——人类蛋白质组计划。2006 年 1 月我国国务院颁布的《国家中长期科学和技术发展规划纲要》(2006－2020 年)及时把握科技发展机遇,将蛋白质研究列为今后 15 年全国重点部署的四项重大科学研究计划之一,充分体现了蛋白质科学与技术在引领未来科学技术发展、实现重点跨越式发展、建设创新型国家中的重要战略地位和重要战略意义。

经过近十年的发展,蛋白质科学与技术已经成为 21 世纪生命科学与生物技术的重要战略前沿,蛋白质研究相关的基础理论和实验技术已成为各大高校生物、医学、化学、药学类专业必修的重点课程和难点课程。可以说,近些年蛋白质科学取得了很多令人振奋的技术进步和研究成果,也有不少蛋白质研究领域相关的专著刊出,但这些新进展还没有及时转化为教材内容,所以目前很难找到一本适合本科生教学和学习的、难度适中、系统全面、新颖实用的介绍蛋白质科学研究的教科书。

本书由教学科研一线教师汇集五年来教学实践经验和教学研究成果编写而成,广泛参考现有的教材、著作和文献并进行了吸收和归纳。全书注重理论与技术相衔接,语言严谨且简明易懂。以蛋白质研究的发展历程和领域层次为主线,依次介绍了蛋白质的基本结构单位——氨基酸、氨基酸的连接——肽键与肽、蛋白质的表征(包括蛋白质的定量、纯度的测定、相对分子质量的测定、等电点的测定)、蛋白质的分子构象、蛋白质构象解析技术策略、蛋白质的结构与功能、蛋白质的翻译后加工与修饰、蛋白质的理化性质与分离鉴定以及蛋白质组学等内容,是一本系统介绍蛋白质的理论研究和技术发展的教科书。

本书不仅有蛋白质研究一般知识的普及,还特别注重介绍蛋白质研究各个领域的最新进展和发展趋势,比较准确地归纳和体现了蛋白质研究的现状,尤其是每一章末增加了思考题以及相关研究热点问题的拓展阅读,可极大地提高读者学习蛋白质科学的兴趣,有助于其创新思维的启发和培养。

本书不仅可作为生物类、医学类、化学类、药学类、环境生态类、食品科学与技术类专业的本科生、专升本学生的教材,也可作为相关专业研究生和从事蛋白质研究的科研人员的参考用书,还适合于有一定分子生物学和生物化学知识,希望尽快了解蛋白质研究领域的科技工作者或管理者阅读。

本书第一、二、三、五、六、七、八、十章主要由张艳贞(北京联合大学应用文理学院)编写,第四、九章主要由宣劲松(北京科技大学)编写,郭俊霞、陈文(北京联合大学应用文理学院)参与各章部分节次的补充和修订;拓展阅读部分由宣劲松、张艳贞、郭俊霞、陈文分工编写；此外，张静、米生权、常平（北京联合大学应用文理学院）等参与讨论、查阅文献、校稿和订正等工作；全书由张艳贞、宣劲松策划统稿。

在本书编写过程中，参考了国内外众多作者的著作、文章以及相关教材，还通过网络获得了很多有用的知识，特别是中国科学网、北京蛋白质组研究中心的"蛋白质组天空"及一些个人的学术 blog，在此表示衷心的感谢。

本书由"北京联合大学人才强校计划人才资助项目"资助，北京大学出版社黄炜担任责任编辑。编辑出版过程中，黄炜老师做了大量细致工作并给予很多编写启发，北京联合大学应用文理学院各级领导和各位同事也给予了各方面的配合和支持，在此一并表示感谢。

由于蛋白质科学发展迅速、知识内容涉及广泛，加之编者水平有限，尽管本书已经历多次审核和校订，但肯定还会有错误和问题存在，恳请同行专家以及使用本书的广大师生和读者批评指正。

张艳贞　宣劲松

2012 年 10 月

目 录

第一章 绪 论

一、什么是蛋白质

"蛋白质"（protein）一词是 1938 年由瑞典化学家 Jöns Jacob Berzeliu 首先提出来的，用来描述生命有机体中富有的、由氨基酸链组成的一类特殊的大分子，该词源自希腊文"Protos"，是"第一的，首要的，重要的"的意思。随着对这种大分子的不断了解，人们愈加觉得这个术语是非常贴切的。

蛋白质是一切生物体中普遍存在的，由 20 种天然 α 氨基酸[①]，通过肽键相连形成的高分子含氮化合物。它们种类繁多，具有一定的相对分子质量、复杂分子结构和特定生物学功能，是表达生物遗传性状的一类主要物质。

二、蛋白质在生命体中的重要地位

蛋白质在生物体内占有特殊重要的地位。蛋白质和核酸是构成细胞内原生质的主要成分，而原生质是生命现象的物质基础。早在 1878 年，恩格斯就在《反杜林论》中指出："生命是蛋白体的存在方式，这种存在方式本质上就在于这些蛋白体的化学组成部分的不断的自我更新。"

蛋白质是生命活动的物质基础，它参与了几乎所有的生命活动过程。在细胞结构、生物催化、物质传输、运动、防御、调控以及记忆、认知等各方面都起着极其重要的作用。蛋白质是生物体内必不可少的重要成分，是构成生物体最基本的结构物质和功能物质，是生物结构和功能的载体。实际上，每种细胞活性都依赖于一种或几种特定的蛋白质。归纳起来，蛋白质的生物学功能主要有以下几个方面：

（1）催化功能。蛋白质的一个最重要的生物功能是作为生物体新陈代谢的催化剂——酶。绝大多数的酶都是蛋白质，生物体内的各种化学反应几乎都是在酶的参与下进行的。如萤火虫的荧光就是由荧光素和 ATP 在荧光素酶催化下产生的。

（2）结构成分。蛋白质另一重要功能是建造和维持生物体的结构，这类蛋白称为结构蛋白，它们给细胞和组织提供支撑和保护。结构蛋白的单体一般聚合成长的纤维或纤维状排列的保护层，如构成毛发、角、蹄、甲的 α 角蛋白，存在于骨、腱、韧带、皮的胶原蛋白等。

（3）储藏功能。蛋白质是氨基酸的聚合物，是含有氮素的高分子有机物。氮素通常是生物体生长的限制性养分，所以在必要时，生物体利用蛋白质提供充足的氮素，例如，卵清蛋白为鸟类胚胎发育提供氮源，乳中的酪蛋白是哺乳类幼子的主要氮源。许多高等植

[①] 近年发现硒代半胱氨酸和吡咯赖氨酸也是蛋白质生物合成的原材料，是由具双重功能的无义密码子 UGA 和 UAG 以上下游序列决定的方式插入的。

物的种子含高达 60％的贮存蛋白,为种子的发芽准备足够的氮素。蛋白质除为生物体发育提供 C、H、O、N、S 元素外,像铁蛋白还能贮存 Fe,用于含铁蛋白(如血红蛋白)的合成。

(4) 运输功能。有一些蛋白是转运蛋白,其功能是转运特定的物质。如血红蛋白、血清清蛋白是通过血流转运物质的,前者将氧气从肺转运到其他组织(第七章);后者将脂肪酸从脂肪组织转运到各器官。另一类转运蛋白是膜转运蛋白,它们能通过渗透性屏障(细胞膜)转运代谢物和养分(葡萄糖、氨基酸等),如葡糖转运蛋白。至今研究过的所有天然膜转运蛋白都是在膜内形成通道,被转运的物质经过它进出细胞。

(5) 运动功能。某些蛋白质赋予细胞以运动的能力,如肌肉收缩和细胞游动都是由相应的蛋白质参与完成的。作为运动基础的收缩蛋白和游动蛋白具有共同的性质:它们都是丝状分子或丝状聚集体。例如,形成细胞收缩系统的肌动蛋白(actin)和肌球蛋白以及作为微管(microtubule)主要成分的微管蛋白(tubulin)都属于这一类蛋白。另一类参与运动的蛋白质称为发动机蛋白质(motor protein),如动力蛋白和驱动蛋白,它们可驱使小泡、颗粒和细胞器沿微管轨道移动。

(6) 调节功能。许多蛋白质具有调节其他蛋白质执行其生理功能的能力,这些蛋白质称为调节蛋白,最著名的例子是胰腺兰氏小岛及 β 细胞分泌的胰岛素,它是调节动物体内血糖代谢的一种蛋白质类激素。

(7) 基因表达调控功能。还有一些蛋白质参与基因的表达调控,它们可激活(正控制因子)或抑制(负控制因子)遗传信息转录为 RNA。

(8) 免疫和防御功能。与一些结构蛋白的被动性防护不同,一类确切地称为保护蛋白的蛋白质在细胞防御、保护方面的作用是主动的。此类蛋白中最突出的是脊椎动物体内的免疫球蛋白或称抗体。抗体是在外来的蛋白质或其他高分子化合物,即所谓抗原的影响下由淋巴细胞产生,并能与相应的抗原结合而排除外来物质对生物体的干扰的一类蛋白。另一类保护蛋白是血液凝固蛋白、凝血酶和血纤蛋白原等。南极鱼和北极鱼含有抗冻蛋白,能防止在深海低于 0℃水温下血液冷冻。此外,起防卫作用的还包括蛇毒和蜂毒中的溶血蛋白和神经毒蛋白,还有植物毒蛋白和细菌毒素。

(9) 信号传导功能。某些蛋白质在细胞应答激素、生长因子等信号途径中起作用,参与对激素和其他信号分子的胞内应答的协调和通讯。如视网膜上的视紫质蛋白可通过 G-蛋白将光信号转换成化学信号和神经冲动。

(10) 电子传递功能。代谢物脱下的还原型辅酶经呼吸链传递伴随磷酸化生成 ATP 的过程是需氧生物获得能量的主要途径。呼吸链中电子传递体都和蛋白质结合存在或起作用。

(11) 特殊功能。某些蛋白质具有除上所述以外的特殊的功能,如应乐果甜蛋白有着极高的甜度;昆虫翅膀的铰合部存在一种具有特殊弹性的蛋白质,称为节肢弹性蛋白;某些海洋生物(如贝类)分泌一类胶质蛋白,能将贝壳牢固地黏在岩石或其他硬表面上。

三、蛋白质的元素组成和结构组成

1. 蛋白质的元素组成及特点

根据蛋白质结晶元素分析,发现它们的元素组成与糖和脂质不同,除含有碳、氢、氧外,还有氮和少量的硫。有些蛋白质还含有磷和其他一些金属元素,如铁、铜、锌、锰、钴、钼,个别蛋白质含有碘。不同元素在蛋白质中的组成百分比约为:碳 50%,氢 7%,氧 23%,氮 16% ,硫 0～3%,其他微量。

一切蛋白质都含 N 元素,且各种蛋白质的含氮量很接近,平均为 16%,这是蛋白质元素组成的一个特点,也是凯氏(Kjedahi)定氮法测定蛋白质含量的计算基础。蛋白质的含量=蛋白氮×6.25,式中 6.25 即 16%的倒数,表示任何生物样品中 1 克 N 的存在,就意味着有大约 100/16=6.25 克蛋白质的存在,6.25 常称为蛋白质系数。

2. 蛋白质的结构组成

一百多年前关于蛋白质的化学研究就开始了。在早期的研究中,水解作用提供了关于蛋白质组成和结构的极有价值的资料。蛋白质可以被酸、碱或蛋白酶催化水解,在水解过程中,逐渐降解成相对分子质量越来越小的肽段,直到最后成为氨基酸的混合物。蛋白质分子是由成百上千个氨基酸分子首尾相连组成的共价多肽链,但是天然的蛋白质分子并不是走向随机的松散多肽链。每一种天然蛋白质都有自己特有的空间结构或称三维结构,这种三维结构通常被称为蛋白质的构象。指导蛋白质多肽链折叠成能量上有利的构象的规律至今仍不完全清楚,寻找这些规律是当前着力研究的课题之一。

四、蛋白质的分类

蛋白质的分类有不同的依据,依据不同就有不同的分类结果。

1. 依据蛋白质的外形分为球状蛋白质和纤维状蛋白质

蛋白质按其分子外形的对称程度可以分为球状蛋白质(globular protein)和纤维状蛋白质(fibrous protein)两大类。球状蛋白质,分子对称性佳,外形接近球状或椭球状,溶解度较好,能结晶;大多数蛋白质属于这一类。纤维状蛋白质,对称性差,分子类似细棒状或纤维状。它又可分成可溶性纤维状蛋白质,如肌球蛋白(myosin)、血纤维蛋白原(fibrinogen)等以及不溶性纤维状蛋白质,包括胶原蛋白、弹性蛋白、角蛋白以及雌心蛋白等。

2. 依据蛋白质的组成分为简单蛋白和结合蛋白

许多蛋白质仅由氨基酸组成,不含其他化学成分,例如,核糖核酸酶、肌动蛋白等,这些蛋白质称为单纯蛋白质(simple protein)。许多其他蛋白质含有除氨基酸外的各种化学成分,这些化学成分成为其结构的一部分,这样的蛋白质称为缀合蛋白质(conjugated protein),其中非蛋白质部分称为辅基(prosthetic group)或配体(ligand)。

(1) 单纯蛋白质还可以根据其物理性质(如溶解度)分类如下:

清蛋白:溶于水及稀盐、稀酸或稀碱溶液,可以被饱和硫酸铵所沉淀。清蛋白广泛存在于生物体内,如血清清蛋白、乳清蛋白等。

球蛋白:为半饱和硫酸铵所沉淀。不溶于水而溶于稀盐溶液的称优球蛋白;溶于水的称假球蛋白。球蛋白普遍存在于生物体内,如血清球蛋白、肌球蛋白和植物种子球蛋白。

谷蛋白:不溶于水、醇及中性盐溶液,但易溶于稀酸或稀碱。如米谷蛋白和麦谷蛋白等。

醇溶谷蛋白:不溶于水及无水乙醇,但溶于 70%～80%乙醇中。组成上的特征是脯氨酸和酰胺较多,非极性侧链远较极性侧链多。这类蛋白质主要存在于植物种子中。如玉米醇溶蛋白、麦醇溶蛋白等。

组蛋白：溶于水及稀酸，但为稀氨水所沉淀。分子中组氨酸、赖氨酸较多，分子呈碱性。如小牛胸腺组蛋白等。

鱼精蛋白：溶于水及稀酸，不溶于氨水。分子中碱性氨基酸特别多，因此呈碱性。如鲑精蛋白。

硬蛋白：不溶于水、盐、稀酸或稀碱。这类蛋白是动物体内具有结缔及保护功能的蛋白质。例如，角蛋白、胶原蛋白、网硬蛋白和弹性蛋白等。

（2）缀合蛋白质可以按其非氨基酸成分进行如下分类：

核蛋白：辅基是核酸，如脱氧核糖核蛋白、核糖体、烟草花叶病毒等。

脂蛋白：与脂质结合的蛋白质。脂质成分有磷脂、固醇和中性脂等。如血中的血清脂蛋白、卵黄球蛋白。

糖蛋白和黏蛋白：辅基成分为半乳糖、甘露糖、己糖胺、己糖醛酸、唾液酸、硫酸或磷酸等。如卵清蛋白、γ-球蛋白，血清类黏蛋白等。

磷蛋白：磷酸基通过酯键与蛋白质中的丝氨酸或苏氨酸残基侧链相连。如酪蛋白、胃蛋白酶等。

血红素蛋白：辅基为血红素，它是卟啉类化合物，卟啉环中心含有金属。含铁的如血红蛋白、细胞色素 c，含镁的有叶绿蛋白，含铜的有血蓝蛋白等。

黄素蛋白：辅基为黄素腺嘌呤二核苷酸。如琥珀酸脱氢酶、D-氨基酸氧化酶等。

金属蛋白：与金属直接结合的蛋白质。如铁蛋白含铁，乙醇脱氢酶含锌，黄嘌呤氧化酶含钼和铁等。

3. 根据多肽链的数目分为单体蛋白质和寡聚蛋白质

单体蛋白质（monomeric proteins）是只含有一条肽链的蛋白质，如肌红蛋白；具有两条或两条以上独立三级结构的多肽链通过非共价键相互结合而形成的蛋白质为寡聚蛋白（oligmeric protein），如血红蛋白。

4. 根据功能分为活性蛋白质和非活性蛋白质

生物体内很多蛋白质，尤其是酶和激素，大多以非活性的前体或酶原形式存在，在激活物或激活剂的刺激下才转变成具有生物活性的蛋白质。

5. 根据营养价值分为完全蛋白和不完全蛋白

营养价值较高的蛋白质称为完全蛋白，较低的称为不完全蛋白。营养价值的高低主要取决于其氨基酸组成，含有全部必需氨基酸且必需氨基酸比例符合或接近人体需求的蛋白质，其营养价值较高。

五、蛋白质研究史上的重要人物和事件

1878 年，恩格斯就在《反杜林论》中指出："生命是蛋白体的存在方式"；

19 世纪末，从蛋白质水解产物分离得到了 13 种氨基酸，基团学说销声匿迹；

1902 年，Fischer 和 Hofmeister 同时提出肽键理论；

1924 年，瑞典 Theodor Svedberg 利用他首创的超离心技术得知蛋白质分子是均一的，并具有固定的相对分子质量；

1950 年，Pauling 提出蛋白质二级结构的基本单位：α 螺旋和 β 折叠；

1953，英国剑桥 Frederick Sanger 利用纸电泳和纸层析测出了第一个蛋白——牛胰岛素的一级结构，开创蛋白质一级结构研究的新纪元，并由此获得 1958 年诺贝尔奖；

50 年代末，美国学者 Stanford Moore 等改进了 Sanger 的方法，完成了第一个酶蛋白——核糖核酸酶的序列分析；

1961 年，Anfinsen 用核糖核酸酶变性复性实验证明蛋白质的一级结构决定其高级结构；

1963 年，John Kendrew 和 Max Perutz 利用他们首创的重原子同晶置换技术测出了第一个蛋白——肌红蛋白晶体的三维结构；

1965 年，中国科学院与北京大学在世界上首次人工合成具有天然活性和构象的牛胰岛素；

1969 年，美国 Merrifield 等首次人工合成酶——牛胰核糖核酸酶；

80 年代初，在人类基因组计划提出之前，美国科学家 Norman G. Anderson 提出 Human Protein Index 计划，旨在分析细胞内的所有蛋白质，但没有受到认可和重视，被搁浅下来……

1994 年 Marc Wilkins 在意大利锡耶纳（Siena）的一次 2-DE（双向电泳）会议上首次提出"Proteome（蛋白质组）"概念：Proteome＝**prote**in＋gen**ome**，指一个生物系统在特定病理或生理状态下表达的所有种类的蛋白质；同时，其导师澳大利亚 Macquarie 大学的 Keith Williams 向澳政府建议开展蛋白质组研究；

1995 年悉尼大学与 Williams 等 4 家实验室合作，对一种最小的自我复制生物（一种支原体）的蛋白质进行了大规模分离鉴定；

1996 年 APAF（Australia Proteome Analysis Facility）世界第一个蛋白质组研究中心成立，Wilkins 师徒二人分别负责蛋白质组技术平台建立并担任蛋白质组学学科带头人；

其后，丹麦、加拿大、日本也先后成立蛋白质组研究中心；瑞士成立 GeneProt 公司，专注于应用蛋白质组研究；

2001 年，美国成立国际人类蛋白质组组织（Human Proteome Organization，HUPO），欧洲、亚太地区分组织相继开展工作；

2002 年人类蛋白质组计划（Human Proteome Project，HUPP）（www.hupo.org）启动：中国主持肝蛋白质组研究，德国主持脑蛋白质组研究，美国主持心脏、肺、血浆蛋白质组研究，越来越多的国家和地区参与进来，形成了真正的国际性大合作……

六、我国国内蛋白质研究现状

1997 国家自然科学基金委员会设立重大项目"蛋白质组学技术体系的建立"，中科院生化所（夏其昌）、军事医学科学院（贺福初院士）、湖南师范大学（梁宋平）迅速启动，成立蛋白质组学研究中心；

其后，《国家中长期科学与技术发展规划纲要》（2006～2020）将"蛋白质研究"列为四项重大科学研究计划之一；

科技部将疾病蛋白质组研究列入我国"973"计划项目和"863"计划项目；国家自然科学基金委员会也将"蛋白质组研究"列为重点项目；

近十年来，我国在鼻咽癌、白血病、肝癌和肺癌蛋白质组研究方面取得了很大进展，受到国际同行的赞誉。

七、当前蛋白质研究的热点和特点

人类基因组计划于 1985 年正式提出,1990 年启动,预计用 20 年左右的时间完成,被誉为生命科学领域的阿波罗登月计划。人们设想其完成之日就是生命奥秘被揭示之日,人类基因组框架图的发表使大众对科学家将揭示人类的遗传奥秘充满了幻想与信心。但是,真实的图景远不像人们想象的那样简单。

表 1-1 是已经完成基因组测序的生物及基因预测结果:

表 1-1 已完成基因组测序的生物

生物	基因组大小/Mb	完成时间/年	预计基因数目/个
酵母	12.1	1996	6 034
线虫	97	1998	19 099
果蝇	180	2000	13 061
拟南芥	125	2000	25 498
人类	3000	2001	30 000
水稻	460	2001	44 000～65 000

就人类而言,其基因组测定预计基因约 3 万个,但远比人类低等得多的线虫预计基因约 2 万个,拟南芥 2.5 万个,看来,基因数目并不能完全解释生命现象的复杂和差异;而且如果把翻译后修饰考虑进去,人类蛋白质组所包含的蛋白质预计超过 100 万个。也许,只有真正利用蛋白质组水平上所增加的复杂性和多样性,才可以解释人类与其他生物相比所增加的生物学复杂性。正如国际人类基因组计划主要负责人 Francis Collins 在 2001 年 6 月一次会议上所强调的那样:真正的竞赛才刚刚开始! 竞赛的核心内容,就是要研究基因的产物——蛋白质。同时,国际权威期刊 Nature 和 Science 专门配发了鼓励和引导蛋白质组研究的述评,真正掀起了国际蛋白质研究热点的新动向。

概要地说,当前蛋白质研究已在传统的基于单个蛋白质研究的基础上转向了对全部蛋白质组的研究,相应产生了蛋白质组学的概念。所谓蛋白质组学(proteomics),就是指从整体的角度分析细胞内动态变化的蛋白质组成成分、表达水平与修饰状态,了解蛋白质之间的相互作用与联系,揭示蛋白质功能与细胞生命活动规律的一个新的研究领域。那么,为什么组学研究的理念会受到普遍重视并成为基因组计划完成之后必然的趋势呢?这是因为:生命现象的发生是多因素影响的,必然涉及多个蛋白质;其次,多个蛋白质的参与是交织成网络的,或平行发生,或呈级联因果;而且,在执行生理功能时,蛋白质的表现是多样的、动态的,并不像基因组那样固定不变。如果不从组学的角度去研究和分析,势必产生盲人摸象的效果。

与我们大家都熟悉的人类基因组计划研究相比,蛋白质组的研究呈现出其独有的特点:

(1)同一性与多样性。对一个细胞或组织来说,它的基因组组成是不变的,代表了它的全部遗传特征。它在生物的不同组织和部位,在个体发育与细胞生长的不同阶段都是恒定的,而它的蛋白质组成则会随着时间、环境变化、发育阶段等因素发生变化。这种变化不仅仅表现在细胞表达的种类不同,同种蛋白质的表达量上也存在着很大的变化。

（2）有限与无限。随着人类基因组计划的进行，我们已经知道了各种生物基因组的大小，基因组不论大小，其核苷酸数量是明确的；而对于蛋白质组来说，蛋白质组蛋白数量无法把握，因为同一种蛋白质前体经过不同的加工可以成为不同的蛋白质产物，发挥不同的作用，而体内的蛋白质的修饰又是随着时间、环境等因素而不停变化的，因此，蛋白质组的研究工作似乎会成为一个无限的工作。

（3）静态与动态。一个个体的基因组自个体诞生到死亡，始终保持不变。而作为新陈代谢主要执行者的蛋白质组，在个体的生命活动中却总是变动不停。人们可以通过确定变化的蛋白来理解其功能。

（4）时间与空间。DNA 通常位于细胞核内，且保持稳定，因此测定基因组序列不受时空的影响。对于转录的 mRNA 来说，时间是主要的参考因素，在发育的不同阶段或细胞的不同活动时期，mRNA 的表达是不一样的。而在蛋白质组的研究中，不仅要考虑时间因素，更要考虑空间因素。因为，不同的蛋白分布在细胞的不同部位，它们的功能与其空间定位密切相关；而且，许多蛋白在细胞里不是静止不动的，它们常常通过在不同的亚细胞环境里的运动发挥作用。

（5）孤立行为与相互作用。基因组基因表达的各种 mRNA 是彼此孤立的，互不干扰；但是 mRNA 的产物——蛋白质正好相反，蛋白质与蛋白质之间、蛋白质与其他生物大分子之间有着广泛的相互作用，蛋白质复合体也通过结构型的变化来调整其功能型。

（6）单一手段与多种技术。对于核酸和蛋白质这类生物大分子来说，测定其序列是首要任务。测定 DNA 的核苷酸序列要远比测定蛋白质的氨基酸序列容易得多。前面已经说过，基因组既无量的变化，也没有质的变化，在基因组研究中，DNA 测序技术是最基本、最重要的工具；但是在蛋白质组研究中，需要的技术远远不止一种，而且技术的难度也远远大于基因组研究技术。简单地说，蛋白质组研究技术可分为两大类：分离技术和鉴定技术。分离技术的难点是不同蛋白质的量和质是不同的，鉴定技术则依赖于已知的蛋白质或基因序列为基础，因此，蛋白质组学的发展是受技术限制的，又是受技术发展推动的。

（7）互补与互助。蛋白质组研究和基因组研究是形影相随的两个重要领域，蛋白质组的许多工作离不开对基因组的研究。

让我们再来看看更为精辟的论述，Raj Parekh 这样说：基因组（Genome）告诉你理论上能够发生什么；转录组（Transcriptome）告诉你可能发生什么；蛋白质组（Proteome）告诉你正在发生什么。这就是蛋白质组，正在发生的事情，不了解它就不可能了解和认识生命现象的本质。

思考题

查阅以下文献，选择其中你认为最重要的一段翻译成汉语，并谈谈你对蛋白质科学研究的认识。

（1）Nature：And now for the proteome. 2001，409:747

（2）Science：Proteomics in genomeland. 2001，291:1221

（3）Science China：Proteomics in China：Ready for prime time. 2010,53(1):22—33

（张艳贞）

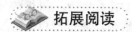 **拓展阅读**

指路明灯——绿色荧光蛋白

2008 年 10 月 8 日，瑞典皇家科学院在斯德哥尔摩宣布，日本科学家下村修（Osamu Shimomura）、美国科学家马丁·查尔菲（Martin Chalfie）和美籍华裔科学家钱永健（Roger Y. Tsien）因"发现并发展了绿色荧光蛋白（Green Fluorescent Protein，GFP）"，共同获得这一年的诺贝尔化学奖。

绿色荧光蛋白，是一种能够自行发出绿色荧光的蛋白质，用它来标记需要研究的蛋白，就好像给那些蛋白装上了一盏小灯，从而使人们能够在正常条件下对活细胞内分子水平上进行的各种过程及其分子机理进行观察和研究。瑞典科学院将绿色荧光蛋白的发现和改造与显微镜的发明相提并论："绿色荧光蛋白在过去 10 年间成为生物化学家、生物学家、医学家和其他研究人员的引路明灯……成为当代生物科学研究中最重要的工具之一。"

其实，围绕着这个会发光的蛋白质，有很多人和很多故事，而故事的主人公除了这三位获奖者，还有另外两个人功不可没，不能不提。

下村修的好奇心

下村修 1928 年出生于日本京都，后在长崎长大。1945 年的原子弹爆炸致使他一度失明。二战后下村从长崎医科大学毕业，想要到名古屋大学继续深造，却阴差阳错地进入了科学家平田义正的研究室。1955 年，平田交给下村一项任务，让他找出海萤被碾碎后放在水里仍能发光的原因。"那次阴差阳错决定了我的命运。"下村后来回忆说。

那项研究当时有许多人在做，但都没有什么结果。然而下村却在第二年便从海萤体内提取出一种发光的蛋白质。下村的研究引起了美国普林斯顿大学弗兰克·约翰逊（Frank Johnson）的强烈兴趣，在对方的邀请下，1960 年下村来到了美国。

可能是因为从小和海打交道，下村对海洋生物特别感兴趣，他非常想知道水母为什么会发光。于是 1961 年，下村来到了盛产水母的华盛顿州的"星期五港"（Friday Harbor），开始正式对维多利亚多管水母（*Aequorea victoria*）进行研究。他开始是从渔民手里买，后来干脆亲自上阵，甚至带动全家一块出海捕捞。回到家就把水母那圈会发光的"裙边"给剪下来，然后用最原始的办法挤出那些散发着微弱荧光的液体。据下村回忆，他当年总共挤了不下一百万头水母。1962 年，下村和约翰逊成功地得到了他们想要的发光蛋白"水母素"，与此同时，他们还发现了另外一种在紫外线照射下会发出强烈的绿色荧光的蛋白质：绿色荧光蛋白。

被庸才埋没的普莱舍

不过，由于当时他们的研究主要是提取水母素，绿色荧光蛋白只是副产物。而且下村本人也只对生物发光现象感兴趣，觉得绿色荧光蛋白"没什么用处"，因此后来便将它弃之不理。这项研究成果也随之被人遗忘。直到 1987 年，一个名为道格拉斯·普莱舍（Douglas Prasher）的美国科学家敏锐地意识到，这个绿色荧光蛋白将来一定大有作为！

普莱舍第一个想到，绿色荧光蛋白可以被应用在细胞生物学中，用于跟踪基因的表达和蛋白的定位。但要实现这一设想，必须首先知道编码绿色荧光蛋白的基因序列。于是他申请了一笔研究经费。

历经两年的辛苦工作,1992年普莱舍终于得到了这种蛋白的基因序列。只要再前进一步,将此基因放到其他生物比如细菌体内,看到荧光,就可以证明他的设想。恰在这时,钱用完了,他去申请美国国立卫生研究院(NIH)的经费,却被评审者拒之门外。于是普莱舍的研究不得已停了下来。后来当查尔菲和钱永健听说他的工作,向他寻求绿色荧光蛋白基因时,他无私地将自己的研究成果寄给他们。这为他们获得今天的荣誉奠定了基础。

北京大学生命科学学院院长饶毅坚信在绿色荧光蛋白的研究中,普莱舍真正起到了承上启下的作用。但是不仅当年NIH经费评审人平庸,现在的诺贝尔化学奖委员会也不能正确地评价,再次忽视他。饶毅认为"诺贝尔奖委员会,不是科学的最终标准,他们出错不止一次,公道自在人心,发错了奖只表明委员会成员水平有限"。因为当年被拒绝,普莱舍一气之下离开了学术界,在换了很多工作后,如今为一家车行开免费接送的大巴,收入微薄。"我的故事非常不幸。"普莱舍说,但他并不后悔当年把基因寄给查尔菲和钱永健,"他们都做出了杰出的工作。如果他们在这里的话,他们可要请我吃饭!"

查尔菲接过接力棒

普莱舍没能做完的事情,后来由美国哥伦比亚大学教授马丁·查尔菲接过了接力棒。查尔菲在一次学术会议中第一次知道了绿色荧光蛋白,立即想到可以将它应用于自己的线虫研究。于是与普莱舍取得联系并得到了绿色荧光蛋白克隆基因,查尔菲很快便完成了普莱舍没能做完的最后一步,让线虫体内的神经元发出了绿色荧光,成功地展示了绿色荧光蛋白的美妙应用。

1994年,他们在Science杂志上合作发表了一篇论文,证明了绿色荧光蛋白可以在细菌和线虫中表达,并可以发出荧光。这篇文章轰动一时,带动了无数相关研究,正是它奠定了查尔菲的获奖。

卢基扬诺夫另辟蹊径

谢尔盖·卢基扬诺夫(Sergey A. Lukyanov)是一位俄罗斯科学家,在关于绿色荧光蛋白的故事中很少有人知道他。但他却曾做出过一个了不起的成就——发现红色荧光蛋白!不过他的工作在概念上是绿色荧光蛋白的延伸,时间是1999年。

绿色荧光蛋白非常好用,但最大的缺点就是它只能发出绿色的光,如果有能发出各色荧光的蛋白,岂不更好?于是很多人开始着手研究红色荧光蛋白,可是下村之所以能找到绿色荧光蛋白是因为水母会发出绿色的光,海洋生物中有什么能发出红色的光呢?卢基扬诺夫独辟蹊径,他选择了珊瑚。这个点子在他之前从来没有人想到,因为珊瑚虽然五颜六色,但它发出的颜色并不是荧光。经过不懈的努力,谢尔盖·卢基扬诺夫最后竟真的从中得到了红色荧光蛋白(DsRed)——一种类似于绿色荧光蛋白的蛋白质,并成为了继绿色荧光蛋白以后第二个被商业化并被生物界大量使用的荧光蛋白。

因为他的成就如此突出,所以在当年的化学奖颁布之后,俄罗斯人为卢基扬诺夫没有得奖而感到愤愤不平。

钱永健的创意

在这一系列关于绿色荧光蛋白的研究中,钱永健是将其发扬光大、登峰造极的人。1994年,钱开始设法改造绿色荧光蛋白,使它成为当今生物学和医学研究中使用最广泛的工具之一。如今世界上各个实验室使用的荧光蛋白大多都是钱永健改造后的变种,它们有的荧光更强,有的呈现七彩颜色,有的可激活、可变色。

当时为了做出七彩的荧光蛋白,很多人花费大量精力寻找各种奇异的海洋生物,却都没有得到好的结果。这时,钱永健调整思路,把注意力放在了谢尔盖·卢基扬诺夫的红色荧光蛋白身上,详细分析了它的发光机理。最后他发现,这个蛋白有一个最主要的发光基团,只要把这个基团通过分子生物学的技术改变一下,就可以改变它的发光特性,顺着这个思路,钱永健终于得到了赤橙黄绿青蓝紫等各种颜色的荧光蛋白。

随后钱永健再接再厉,发明了能随周围环境变化而变色的荧光蛋白,以及与其他颜色荧光蛋白相互作用后会产生新颜色的荧光蛋白。利用这些荧光蛋白,2007 年研究者开发出一种新的彩色脑细胞成像技术"脑虹"。他们一次性为老鼠大脑内几百个神经元细胞染上了九十多种鲜明的色彩,看上去像极了一幅幅印象派大师的画作。"钱永健将它形成了新的变种,他做得更多,更新颖。"饶毅说。查尔菲则评价,钱永健"真正将绿色荧光蛋白变成了一个有用的工具"。

(郭俊霞)

第二章 蛋白质的基本结构单位——氨基酸

从各种生物中发现的氨基酸(amino acid,aa)180 多种,存在于自然界中的氨基酸有 300 余种,但组成蛋白质的由遗传密码指定的标准氨基酸仅有 20 种,近来发现还有 2 种修饰的衍生物——硒代半胱氨酸(Sec)和吡咯赖氨酸(Pyr),是由具双重功能的无义密码子 UGA 和 UAG 编码,以上下游核酸序列决定的方式插入的。在某些蛋白质中还存在若干种不常见的氨基酸,它们都是在已合成的肽链上由常见的氨基酸经专一酶催化的化学修饰转化而来的。天然氨基酸中大多数是不参与蛋白质组成的,这些氨基酸被称为非蛋白质氨基酸。前面的 20 种标准氨基酸加上硒代半胱氨酸和吡咯赖氨酸称为一级氨基酸。

第一节 氨基酸的结构及分类

一、常见的蛋白质氨基酸

20 种标准氨基酸中,除脯氨酸外,结构上的共同点是与羧基相邻的 α-碳原子上都有一个氨基,因而称为 α-氨基酸。结构通式如下:

$$H_3\overset{+}{N}-\underset{\underset{R}{|}}{\overset{\overset{COO^-}{|}}{C}}-H \qquad H_2N-\underset{\underset{R}{|}}{\overset{\overset{COOH}{|}}{C}}-H$$

兼性离子形式　　　　　中性分子形式

α-氨基酸除甘氨酸之外,其 α 碳原子是一个不对称碳原子或称手性中心,因此都具有旋光性。为表达蛋白质或多肽结构的需要,氨基酸的名称常使用三字母的简写符号表示,有时也使用单字母的简写符号表示,后者主要用于表达长多肽链的氨基酸顺序。这两套简写符号参见表 2-1。

从 α-氨基酸的结构通式可以知道,各种 α-氨基酸的区别就在于侧链 R 基团的不同。这样,组成蛋白质的 20 种常见氨基酸可以按 R 基的化学结构或极性大小进行分类。

(一)按 R 基的化学结构分类

20 种常见氨基酸可以分为脂肪族、芳香族和杂环族三类,其中以脂肪族氨基酸为最多。

1. 脂肪族氨基酸

(1)含一氨基一羧基的中性氨基酸(图 2-1):

① 甘氨酸(氨基乙酸)。是唯一不含手性碳原子的氨基酸,因此不具旋光性。

② 丙氨酸(α-氨基丙酸)。

③ 缬氨酸(α-氨基异戊酸)。

④ 亮氨酸(α-氨基异己酸)。

⑤ 异亮氨酸(α-氨基-β-甲基戊酸)

表 2-1　氨基酸的缩写符号

名称	三字母符号	单字母符号	名称	三字母符号	单字母符号
丙氨酸	Ala	A	亮氨酸	Leu	L
精氨酸	Arg	R	赖氨酸	Lys	K
天冬酰胺	Asn	N	甲硫氨酸	Met	M
天冬氨酸	Asp	D	苯丙氨酸	Phe	F
半胱氨酸	Cys	C	脯氨酸	Pro	P
谷氨酰胺	Gln	Q	丝氨酸	Ser	S
谷氨酸	Glu	E	苏氨酸	Thr	T
甘氨酸	Gly	Z	色氨酸	Trp	W
组氨酸	His	H	酪氨酸	Tyr	Y
异亮氨酸	Ile	I	缬氨酸	Val	V

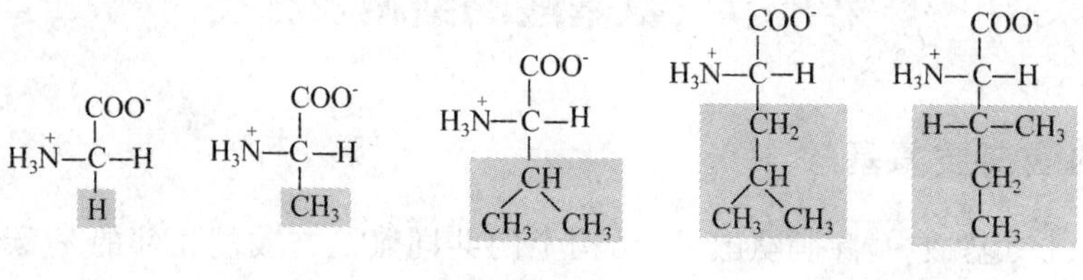

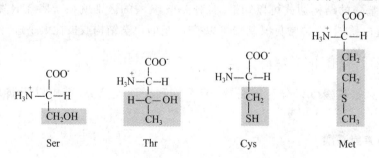

图 2-1　含一氨基一羧基的中性氨基酸(阴影部分是侧链基团)

(2) 含羟基或含硫氨基酸(图 2-2):

① 丝氨酸(α-氨基-β-羟基丙酸)。在某些蛋白质,如酪蛋白、卵黄磷蛋白中,丝氨酸以磷酸酯形式存在,称磷酸丝氨酸。

② 苏氨酸(α-氨基-β-羟基丁酸)。

③ 半胱氨酸(α-氨基-β-巯基丙酸)。在蛋白质中经常以其氧化型的胱氨酸存在。胱氨酸是由两个半胱氨酸通过它们侧链上的-SH 基氧化成共价的二硫键连接而成的。

④ 甲硫氨酸或称蛋氨酸(α-氨基-γ-甲硫基丁酸)。它是体内代谢中甲基的供体。

图 2-2　含羟基或含硫氨基酸(阴影部分是侧链基团)

(3) 酸性氨基酸及其酰胺(图 2-3):

① 天冬氨酸(α-氨基丁二酸)。

② 谷氨酸（α-氨基戊二酸）。

③ 天冬酰胺。

④ 谷氨酰胺。

这两个酰胺在生理 pH 范围内其酰胺基不被质子化，因此侧链不带电荷。

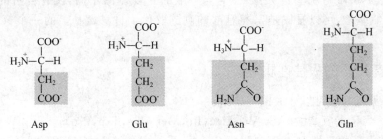

图 2-3　酸性氨基酸及其酰胺（阴影部分是侧链基团）

（4）碱性氨基酸（图 2-4）

① 赖氨酸（α,ε-二氨基己酸）。

② 精氨酸（α-氨基-δ-胍基戊酸）。在蛋白质代谢中很重要，它是动物体内尿素形成过程的中间物。

③ 组氨酸（α-氨基-β-咪唑基丙酸）。也属于杂环族氨基酸。

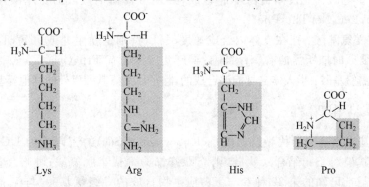

图 2-4　碱性氨基酸和杂环族氨基酸（阴影部分是侧链基团）

2. 芳香族氨基酸（图 2-5）

① 苯丙氨酸（α-氨基-β-苯基丙酸）。血浆和尿中游离氨基酸浓度的测定被临床上用作诊断的指标，其中苯丙氨酸浓度的测定就被用于苯丙酮尿症的诊断。

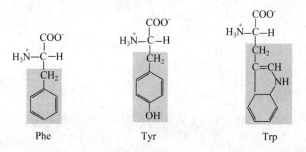

图 2-5　芳香族氨基酸（阴影部分是侧链基团）

② 酪氨酸（α-氨基-β-对羟苯基丙酸）。

③ 色氨酸(α-氨基-β-吲哚基丙酸)。在植物和某些动物体内能转变为尼克酸(维生素 PP)。

3. 杂环族氨基酸(图 2-4)

① 组氨酸(α-氨基-β-咪唑基丙酸)。也属于碱性氨基酸,大量存在于珠蛋白中。

② 脯氨酸(β-吡咯烷基-α-羧酸)。它与一般的 α-氨基酸不同,没有自由的 α-氨基,它是一种 α-亚氨基酸,可以看成是 α-氨基酸的侧链取代了自身氨基上的一个氢原子而形成的杂环结构。

(二) 按 R 基的极性性质分类

20 种常见氨基酸可以分成以下 4 组:

(1)非极性 R 基氨基酸(Ala,Val,Leu,Ile,Met,Phe,Trp,Pro);

(2)不带电荷的极性 R 基氨基酸(Ser,Thr,Tyr,Asn,Gln,Cys,Gly);

(3)带正电荷的 R 基氨基酸(Lys,Arg,His);

(4)带负电荷的 R 基氨基酸(Asp,Glu)。以上极性指的是细胞内的 pH 范围(即 pH7 左右时的解离状态)

(三) 按营养价值分类

(1) 必需氨基酸:指人体自身不能合成,必须从食物中摄取的氨基酸,主要有 Lys,Val,Met,Trp,Leu,Ile,Thr,Phe。

(2) 半必需氨基酸:指在人体内合成速度很低,特别是新生儿或患病期,需要给予补充的氨基酸,婴儿时期所需的有 Arg,His;早产儿所需的有 Trp,Cys。

(3) 非必需氨基酸:指人体自身能够合成的,除了以上氨基酸以外的其他氨基酸。

(四) 第 21 和 22 种一级氨基酸

第 21 个基本氨基酸硒代半胱氨酸(selenocysteine,Sec)的密码子为 UGA,有特殊的 tRNA-Ser 与其识别,Ser 结合入肽链,则立即修饰为硒代半胱氨酸;吡咯赖氨酸(Pyrrol-ysine,Pyr)是目前已知的第 22 种参与蛋白质生物合成的一级氨基酸,与标准氨基酸不同的是,由终止密码子 UAG 的有义编码形成(图 2-6)。在产甲烷菌中含有特异的吡咯赖氨酰-tRNA 合成酶和吡咯赖氨酸 tRNA。

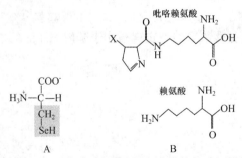

图 2-6　硒代半胱氨酸(A)和吡咯赖氨酸(B)

二、不常见的蛋白质氨基酸

有些氨基酸虽然不常见,但在某些蛋白质中存在(图 2-7)。它们都是由相应的常见氨基酸经修饰而来的。其中包括 5-羟赖氨酸和 4-羟脯氨酸，它们存在于结缔组织的胶原蛋白中，有助于原胶原纤维间的交联；某些肌肉蛋白如肌球蛋白含有甲基化的氨基酸，包括甲基组氨酸、ε-*N*-甲基赖氨酸和 ε-*N*,*N*,*N*-三甲基赖氨酸。γ-羧基谷氨酸最先在凝血酶原中发现，它也存在于其他一些与血液凝固有关的蛋白质中。焦谷氨酸在细菌紫膜质中找到，它是一种光驱动的质子泵蛋白质。某些涉及细胞生长和调节的蛋白质可以在丝氨酸、苏氨酸和酪氨酸残基的-OH 基上进行可逆性磷酸化，磷酸化的氨基酸还有组氨酸和精氨酸。从甲状腺球蛋白中分离出甲状腺素和 3,3’,5-三碘甲腺原氨酸，它们是酪氨酸的碘化衍生物。在与染色体缔合的组蛋白中发现 *N*-甲基精氨酸和 *N*-乙酰赖氨酸。此外，从谷物中分离的蛋白质中存在 α-氨基己二酸，对维持蛋白质结构稳定起重要作用的胱氨酸，实际上是两个半胱氨酸氧化而成。

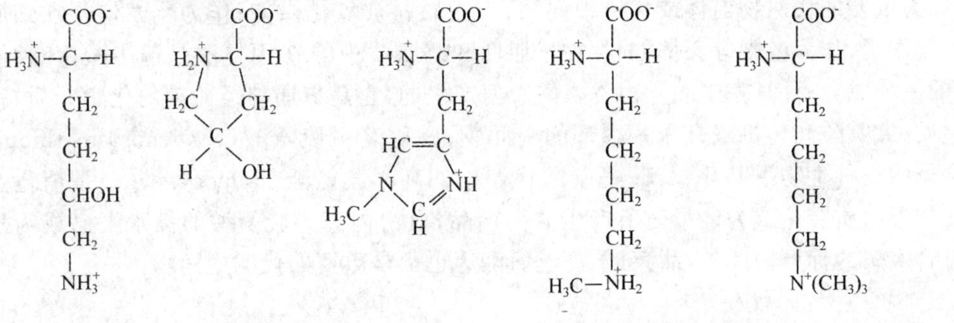

5-羟赖氨酸　　4-羟脯氨酸　　3-甲基组氨酸　　ε-*N*-甲基赖氨酸　　ε-*N*,*N*,*N*-三甲基赖氨酸

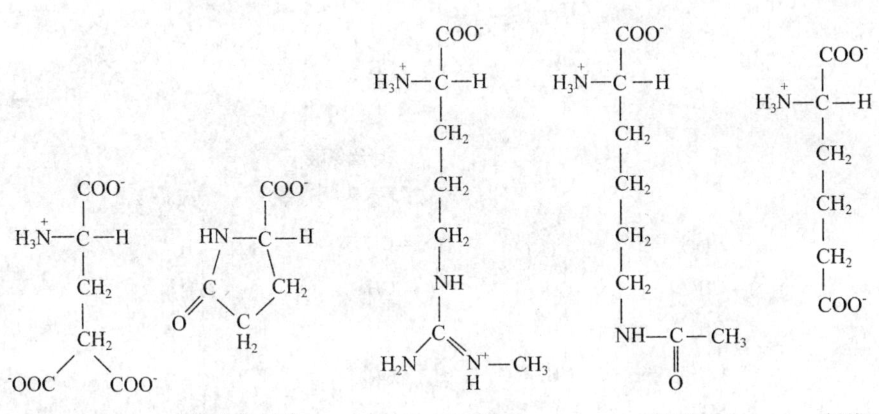

γ-羟基谷氨酸　　焦谷氨酸　　*N*-甲基精氨酸　　*N*-乙酰赖氨酸　　α-氨基乙二酸

图 2-7　不常见的蛋白质氨基酸

三、非蛋白质氨基酸

除了参与蛋白质组成的 20～30 种氨基酸外，迄今为止，在不同的植物、真菌和细菌中已经发现了 700 余种不同的氨基酸，这些氨基酸大多是蛋白质中存在的 *L* 型 α-氨基酸的简单衍生物(图 2-8)，尽管有些具有特殊的结构。但是有一些是 β-，γ-，或 δ-氨基酸，并且有些是 *D* 型氨基酸。

D-氨基酸是某些较短细菌多肽的组成部分(＜20 碱基)，这些多肽广泛存在于细菌的

细胞壁成分中,*D*-氨基酸的存在使得细菌细胞壁对肽酶的攻击变得不太敏感,防止细菌被消化,如细菌细胞壁的肽聚糖中发现有 *D*-谷氨酸和 *D*-丙氨酸。*D*-氨基酸也是许多细菌产生的肽类抗生素的组成部分,如缬氨霉素(valinomycin)、短杆菌肽 A(gramicidin A)、放线菌素 D(actinomycin D)中均含有 *D*-氨基酸;*D*-环丝氨酸是一种链霉菌属细菌产生的抗生素,能抑制细菌细胞壁的形成,用作抗结核菌的药物。大多数含有 *D*-氨基酸的肽并非以标准的蛋白质合成机制所合成,即 mRNA 在核糖体上通过携带 *L*-氨基酸的 tRNA 而被翻译,而可能是依赖专一性的酶类直接将 *D*-氨基酸连接在一起。个别情况下,*D*-氨基酸是原核生物和真核生物核糖体合成蛋白质的组成部分,这些 *D*-氨基酸是翻译后形成的,或是由先前的 *L*-氨基酸通过酶的转化形成。

还有一些氨基酸并不作为合成多肽的残基,而是具有独特的功能:以 -NH₂ 形式转运氮,即为重要的代谢物前体或代谢中间物;作为燃料被氧化供能;作为化学信使在细胞通讯中起作用;作为激素等。例如,存在于肌肽和鹅肌肽中的 *β*-丙氨酸是遍多酸(一种维生素)的一个成分;*γ*-氨基丁酸是由谷氨酸脱氨产生的,它是传递神经冲动的化学介质,称神经递质;瓜氨酸和鸟氨酸是尿素循环的中间物;*S*-腺苷甲硫氨酸(S-adenosylmethionine)是常见的一种生物甲基化试剂;氨基酸代谢中的高半胱氨酸(homocysteine)是消化系统将动物蛋白质转化成为能量时所产生的副产品,血清内高半胱氨酸的高水平已成为潜在心血管疾病的标记。此外,甜菜碱、高丝氨酸等也都是重要的代谢中间物。

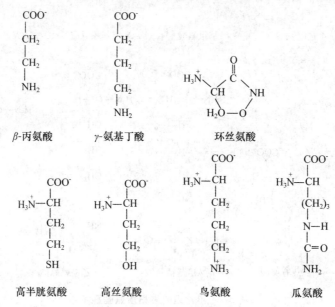

图 2-8　部分非蛋白质氨基酸

第二节　氨基酸的理化性质与应用

一、氨基酸的物理性质

(1) 熔点:*α*-氨基酸都是白色晶体,熔点很高,一般在 200℃ 以上,每种氨基酸都有特殊的晶体结构。

（2）溶解度：除半胱氨酸和酪氨酸的溶解度较小外，大多数氨基酸都溶于水，脯氨酸和羟脯氨酸还能溶于乙醇或乙醚中，因此可利用溶解度的差异进行氨基酸的分离。

（3）旋光性：氨基酸由于具有不对称碳原子（除甘氨酸外），所以具有旋光性。旋光性用比旋光度$[\alpha]$表示，比旋光度是α-氨基酸的热处理常数之一，也是鉴别各种氨基酸的一种根据。

（4）味感：由于α-不对称碳原子的存在（甘氨酸除外），氨基酸有L型和D型之分（镜像关系），D-氨基酸多数带有甜味，L-氨基酸则五味俱全，各种氨基酸的呈味特性如表 2-2。

表 2-2　L-氨基酸的呈味特性

AA	酸	甜	苦	咸	鲜	AA	酸	甜	苦	咸	鲜
Gly		+++				His-Cl	+++		+	+	
Ala		+++			+	His			++		
Val		+	+++			Asn	++				
Leu			+++			Gln		+			+
Ile			+++			Cys					
Ser		+++			+	(Cys)₂					
Thr		+++				Met			+++		+
Asp	+++					Phe			+++		
Glu	+++				++	Tyr			+++		
Glu-Na		+		+	+++	Trp			+++		
Asp-Na				++	+++	Pro		+++	++		
Lys-Cl		++	++	++	+	Hyp		+++			

注：+多少代表呈味程度强弱。（引自莫重文.蛋白质化学与工艺学［M］.化学工业出版社，2007.）

（5）光吸收：20 种基本氨基酸在可见光区域都无光吸收，但在远紫外区（小于220 nm）均有光吸收，近紫外区（220～300 nm）色氨酸、酪氨酸、苯丙氨酸有光吸收（图 2-9）。

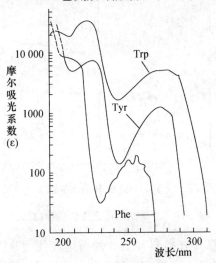

图 2-9　芳香族氨基酸在 pH6 时的紫外吸收光谱

二、氨基酸的化学性质

（一）两性解离与等电点

氨基酸是两性电解质,其解离程度取决于所处溶液的酸碱度。氨基酸在水中的偶极离子既起酸(质子供体)的作用,也起碱(质子受体)的作用。氨基酸完全质子化时,可以看成是多元酸,侧链不解离的中性氨基酸可看作二元酸,酸性氨基酸和碱性氨基酸可视为三元酸。现以甘氨酸为例说明氨基酸的解离情况。

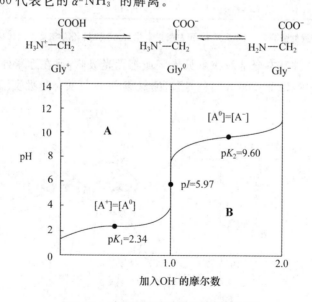

$$K_1 = \frac{[A^0][H^+]}{[A^+]}$$

第一步解离:

第二步解离:

$$K_2 = \frac{[A^-][H^+]}{[A^0]}$$

氨基酸的解离常数可用测定滴定曲线的实验方法求得。通过滴定实验和滴定曲线判断(图 2-10),甘氨酸滴定拐点处 $pK_1 = 2.43$ 代表甘氨酸的 α-COOH 的解离,而另一滴定拐点处 $pK_2 = 9.60$ 代表它的 α-NH_3^+ 的解离。

图 2-10 甘氨酸的滴定曲线(解离曲线)

R 基不解离的氨基酸都具有类似甘氨酸的滴定曲线。这类氨基酸的 pK 相当,pK_1 的范围为 2.0～3.0,pK_2 为 9.0～10.0。带有可解离 R 基的氨基酸,相当于三元酸,有 3 个 pK,因此滴定曲线比较复杂。甘氨酸滴定曲线中,两个解离基团的 pK 分得较开,两段

(A、B)滴定曲线不重叠。当解离基团的 pK 比较接近时,两段曲线会发生重叠。这种情况在谷氨酸滴定曲线(A、B 段)和赖氨酸滴定曲线(B、C 段)中见到(图 2-11)。

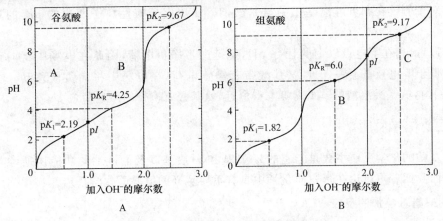

图 2-11 谷氨酸(A)和赖氨酸(B)的滴定曲线

从甘氨酸的解离公式或解离曲线(图 2-10)可以看到,氨基酸的带电状况与溶液的 pH 有关,改变 pH 可以使氨基酸带上正电荷或负电荷,也可以使它处于正负电荷数相等(即净电荷为零)的兼性离子状态。图 2-10 中曲线 A 段和曲线 B 段之间的拐点(pI=5.97)就是甘氨酸处于净电荷为零时的 pH,称为等电点(isoelectric point,缩写为 pI)。在等电点 pH 时,氨基酸在电场中既不向正极也不向负极移动,即处于等电兼性离子(极少数为中性分子)状态,少数解离成阳离子和阴离子,但解离成阳离子和阴离子的数目和趋势相等。

对侧链 R 基不解离的中性氨基酸来说,其等电点是它的 pK_1 和 pK_2 的算术平均值:$pI=(pK_1+pK_2)/2$。从此式可以看出,pI 与该离子浓度基本无关,只决定于兼性离子(A^0)两侧的 pK;同样,相应地根据天冬氨酸和赖氨酸的解离(图 2-12)可以推出具有 3 个可解离基团的酸性氨基酸和碱性氨基酸等电点计算公式:

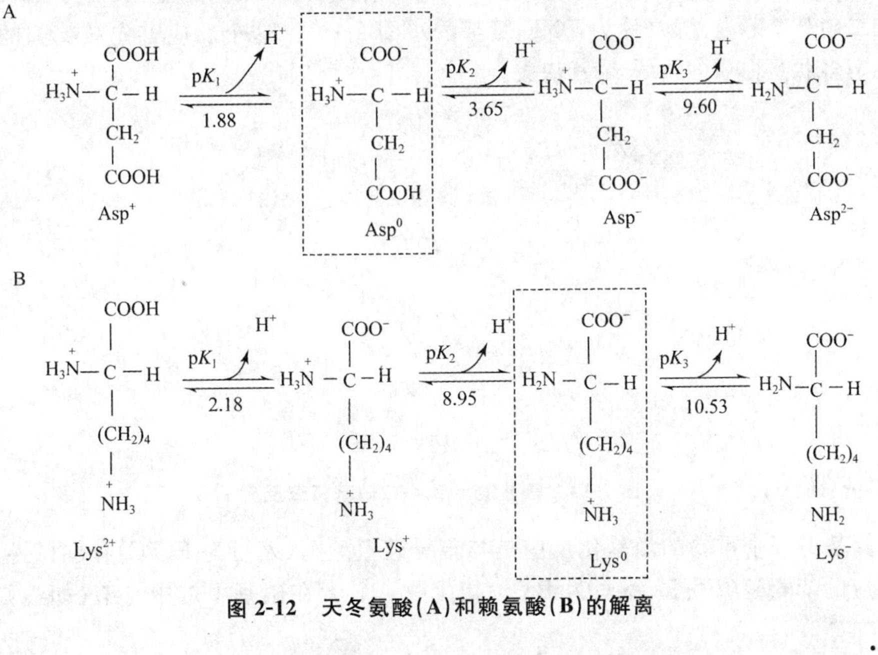

图 2-12 天冬氨酸(A)和赖氨酸(B)的解离

酸性氨基酸：$pI=(pK_1+pK_2)/2$

碱性氨基酸：$pI=(pK_2+pK_3)/2$

即对于侧链含有可解离基团的氨基酸，其 pI 决定于兼性离子两边的 pK 的算术平均值。

可以看出，在等电点以上的任一 pH，氨基酸带净负电荷，因此在电场中将向正极移动。在低于等电点的任一 pH，氨基酸带有净正电荷，在电场中将向负极移动。在一定 pH 范围内，氨基酸溶液的 pH 离等电点愈远，氨基酸所携带的净电荷愈多。

（二）化学反应

氨基酸的化学反应主要是指它的 α-氨基和 α-羧基以及侧链上的功能团所参与的反应。下面我们着重讨论在蛋白质化学中具有重要意义的氨基酸化学反应。

1. α-氨基参加的反应

（1）与 HNO_2 反应。氨基酸的氨基也和其他的伯胺一样，在室温下与亚硝酸作用生成氮气，其反应式如图 2-13：

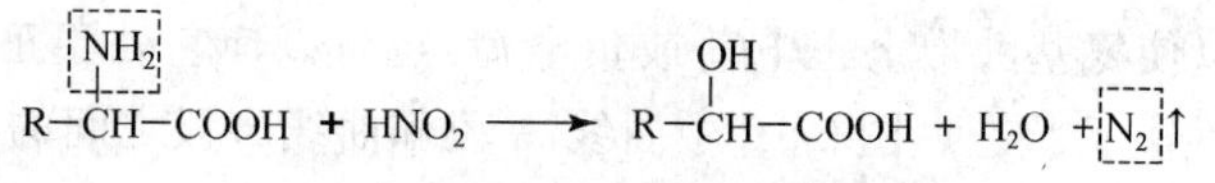

图 2-13　氨基酸与亚硝酸反应

在标准条件下测定生成的氮气体积，即可计算出氨基酸的量。这是 Van Slyke 法测定氨基氮的基础。此法可用于氨基酸定量和蛋白质水解程度的测定。这里值得注意的是生成的氮气（N_2）中只有一半来自氨基酸。此外应该指出。除 α-NH_2 外，赖氨酸的 ε-NH_2 也能与亚硝酸反应，但速度较慢。

（2）烃基化反应。氨基酸氨基的一个 H 原子可被烃基（包括环烃及其衍生物）取代，例如，与 2,4-二硝基氟苯（缩写 DNFB 或 FDNB）在弱碱性溶液中发生亲核芳环取代反应而生成二硝基苯基氨基酸（称为 DNP-氨基酸）（图 2-14）。这个反应首先被英国的 Sanger 用来鉴定多肽蛋白质的 N 末端氨基酸。

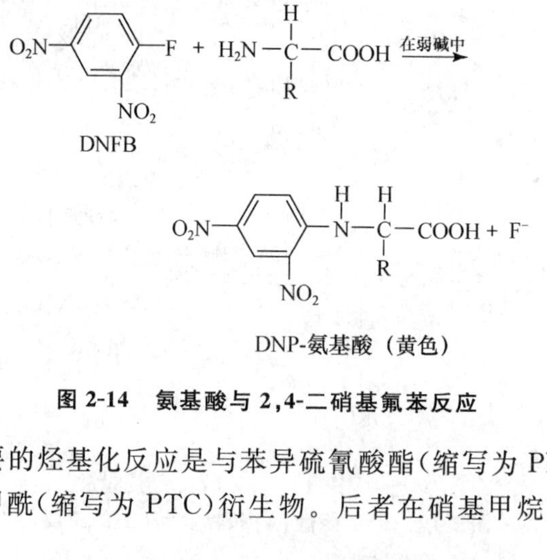

DNP-氨基酸（黄色）

图 2-14　氨基酸与 2,4-二硝基氟苯反应

α-氨基另一个重要的烃基化反应是与苯异硫氰酸酯（缩写为 PITC）在弱碱性条件下形成相应的苯氨基硫甲酰（缩写为 PTC）衍生物。后者在硝基甲烷中与酸（如三氟乙酸）

作用发生环化，生成相应的苯乙内酰硫脲(缩写为 PTH)衍生物(图 2-15)。这些衍生物是无色的，可用层析法加以分离鉴定。这个反应首先被 Edman 用于鉴定多肽或蛋白质的 N 端氨基酸。它在多肽和蛋白质的氨基酸序列分析方面占有重要地位。

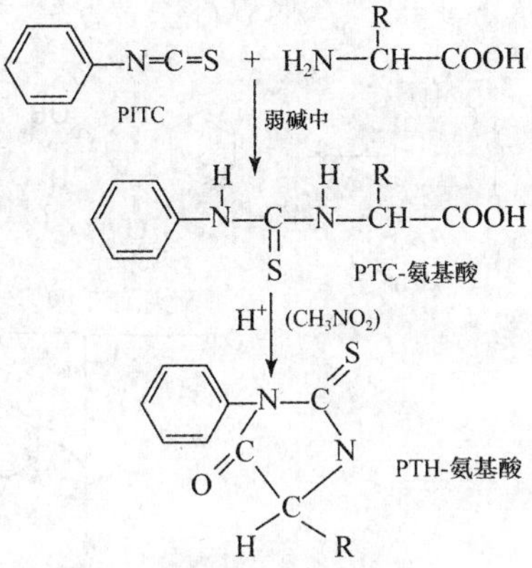

图2-15　氨基酸与苯异硫氰酸酯反应

2. α-羧基参加的反应

氨基酸的 α-羧基和其他有机酸的羧基一样，在一定的条件下可以发生成盐、成酯、成酰氯、成酰胺以及脱羧和叠氮化等反应。

氨基酸与碱作用即生成盐，例如，与氢氧化钠反应得氨基酸钠盐，其中重金属盐不溶于水。氨基酸的羧基被醇酯化后，形成相应的酯。例如，氨基酸在无水乙醇中通入干燥氯化氢气体或加入二氯亚砜，然后回流，生成氨基酰乙酯的盐酸盐(图 2-16)。

$$R-\underset{\displaystyle\,}{\overset{\displaystyle H \atop |}{C}}H-COOH + C_2H_5OH \xrightarrow[\text{回流}]{\text{干燥, HCl}} R-\overset{\displaystyle \overset{+}{N}H_3\cdot Cl^- \atop |}{C}H-COOC_2H_5 + H_2O$$

图 2-16　氨基酸成酯反应

当氨基酸的羧基变成甲酯、乙酯或钠盐后，羧基的化学反应性能即被掩蔽或者说羧基被保护，而氨基的化学反应性能得到加强或说氨基被活化，容易和酰基或烃基结合，这就是为什么氨基酸的酰基化和烃基化需要在碱性溶液中进行的原因。

3. α-氨基和 α-羧基共同参加的反应

(1) 与茚三酮反应。在氨基酸的分析化学中，具有特殊意义的是氨基酸与茚三酮的反应。茚三酮在弱酸性溶液中与 α-氨基酸共热，引起氨基酸氧化脱氨、脱羧反应，最后茚三酮与反应产物——氨和还原茚三酮发生作用，生成紫色物质(图 2-17)。用纸层析或柱层析把各种氨基酸分开后，利用茚三酮显色可以定性鉴定并用分光光度法在 570 nm 定量测定各种氨基酸。定量释放的 CO_2 可用测压法测量，从而计算出参加反应的氨基酸量。

两个亚氨基酸——脯氨酸和羟脯氨酸，与茚三酮反应并不释放 NH_3，而直接生成亮黄色化合物，最大光吸收在 440 nm。

(2)成肽反应。一个氨基酸的氨基与另一个氨基酸的羧基可以缩合成肽，形成的键称为肽键。

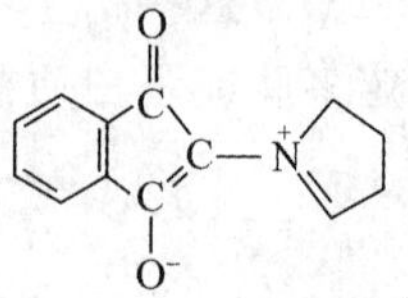

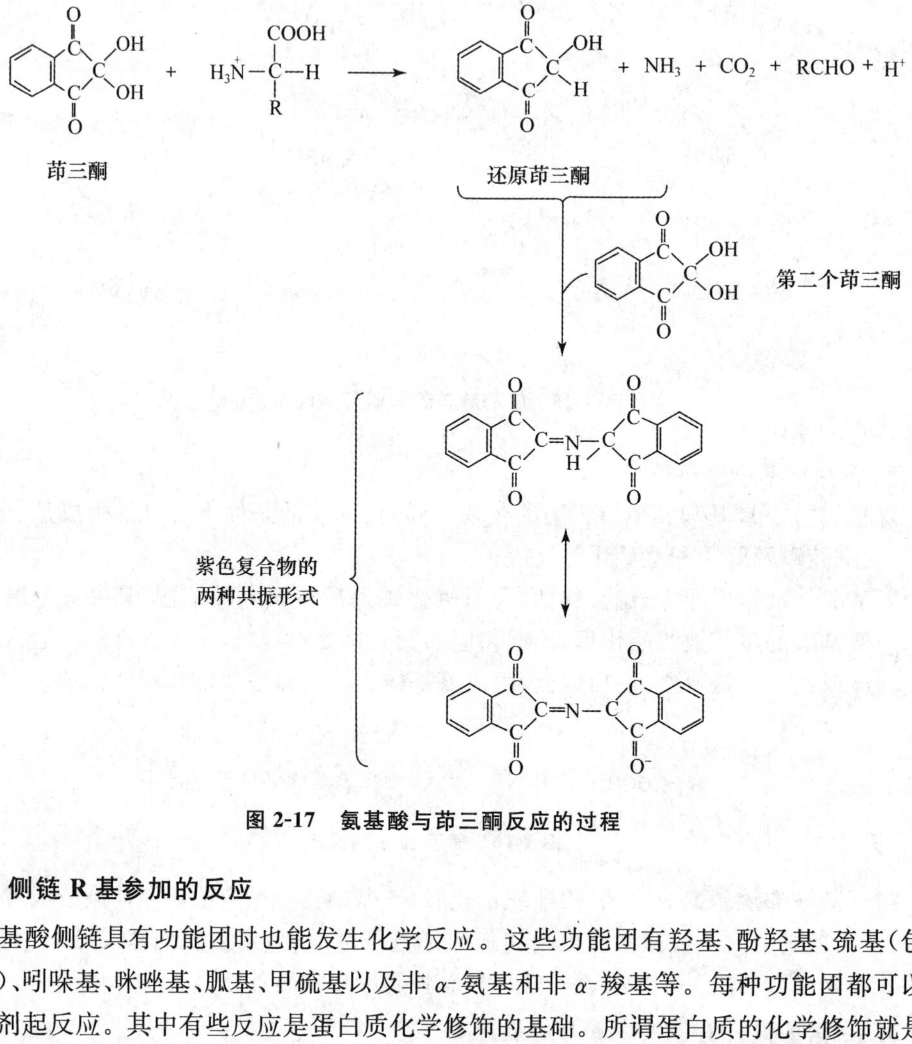

图 2-17 氨基酸与茚三酮反应的过程

4. 侧链 R 基参加的反应

氨基酸侧链具有功能团时也能发生化学反应。这些功能团有羟基、酚羟基、巯基(包括二硫键)、吲哚基、咪唑基、胍基、甲硫基以及非 α-氨基和非 α-羧基等。每种功能团都可以和多种试剂起反应。其中有些反应是蛋白质化学修饰的基础。所谓蛋白质的化学修饰就是在较温和的条件下,以可控制的方式使蛋白质与某种试剂(称为化学修饰剂)起特异反应,以引起蛋白质中个别氨基酸侧链或功能团发生共价化学改变。化学修饰在蛋白质的结构与功能的研究中是很有用的。以半胱氨酸为例,半胱氨酸侧链上的巯基(-SH),反应性能很高,在微碱性 pH 下,-SH 发生解离形成硫醇阴离子($-CH_2-S$)。此阴离子是巯基的反应形式,能与卤化烷(例如碘乙酸、碘乙酰胺、甲基碘等)迅速反应,生成相应的稳定烷基衍生物(图 2-18)。

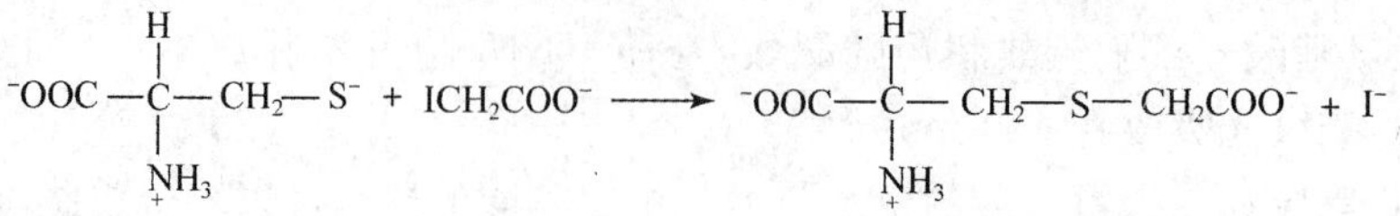

半胱氨酸　　　碘乙酸　　　羧甲基半胱氨酸

图 2-18 巯基的卤化反应

巯基能和各种金属离子形成稳定程度不等的络合物。常用的有 R-Hg$^+$ 型的一价有机汞制剂,例如,与对氯汞苯甲酸形成络合物。此反应是蛋白质结晶学中制备重原子衍生物最常用的方法之一。由于许多蛋白质,如 SH 酶,其活性中心涉及-SH 基,当遇到重金属离子而生成硫醇盐时,将导致酶的失活,因此制备这类蛋白质时应避免引入重金属离子。

巯基很容易受空气或其他氧化剂氧化,例如,半胱氨酸氧化成胱氨酸。胱氨酸中的二硫键在稳定蛋白质的构象上起很大的作用。氧化剂和还原剂都可打开二硫键。过甲酸可以定量地打开二硫键,生成磺基丙氨酸残基。还原剂如巯基化合物(R-SH)也能打开二硫键,生成半胱氨酸残基及相应的二硫化物(图 2-19)。

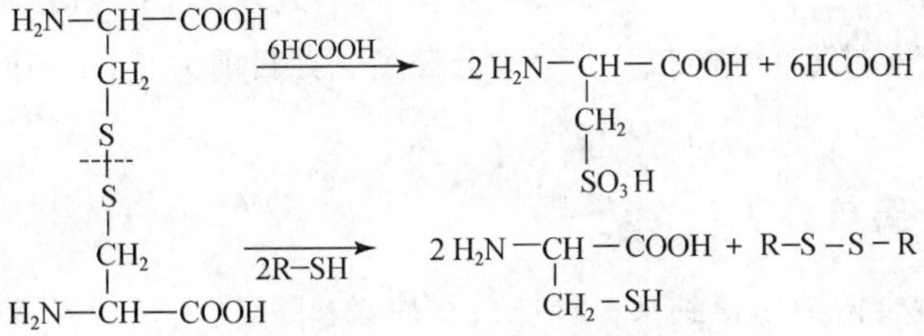

图 2-19　二硫键的断裂

第三节　氨基酸的制备、分离与分析

一、氨基酸的制备

制备氨基酸有四种途径:

(1) 从蛋白质水解液中分离提取氨基酸,适合于中小规模的生产。根据蛋白质的水解程度,可分为完全水解和部分水解两种情况。完全水解或称彻底水解,得到的水解产物是各种氨基酸的混合物。部分水解即不完全水解。得到的产物是各种大小不等的肽段和氨基酸。下面简略地介绍酸、碱和酶三种水解方法及其优缺点。

① 酸水解:常用 H_2SO_4 或 HCl 进行水解。一般用 6 mol/L HCl 或 4 mol/L H_2SO_4 回流煮沸约 20 h 可使蛋白质完全水解。酸水解的优点是不引起消旋作用,得到的是 L-氨基酸。缺点是色氨酸完全被沸腾的酸所破坏,羟基氨基酸(丝氨酸及苏氨酸)有一小部分被分解,同时天冬酰胺和谷氨酰胺的酰胺基被水解。

② 碱水解:一般与 5 mol/L NaOH 共煮 10~20 h,即可使蛋白质完全水解。水解过程中多数氨基酸遭到不同程度的破坏,并且产生消旋现象,所得产物是 D 型和 L 型氨基酸的混合物,称为消旋物。此外,碱水解引起精氨酸脱氨,生成鸟氨酸和尿素。然而在碱性条件下色氨酸是稳定的。

③ 酶水解:不产生消旋作用,也不破坏氨基酸。然而使用一种酶往往水解不彻底,需要几种酶协同作用才能使蛋白质完全水解。此外,酶水解所需时间较长。因此,酶法主要用于部分水解。常用的蛋白酶有胰蛋白酶、胰凝乳蛋白酶(糜蛋白酶)以及胃蛋白酶等,它们主要用于蛋白质一级结构分析以获得蛋白质的部分水解产物。

从蛋白质水解液中制备氨基酸,首先应选择适当的原料。例如,角蛋白含有丰富的胱氨酸,胶原蛋白含有大量的羟脯氨酸,血细胞中的蛋白则含有较多的碱性氨基酸。

(2)应用发酵法生产氨基酸,可用于大规模生产。谷氨酸最早是应用野生型谷氨酸棒状杆菌进行发酵生产的。然而细胞内氨基酸的形成受到反馈机制的调节,一般不会过量蓄积。为了生产某种氨基酸,就要利用微生物突变株来获得大量代谢产物。近年来,基因重组技术在培养氨基酸突变菌株中已得到广泛应用。

(3)应用酶的催化反应生产氨基酸,该法反应专一性和催化效率较高,制成固相酶后,便可连续使用。

(4)利用有机合成法生产氨基酸,但合成产物为外消旋氨基酸,因此需进一步拆分出 L 型及 D 型氨基酸。

各种制备途径受市场价格支配,竞争十分激烈。到目前为止,不同的氨基酸通常只采用一种或两种途径进行生产。

二、氨基酸的分离与分析

欲从氨基酸混合溶液中得到某一种或某几种氨基酸,需要进行氨基酸的分离、分析工作,氨基酸的分离方法主要有层析法、沉淀法和萃取法,分析工作则主要综合使用层析法和茚三酮检测来完成。下面主要介绍层析技术在氨基酸分离、分析方面的应用。

层析即色层分析,也称为色谱,最先由俄国植物学家于 1903 年提出来的,他所进行的色层分析实际上是一种吸附层析。1941 年英国学者 Martin 与 Synge 提出分配层析。此后这种方法得到了很大的发展,至今已有多种形式的分配层析,但它们的基本原理是一样的。所有的层析系统通常都由两个相组成,一个为固定相或静相,一个为流动相或动相。混合物在层析系统中的分离决定于该混合物的组分在这两相中的分配情况,一般用分配系数来描述。

物质分配不仅可以在互不相溶的两种溶剂,即液相-液相系统中进行,也可以在固相-液相间或气相-液相间发生:层析系统中的静相可以是固相、液相或固-液混合相(半液体);动相可以是液相或气相,它充满于静相的空隙中,并能流过静相。

利用层析法分离混合物,例如氨基酸混合物,先决条件是各种氨基酸成分的分配系数要有差异,哪怕是很小的差异,一般差异越大,越容易分开。

目前在分析、分离上使用较广的分配层析,包括柱层析、纸层析和薄层层析等,都是在上述的分配分离的基础上发展起来的。在氨基酸的分离层析技术里使用最广泛、最重要的是离子交换层析。

离子交换层析基于固定相所偶联的离子交换基团和流动相解离的离子化合物之间可以发生可逆的离子交换反应而进行分离。离子交换层析介质是在一种高分子不溶性固体(层析介质)上引入具有活性的离子交换基团,这些基团能与溶液中相同电荷的基团进行交换反应,这些过程都是可逆的,假设以 RA 代表阳离子交换剂,它在溶液中解离出来的阳离子 A^+ 与溶液中的阳离子 B^+ 能发生可逆的交换反应:

$$RA+B^+ \longleftrightarrow RA+A^+$$

根据活性基团种类不同,可将离子交换层析分为阳离子交换层析和阴离子交换层析。对于呈两性离子的蛋白质、酶类、多肽和核苷酸等物质与离子交换剂的结合力,主要取决于它们的物理化学性质和在特定 pH 条件下呈现的离子状态。当 pH 低于 pI 时,它们能被阳离子交换剂吸附;反之,pH 高于 pI 时,它们能被阴离子交换剂吸附。若在相同的 pH 条件下,且 pI>pH 时,pI 越高,碱性越强就越容易被阳离子交换剂吸附。离子交换剂对各种离子或离子化合物有不同的结合力,通过改变洗脱液离子强度和(或)pH 梯度有效控制这种交换能力,就可使这些物质按亲和力大小顺序依次从层析柱中洗脱下来,从而能够成功地把各种无机离子、有机离子或生命大分子物质分开(图 2-20)。

离子交换层析介质主要由惰性载体和离子交换基团两部分组成。惰性载体主要有两类:一类是化学原料合成的,如聚苯乙烯树脂等;另一类是天然原料制成的,如纤维素粉、琼脂糖凝胶、葡聚糖凝胶等。一般被分离物质,若是小分子物质则采用离子交换树脂,若是大分子物质如蛋白质、酶、核酸等,则多采用离子交换纤维素、离子交换葡聚糖等。离子交换基团也主要有两类:酸性离子交换基团,亦称为阳离子交换基团;碱性离子交换基团,亦称为阴离子交换基团。

分离氨基酸混合物经常使用强酸型阳离子交换树脂。在交换柱中,树脂先用碱处理成钠型。将氨基酸混合液(pH2～3)上柱,在 pH2～3 时,氨基酸主要以阳离子形式存在,与树脂上的钠离子发生交换而被"挂"在树脂上。氨基酸在树脂上结合的牢固程度即氨基酸与树脂间的亲和力,主要决定于它们之间的静电吸引,其次是氨基酸侧链与树脂基质聚苯乙烯之间的疏水相互作用。在 pH 约为 3 时,氨基酸与阳离子交换树脂之间的静电吸引的大小次序是碱性氨基酸(A^{2+})>中性氨基酸(A^+)>酸性氨基酸(A^0),因此氨基酸的洗出顺序大体上是酸性氨基酸,中性氨基酸,最后是碱性氨基酸。由于氨基酸和树脂之间还存在疏水相互作用,所以氨基酸的全部洗出顺序(分离图谱)如图 2-21 所示。为了使氨基酸从树脂柱上洗脱下来,需要降低它们之间的亲和力,有效的方法是逐步提高洗脱剂的 pH 和盐浓度(离子强度),这样各种氨基酸将以不同的速度被洗脱下来。目前已有全部自动化的氨基酸分析仪(图 2-22)。

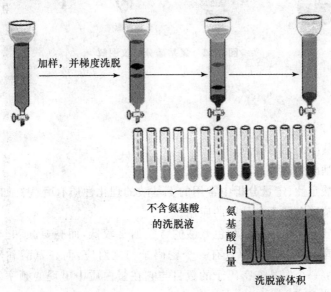

图 2-20　氨基酸离子交换层析示意图

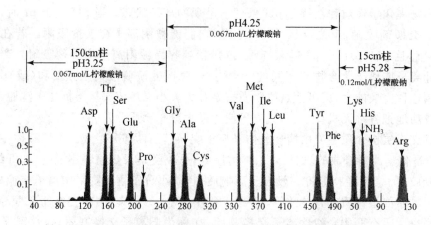

图 2-21　氨基酸自动分析仪记录的氨基酸混合物分析结果

（引自赵宝昌. 生物化学［M］. 高等教育出版社，2004.）

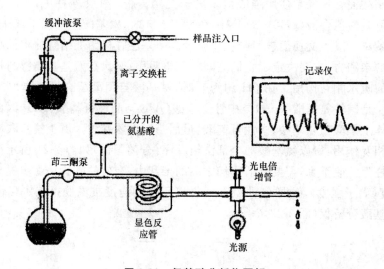

图 2-22　氨基酸分析仪图解

思考题

（1）简述氨基酸的结构特点。

（2）简述氨基酸的两性解离及等电点。

（3）在氨基酸定性、定量分析中常用的氨基酸的理化性质有哪些？如何使用？

（4）简述氨基酸在健康食品中的应用。

（5）蛋白质分子中甲硫氨酸和色氨酸的含量通常较低，而亮氨酸和丝氨酸含量较高，有趣的是甲硫氨酸和色氨酸等都只有一个密码子与之对应，而亮氨酸和丝氨酸等有多个密码子。试分析：一个氨基酸密码子的数目与它在蛋白质中出现的频率之间的关系以及这种关系的生物学意义。

（张艳贞　宣劲松）

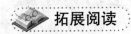

大道至简——蛋白质可逆磷酸化的发现

蛋白质是生命的结构和功能的基础,几乎参与了生命的每一个过程,如新陈代谢、物质转移、细胞通讯等,为了准确高效地完成这些过程,蛋白质的功能必须受到严格的调节,其中通过蛋白质空间结构的变化来调节其参与细胞功能的机制是最为快速和有效的方式。蛋白质结构调节的方式很多,但是其中最为重要和普遍的是可逆磷酸化修饰,即蛋白质通过在其特定位点(如丝氨酸、苏氨酸或酪氨酸等含有羟基的氨基酸)添加或去除磷酸基团而影响蛋白质的活性。蛋白质可逆磷酸化修饰的发现使人们对许多生理机制有了全新的理解,而揭示该过程的两位科学家埃德温·克雷布斯(Edwin G. Krebs)和埃德蒙·费希尔(Edmond H. Fischer)也因此荣获了1992年诺贝尔生理学或医学奖。

克雷布斯是美国生化学家,1918年6月6日出生于衣阿华州,1936年起就读于伊利诺伊大学香槟分校。1943年在圣路易斯华盛顿大学医学院获得学位后选择生物化学作为自己的研究方向,并幸运地被著名的生物化学大师科里夫妇接收为博士后,自此开始研究鱼精蛋白和兔肌肉中磷酸化酶之间的相互作用。1948年克雷布斯受邀进入西雅图华盛顿大学生物化学系作助理教授,继续研究酶的特性。

费希尔(Edmond H. Fischer)是瑞士-美国籍生物化学家。1920年4月6日出生于中国上海,7岁时随同他两个哥哥一起到瑞士念书。第二次世界大战期间于日内瓦大学攻读化学,后在同一学校获哲学博士学位。当费希尔1953年加入华盛顿大学后与克雷布斯相识,两人由于共同的科研兴趣——肌肉收缩能量的来源机制开始合作研究酶活性的调节机制。

克雷布斯在早些的工作中就已经知道,磷酸化酶可以帮助储存在肌肉中的糖原分解为葡萄糖供肌肉利用,并且也知道磷酸化酶存在两种状态:磷酸化修饰的活性状态和去磷酸化的失活状态,但是对两种状态之间的转化机制一直缺乏全面的了解。克雷布斯通过与费希尔合作重点研究肌肉的收缩过程后发现,磷酸化酶分解糖原需要ATP的参与。同时他们在获悉cAMP可以充当激素激活磷酸化酶的靶分子后,他们将cAMP、ATP及镁离子加入到粗制的糖原磷酸化酶中,发现糖原磷酸化酶的活性增强;然而将cAMP、ATP及镁离子加入到纯的糖原磷酸化酶中,糖原磷酸化酶并没有出现酶活性增强的现象,这个结果表明粗酶中的一些其他组分参与影响了磷酸化酶的活性。随后,克雷布斯与费希尔使用层析的方法分离得到了一种可以通过添加一个磷酸基团激活糖原磷酸化酶的酶,称其为蛋白激酶(protein kinase),随后研究又发现了蛋白磷酸酶(protein phosphatase),从而说明蛋白质的磷酸化修饰是一个可逆过程,并在此基础上提出了糖原磷酸化酶调节的可逆磷酸化学说。

可逆磷酸化过程的解释非常简单,蛋白激酶催化ATP上的一个磷酸基团添加到靶蛋白上,引起该蛋白结构和功能的改变以参与特定的生物学过程,当完成作用后,蛋白磷酸酶将磷酸基团移去,该蛋白回到失活状态。

克雷布斯与费希尔以及当时的科学家并未意识到这项工作的重要性,然而进入20世纪70年代后情况发生了巨大的变化,大量的蛋白质都采用了克雷布斯与费希尔所发现的、他们认为是"简单得让人羞于启齿"的可逆磷酸化反应来参与了几乎涵盖生命科学所有领域的生物学过程，而这种可逆磷酸化过程与包括老年痴呆症、帕金森病、糖尿病、髓细胞性白血病以及癌症在内的多种疾病也有着直接的关系。因此克雷布斯与费希尔的发现极大地拓宽了人们对生命调节机制的理解，也为许多疾病的认识和治疗带来了重大的突破。

（宣劲松）

第三章　氨基酸的连接——肽键与肽

生物界蛋白质的种类估计在 $10^{10} \sim 10^{12}$ 数量级,造成种类如此众多的原因主要是 20 种参与蛋白质组成的氨基酸在肽链中的排列顺序不同所引起的。根据排列理论,由 20 种氨基酸组成的二十肽,其序列异构体有:$A_{20}^{20} = 20! = 2 \times 10^{18}$。蛋白质的这种序列异构现象是蛋白质生物功能多样性和物种特异性的结构基础。

蛋白质分子是由氨基酸首尾相连而成的共价多肽链,但是天然的蛋白质分子并不是走向随机的松散多肽链。每一种天然蛋白质都有自己特有的空间结构,或称三维结构,这种三维结构通常被称为蛋白质的构象。一个给定的蛋白质理论上可采取多种构象,但在生理条件下,只有其中一种或很少几种在能量上是有利的。

为了表示蛋白质结构的不同组织层次,一般采用一些专门术语从不同层次对蛋白质分子构象进行分析和描述。

一、肽键和肽的基本概念

由一个氨基酸的 α-羧基与另一个氨基酸的 α-氨基脱水缩合而形成的化学键被称为肽键,它是一种特殊的酰胺键,并被公认为蛋白质分子中氨基酸连接的基本方式。肽键的基本结构式如下:

$$\overset{\overset{\displaystyle O}{\|}}{C} - \overset{\overset{\displaystyle}{}}{\underset{\underset{\displaystyle H}{|}}{N}}$$

最简单的肽由两个氨基酸组成,其中含一个肽键。由 2 个、3 个、几个(3~10)或许多氨基酸单位构成的聚合物,分别被称为二肽、三肽、寡肽和多肽。多肽是氨基酸的线性多聚物,而构成肽的单个氨基酸分子因为脱水缩合而基团不全,被称为氨基酸残基。蛋白质是由一条或多条具有确定的氨基酸序列的多肽链构成的大分子,蛋白质与多肽并无严格的界线,通常是将相对分子质量在 6000 以上的多肽称为蛋白质。蛋白质相对分子质量变化范围很大,从大约 6000 到 1 000 000 甚至更大。

一条多肽链的主链通常在一端含有一个游离的末端氨基,另一端含有一个游离的末端羧基,这两个游离的末端基团有时连接而形成环状肽。

肽的命名是根据参与其组成的氨基酸残基来确定的,规定从肽链的氨基末端残基开始,称为某氨基酰某氨基酰……某氨基酸。例如,具有下列化学结构的五肽命名为丝氨酰甘氨酰酪氨酰丙氨酰亮氨酸(图 3-1),简写 Ser-Gly-Tyr-Ala-Leu。应该指出,通常总把氨基末端残基放在左边,羧基末端残基放在右边,特殊指明的例外。如上例反过来写成 Leu-Ala-Tyr-Gly-Ser 就是一个不同的五肽了。

从上面的五肽结构可以看出,肽链的骨架是由—N—C_α—C—序列重复排列而成,称为共价主链,这里 N 是酰胺氮,C_α 是氨基酸残基的 α 碳,C 是羧基碳。各种肽的主链结构

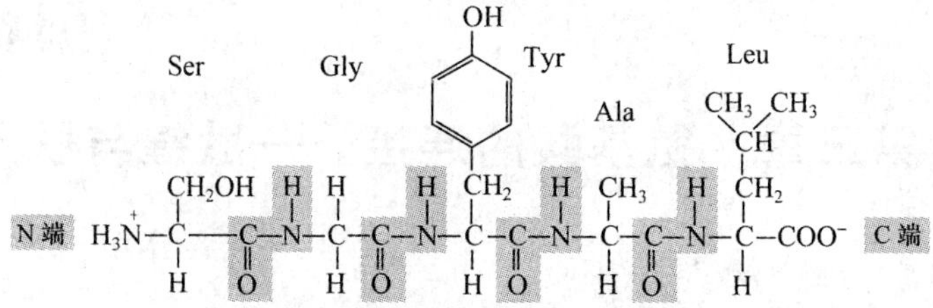

图 3-1　五肽：丝氨酰甘氨酰酪氨酰丙氨酰亮氨酸

都是一样的。但侧链 R 基的序列（也即氨基酸序列）不同。

在蛋白质和多肽分子中，连接氨基酸残基的共价键除了肽键之外，还有一个较常见的是两个半胱氨酸残基的侧链之间形成的二硫键（也叫二硫键），它可以使两条单独的肽链共价交联起来（链间二硫键），或使一条肽链的某一部分形成环（链内二硫键）。

二、肽键的结构

肽键是一种酰胺键，通常用羰基碳和酰胺氮之间的单键表示。肽链中的酰胺基（—CO—NH—）称为肽键或肽单位。虽然主链上的三种键（$N—C_\alpha$ 键，$C_\alpha—C$ 键和 C—N 肽键）都是单键，原则上绕多肽链主链上的任一共价键都可以发生旋转。但是肽键具有部分双键的性质，不能自由旋转。因为酰胺氮原子上有一对孤电子对，以 p 轨道绕行在肽基平面的上下两侧，与羰基碳轨道重叠，因此会在酰胺氮和羰基氧之间发生共振相互作用；共振的极端形式之一是碳与氧的两对 p 轨道形成一个 σ 键和一个 π 键，即完全的双键，酰胺氮上留有一对孤电子对（图 3-2A）；极端形式之二是肽基的碳与氮参与 π 键形成，在羰基氧上留下一个孤电子（图 3-2C）；肽键的实际性质是介于这两种极端形式之间的平均中间态，即 O=C—N 上的三个 p 轨道的电子，一起杂化形成一个类似共振的综合轨道（图 3-2B），所以肽键具有部分双键的性质。

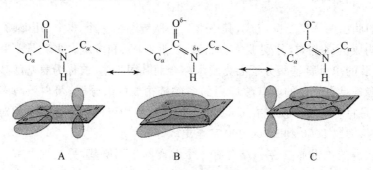

图 3-2　肽键的 C、O 和 N 原子间的共振相互作用

肽键共振产生以下重要结果：① 限制肽键的自由旋转，给肽链主链的每一氨基酸残基只保留两个自由度：绕 $N—C_\alpha$ 键的旋转和绕 $C_\alpha—C$ 键的旋转。② 组成肽键的四个原子和两个相邻的 C_α 原子共平面，形成多肽链主链的酰胺平面也称肽键平面或肽平面（图 3-3，参见彩图 1）。③ C—N 肽键的长度为 0.133 nm（图 3-4，参见彩图 2），比正常的 C—N 单键（0.145 nm）短，但比典型的 C=N 双键（0.125 nm）长。估计 C—N 肽键具有约 40% 双键性质，而 C—O 键具有约 40% 单键性质。由于 C—N 肽键具有部分双键性质，

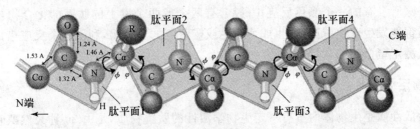

图 3-3 肽键/肽平面和 C_α 的二面角

绕键旋转的能障比较高,所以酰胺基保持处于同一平面。④ 在肽平面内,两个 C_α 可以处于顺式构型或反式构型。在反式构型中(图 3-4),两 C_α 原子及其取代基团互相远离,而在顺式构型中它们彼此接近,引起 C_α 上的 R 基之间的空间位阻。因此,肽链中肽键都是反式构型,这里有一个重要的例外,就是在 X-Pro(X 可以是任一其他氨基酸残基)序列中的肽键,它可以是反式的,也可以是顺式的,因为四氢吡咯环引起的空间位阻消去了反式构型的优势。⑤ 绕 C_α—N 键旋转的角度称 ϕ(角),绕 C_α—C 键旋转的角度称 ψ(角)。多肽链的所有构象都可以用 ϕ、ψ 两个构象角来描述,此称为 C_α 的二面角。

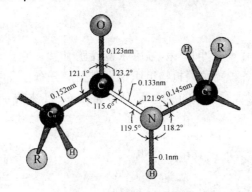

图 3-4 反式构型的肽键

三、肽的物理和化学性质

1. 肽的物理性质

短肽为离子晶格,熔点很高,在水溶液中以兼性离子形式存在。肽具有旋光性,短肽的旋光度为各个氨基酸的旋光度之和。

2. 肽的化学性质

(1) 肽的酸碱性

小肽的滴定曲线和氨基酸的滴定曲线很相似。在给定 pH 下,可遵循以下规则确定每个侧链占优势的电离态:当溶液 pH 大于解离侧链的 pK 时,占优势的离子形式是该侧链的共轭碱;当溶液的 pH 小于解离侧链的 pK 时,占优势的离子形式是它的共轭酸。

(2) 肽的化学反应

肽的化学反应也和氨基酸一样,游离的 α-氨基、α-羧基和 R 基,可以发生与氨基酸中相应的基团类似的反应。NH_2 末端的氨基酸残基也能与茚三酮发生定量反应,生成呈色物质,这一反应广泛地应用于肽的定性和定量测定;双缩脲反应是肽和蛋白质所特有的,而为氨基酸所没有的一个颜色反应；一般含有两个或两个以上的肽键的化合物与 CuSO₄ 碱性溶液都能发生双缩脲反应，生成紫红色或蓝紫色的复合物，利用这个反应借助分光光度计可以测定蛋白质的含量。

四、生物活性肽

生物活性肽是生物体内具有一定生物学活性的肽类物质，是由 20 种天然氨基酸以不同组成和排列方式构成的，从二肽到复杂的线形、环状结构的不同肽类的总称。它们具有人体代谢和生理调节功能，食用安全性极高，是当前国际食品界最热门的研究课题和极具发展前景的功能因子。现代营养学发现，肽的生物效价和营养价值比游离氨基酸更高。

活性肽按功能可分为易消化吸收肽、抗菌肽、血管紧张素转换酶抑制肽（ACEI 肽）、机体防御功能肽、促进矿物质吸收肽等；按原料可分为乳肽、大豆肽、花生肽、玉米肽、豌豆肽、水产肽、畜产肽、丝蛋白肽等；按生产方法可分为水解法、分离法、合成法等。下面介绍几种重要的天然活性肽和蛋白水解肽。

（一）天然活性肽

1. 谷胱甘肽

动植物细胞中都含有一种小肽，称为还原型谷胱甘肽。它广泛存在于动物肝脏、血液、酵母和小麦胚芽中，各种蔬菜等植物组织中也有少量分布。谷胱甘肽又称为 γ-谷氨酰半胱氨酰甘氨酸，因为它含有游离的 SH 基，所以常用 GSH 来表示。

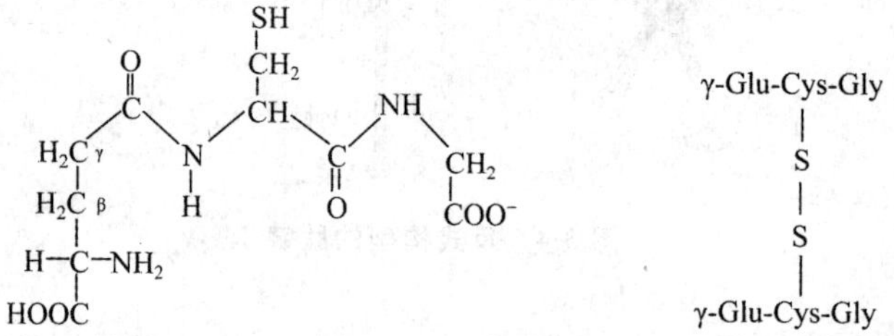

图 3-5　还原型谷胱甘肽(A)和氧化型谷胱甘肽(B)

GSH 含有游离的巯基，很容易被氧化，两分子还原型谷胱甘肽可氧化生成一分子氧化型谷胱甘肽，用 GSSG 表示。GSH 在生物体内具有广泛的作用，主要体现在：① 抗氧化作用。还原型 GSH 可保护含巯基的蛋白质或酶免受氧化剂、特别是过氧化物的损害，保护红细胞膜蛋白的完整性。② 解毒作用。GSH 可与外界侵入生物体内的各种有毒化合物、重金属离子以及致癌物质等有害物质结合，并促使其排出体外。临床上已用 GSH 来解除丙烯腈、氟化物、CO、重金属及有机溶剂等的中毒症状。③ 治疗和预防呼吸道疾病。呼吸系统疾病中，下呼吸道上皮衬液层中 GSH 含量下降，现已证明补充 GSH 可以增强下呼吸道抗氧化能力，预防和治疗各种与氧化损伤有关的呼吸系统疾病。④ 维持肝肾正常功能。GSH 参与转甲基、转丙氨基反应，维持肝细胞正常功能，可辅助治疗病毒性肝炎，还可通过降解重金属及药物毒性，减少肝肾损伤。⑤ 促进营养物质的吸收和代谢。GSH 可促进胆酸代谢、提高消化道对脂溶性维生素的吸收；GSH 还参与氨基酸向细胞内的转运,从而促进细胞合成蛋白质。⑥ 临床上用于癌症放疗化疗的辅助治疗。GSH 能对放射线、放射性药物或由于抗肿瘤药物所引起的血细胞减少等不良症状起到强有力的缓解作用。⑦ 营养保健功能。由于膳食结构、年龄、应激状态等因素的影响,人体内 GSH 水平降低,易引起早衰和诱发疾病,GSH 可作为营养强化剂或功能食品添加剂补充到饮食中以缓解上述不利状态。

正是由于 GSH 具有抗氧化、抗疲劳、抗衰老、清除体内过多自由基、解毒、预防糖尿病和癌症等独特的生理功能,被称为长寿因子和抗衰老因子。

2. 神经肽

神经肽是一类在神经信号传导过程中起信号转导作用的肽类物质。其中一类称为脑啡肽的物质,近年来引起人们的广泛注意,它们在中枢神经系统中形成,是机体自身产生的一类阿片类物质。类似的肽类物质还有 β-内啡呔、强啡肽、孤啡呔、P 物质、神经肽 Y 等。它们与中枢神经系统产生痛觉抑制有密切关系,用于临床的镇痛治疗。

3. 抗菌肽

有些抗生素也属于肽类或肽的衍生物,是一类抑制细菌和其他微生物生长或繁殖的活性肽,例如,短杆菌肽 S、多黏菌素 E 和放线菌素 D 等。抗菌肽由特定的微生物产生,含有一些通常在蛋白质或肽类中没有的氨基酸,或含有异常酰胺键的结合方式。如青霉素是青霉菌属的某些菌株产生的抗生素,其通过破坏细菌细胞壁肽聚糖的合成引起溶菌,疗效显著,一直是临床上应用的主要抗生素之一。青霉素是含有青霉素母核的多种化合物的总称,青霉素母核由 β-内酰胺环(A 环)所组成,各型青霉素的区别主要是侧链 R 的不同(图 3-6)。杆菌肽是地衣芽孢杆菌产生的抗生素,抗菌谱和青霉素相似,对耐青霉素的金黄色葡萄球菌有良好的作用,但杆菌肽毒性较大,临床应用受到限制。

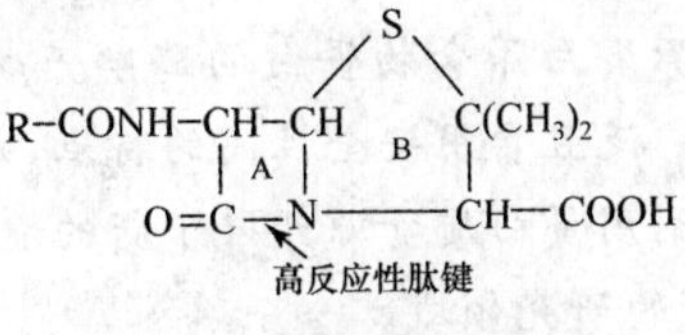

图 3-6　青霉素结构通式

(二)蛋白水解活性肽

乳肽:主要由动物乳中酪蛋白与乳清蛋白酶解所得,更易于消化吸收,用于抗原性防过敏牛奶粉。

大豆肽:是大豆蛋白质经酸法或酶法水解或分离、精制而得到的多肽混合物,具有降低胆固醇、降血压、供能快、无豆腥味等性能,是良好的保健食品素材。

高 F 值寡肽:高支链、低芳香族氨基酸组成的寡肽。具有减轻肝性脑病症状、改善肝功能、抗疲劳等功效。可用于保肝、护肝功能食品,蛋白营养品,肠道营养剂和食品营养强化剂等。

五、多肽组与多肽组学

多肽组:指活体生物器官、组织、细胞和体液中的全部内源性多肽组分。

多肽组学：就是研究多肽组的结构、功能、变化规律及其相关关系的学科。

多肽组学和蛋白质组学都是基因组学的补充，多肽组学填补了蛋白质组学与代谢组学之间的间隙。标准的蛋白质组研究不适合多肽组研究，因为它们不能覆盖到相对分子质量较小的区域。多肽组学的主要目标是开发新的生物标记、寻找可能作为肽类药物作用靶点的内源生物活性肽。近年来，多肽组作为蛋白组的补充部分，被众多研究者所瞩目，血清多肽标志物用于临床诊断的报道越来越多。

思考题

（1）简述肽链的基本结构及书写、阅读的一般规则。

（2）区分概念：肽键、肽链、肽单位、氨基酸残基、肽。

（3）一个六肽的结构是 Glu-His-Arg-Val-Lys-Asp，该肽在 pH3 的电泳条件下向哪一电极移动？

（张艳贞）

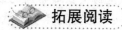

食物中的生物活性肽

食源性生物活性肽是指将食物来源的动、植物蛋白经蛋白酶酶解、生物工程等方法处理，获得的具有多种特殊生理活性的肽类物质。其生理活性涉及人体的消化、吸收、营养代谢调控、生长发育、免疫、神经调节等各个环节，包括具有阿片类活性、促进矿物结合、降血压、抗血栓形成、降胆固醇、抗氧化、抑菌等各种功效。目前已经从各种乳蛋白、大豆蛋白、玉米蛋白、鱼贝类蛋白、胶原蛋白等食物蛋白的酶解产物或发酵制品中分离得到了多种生物活性肽，它们具有来源广泛且食用安全性高的特点，是极具潜力的一类兼有营养性及功能性的食品基料，为有效利用蛋白质资源开辟了新的途径。因此，食源性生物活性肽的研究是目前国际上一个活跃的研究领域。

阿片样肽

阿片样活性肽是最早发现的活性肽，1979 年 Christine Z 等用胃蛋白酶水解小麦谷蛋白和酪蛋白，获得了具有阿片（吗啡）受体配体活性的肽，称为外啡肽，能够作为激素和神经递质与体内的 μ-、δ-和 γ-受体相互作用，起到镇痛、调节情绪、呼吸、脉搏和体温的功能。结构和活性关系的研究表明，肽序列 Tyr-Pro-X-Ser-Leu 中 X 为芳香族氨基酸或脂肪族氨基酸时，具有明显阿片样活性。酪啡肽与乳啡肽是研究较多的阿片活性肽，α-酪啡肽的氨基酸序列相当于 α_{S1}-酪蛋白 90-96 或 90-95 片段的氨基酸残基序列，β-酪啡肽氨基酸组成与排列分别与 β-酪蛋白的 60-70、60-66、60-64 片断的残基序列相当，α-和 β-乳啡肽分别相当于牛 α_{1a}- 和 β_{1g}-乳清蛋白的 50-53 和 102-105 位氨基酸残基序列。从植物蛋白，如小麦谷蛋白、小麦醇溶蛋白、玉米蛋白、大麦醇溶蛋白和大豆蛋白中，也能够衍生得到一些阿片样肽。

降压肽

血管紧张素转换酶（ACE）抑制剂是研究较多的一类活性肽，因无引发干咳、皮疹、血管性水肿等副作用,以及仅对高血压患者起降压作用,对正常人无降压作用而成为研究热点。1982 年,日本学者 Marayama 和 Suzuki 发现酪蛋白的胰蛋白酶水解产物在体外能抑制 ACE 活性。此后,从牛 β-乳球蛋白、人乳 β-和 κ-酪蛋白中也得到了有抑制 ACE 活性的肽,具有降压作用。1994 年,Yamamoto 报道从 *Lactobacillus Helveticus* 发酵的牛奶以及酪蛋白的 *Lactobacillus Helveticus* CP790 胞外蛋白酶酶解产物中分离得到降压肽 Val-Pro-Pro 和 Ile-Pro-Pro,以安慰剂作对照的实验发现,高血压患者在每天摄取 95mL 含有上述两种三肽的酸奶 4～8 周后,血压显著下降。2001 年,Ryhänen 等又从 *Lactobacillus acidophilus* 和 *Bifidobacteria* 发酵的奶酪中分离出 3 种有 ACE 抑制活性的肽。大多数 ACE 抑制肽是含有 3～9 个氨基酸的短肽,从其组成来看,C 末端的氨基酸序列对 ACE 抑制肽的活性有很大影响,大多数天然的 ACE 抑制肽 C 末端含 Ala-Pro 或 Pro-Pro 残基。目前,ACE 抑制肽的主要来源不仅是乳制品,从鱼蛋白(沙丁鱼、金枪鱼、鲣鱼)、植物蛋白(大豆、小麦、玉米)、肉类、鸡蛋以及其他水产品(小虾、螃蟹、海藻、牡蛎、海蜇)的酶解物中也分离得到了 ACE 抑制肽。此外,海洋胶原蛋白肽也可通过抑制或促进脂肪内分泌激素的表达而发挥降血压、抗动脉粥样硬化等作用。

抗氧化肽

氧化应激反应过程中不断产生自由基,破坏 DNA、蛋白质、脂肪酸等生物大分子,造成其相关结构和细胞功能的损伤。医学研究发现近百种疾病都与自由基有关,尤其是退化性疾病,如动脉粥样硬化、肿瘤、衰老、白内障、辐射损伤等。而抗氧化肽恰恰能够捕获并中和自由基,去除自由基对人体的损害。食源性抗氧化肽的蛋白来源非常广泛,植物蛋白原料主要包括大豆、黑豆、麦胚、鹰嘴豆、菜籽、花生、大米等,其中大豆蛋白是目前研究最深入的一种制备抗氧化肽的植物性原料,Chen 等从大豆中分离出抗氧化肽 Leu-Leu-Pro-His-His,张莉莉等报道大豆蛋白酶解物经分离后得到多个肽片段,氨基酸组成分析发现 Val、Leu、Phe、Lye 含量较高,其中含有 2～6 个氨基酸残基的多肽对羟自由基的清除能力最佳。抗氧化肽的动物蛋白原料主要包括草鱼、泥鳅等。此外,牛乳酪蛋白、乳清蛋白等的水解物也可分离出抗氧化肽。

促进矿物质吸收肽

研究得最多的是酪蛋白磷酸肽(CPP),是以牛乳酪蛋白为原料,经过单一或复合蛋白酶水解后分离纯化得到的活性肽。大多数 CPP 具有 Ser-Ser-Ser-Glu-Glu 结构,其活性中心就是磷酸化的丝氨酸和谷氨酸族,矿物质结合位点即存在于这些氨基酸的侧链中。在中性和碱性环境(肠道)中,CPP 通过磷酸丝氨酸与钙、锌、铁、硒等离子结合形成可溶性复合物,由小肠肠壁细胞吸收后再释放进入血液,避免了这些离子在小肠的中性和偏碱性环境中沉淀,起到了载体的作用,促进了它们的吸收。动物实验和人群研究也表明,CPP 有促进骨骼和牙齿发育、预防和改善龋齿、佝偻病、骨质疏松等作用。目前已有多种酪蛋白磷酸肽开发成为功能食品上市。

抗血栓肽

血栓的形成与血小板的高反应性、纤维蛋白原水平过高、纤维蛋白溶解缺陷以及血液黏度过高相关。有研究表明抗血栓肽能够减少血小板的凝集,同时还能抑制人血纤维蛋白原链与血小板表面特异位点的结合,因此具有抗血栓形成的生理功能。食物中的抗血栓肽主要是通过牛乳 κ-酪蛋白水解获得的,是 κ-酪蛋白 106-116 残基序列的 11 肽 Met-

Ala-Ile-Pro-Pro-Lys-Lys-Asn-Gln-Asp-Lys，对应于 κ-酪蛋白 106-112、112-116、113-116 残基序列的小肽也具有抗血栓活性。来源于牛乳铁蛋白的 4 肽 Lys-Arg-Asp-Ser，以及从大豆蛋白酶解物中分离出的两种肽 Ser-Ser-Gly-Glu 和 Asp-Glu-Glu，也都有抑制血小板聚合的作用。

　　生物学和化学领域的重大突破，特别是活性肽作用机制的阐明，对食源性活性肽的研究起到了巨大的推动作用。我国是农业大国，蛋白质资源廉价而丰富，对于开展食源性活性肽的研究非常有利，发展活性肽食品产业前景广阔。

（陈文）

第四章 蛋白质的表征

在对具体的某种蛋白质进行研究之前,通常需要了解它的一些特征参数以方便后续工作的开展,这些统称为蛋白质的表征。在这一部分,我们将对蛋白质表征的一些研究方法进行详细的介绍,其中包括蛋白质的定量、纯度测定、相对分子质量的测定、等电点的测定及蛋白质翻译后修饰的分析等。

第一节 蛋白质的定量

蛋白质定量分析通常是指测定蛋白质溶液中的蛋白质的量或蛋白质粉剂中蛋白质的量。在进行蛋白质含量测定时,首先根据蛋白质的物理化学性质的特性和实验室的现有条件来确定测定方法。

蛋白质含量测定方法有很多,如,定氮法,比色法等。采用的测定方法不同,得到的测定结果有差异。每一种方法有它独特的优点,但是也有它的局限性(如,不法分子利用定氮法测蛋白含量的漏洞在牛奶中添加三聚氰胺)。测定蛋白质含量通常要采用两种以上的方法,要根据蛋白质的某些特性选择不同的方法进行测定。将多种方法测得的结果进行比较、综合考虑。

常用的蛋白质定量方法有以下几种:紫外吸收法、Folin-酚法(Lowry 法)、BCA(bicinchoninic acid)法、考马斯亮蓝 G-250 比色法(Bradford 法)、利用微波快速蛋白质定量法。

一、紫外吸收法

紫外吸收法根据所选取的紫外光光谱范围不同分为以下两种。

(1) 近紫外吸收(280 nm):溶液中蛋白质的含量可以利用分光光度计进行测定。蛋白质在近紫外区的吸收主要依赖蛋白质中 Tyr 和 Trp 的含量(很少的因素来自 Phe 和二硫键)。因此在不同的蛋白质中,A_{280} 会有很大的差异。

这种方法的优点在于方法简单,并且样品可以回收。但是它的缺点也很明显:结果会受到其他一些生色基团的影响;对于指定蛋白的特定吸收值需要具体测定;同时还会受到核酸的影响(核酸在 280 nm 同样有吸收并且很强,可以是蛋白质光吸收的 10 倍左右。)

使用近紫外吸收法测定蛋白质含量时具体有以下要求:

① 可靠的仪器:蛋白质样品需要稀释到仪器的准确测量范围内;

② 所用的比色杯为石英杯;

③ 蛋白质的理论紫外吸收值可根据下面的公式进行理论计算:

$$A_{280}(1 \text{ mg/mL}) = (5690 \, n_w + 1280 \, n_y + 120 \, n_c)/M$$

其中 n_w、n_y、n_c:分别是 Trp、Tyr、Cys 的个数;M:多肽链的相对分子质量;5690、1280、

120：分别为 Trp、Tyr、Cys 的消光系数。

目前有很多生物学软件均可对蛋白质的 UV 吸收值进行预测。

（2）远紫外吸收（190 nm）：远紫外吸收的原理是肽键在约 190 nm 的远紫外区具有很强的光吸收。但是由于氧气在该波长段的干扰以及传统分光光度计在该波长的灵敏度低，所以测量通常选择 205 nm，蛋白质在 205 nm 处的吸收是在 190 nm 处的 1/2。同时含有不同侧链的氨基酸，包括 Trp、Phe、Tyr、His、Cys、Met、Arg 的侧链（递减的顺序）对于 A_{205} 均有贡献。因此，该方法的优点在于方法简单而且灵敏；样品可以回收利用；不同蛋白质之间的变化较小。缺点在于因为干扰因素较多，如，很多缓冲液和化合物（如亚铁血红素或吡哆醛基团）在该波长段均有强烈的光吸收，需要对分光光度计远紫外区的精确度进行校准。

1. 使用远紫外吸收法测定蛋白质含量时的具体要求

（1）蛋白质溶液首先用生理盐水（0.9% NaCl，m/V）稀释至 $A_{215} < 1.5$；或者将蛋白质用其他没有紫外吸收的溶液（如 0.1 mol/L K_2SO_4）稀释，并用 5 mmol/L K_3PO_4 缓冲液调至 pH7.0。

（2）测量不同波长下的吸收值。如，A_{280} 和 A_{205}，或 A_{225} 和 A_{215}，测量所用波长随使用的公式的不同而不同，用氢灯和石英杯测量。

（3）1 mg/mL 的蛋白质，A_{205} 的误差 $\leqslant \pm 2\%$

$$A_{205}^{1\,\text{mg/mL}} = 27 + 120(A_{280}/A_{205})$$

或
$$[\text{Pr}](\mu g/mL) = 144(A_{215} - A_{225})。$$

2. 使用分光光度计时应注意的事项

（1）光吸收值应控制在 0.05～1.0 之间，尤其在 0.3 左右时，精确度最高。

（2）BSA 常被用作标准蛋白，1 mg/mL BSA 的 $A_{280} = 0.66$。

（3）若样品是混浊的，则 A_{280} 将升高，可通过过滤（0.22 μm）或离心的方式净化，简便的方法是通过 $A_{280} - A_{310}$ 进行校正（除非含有特殊的生色基团，通常在 310 nm 处蛋白质无吸收）。

（4）蛋白质溶液浓度过低会影响光吸收值的测定，这可采用高离子强度的试剂予以缓解，溶液中含有非离子试剂（0.01% Brij35）也对此有帮助。

（5）一些非蛋白质类的生色基团（如：heme、吡哆醛）能引起 A_{280} 升高，
当核酸存在（在 260 nm 处有强吸收）时，可用下列公式校正：

$$[\text{Pr.}](mg/mL) = 1.55A_{280} - 0.76A_{260}；$$

其他校正公式还有：
$$[\text{Pr.}](mg/mL) = \frac{(A_{235} - A_{280})}{2.51}；$$

$$[\text{Pr.}](mg/mL) = 0.183A_{230} - 0.0758A_{260}。$$

（6）蛋白质溶液当 $A_{215} < 2.0$ 时，遵守朗伯-比尔定律。

（7）NaCl、$(NH_4)_2SO_4$、硼酸盐、磷酸盐、Tris 在 215 nm 处均无吸收；而 0.1 mol/L 醋酸盐、琥珀酸盐、柠檬酸盐、邻苯二甲酸盐、巴比妥酸盐在 215 nm 处均有强吸收。

（8）pH4～8 时，蛋白质在 215～225 nm 处的吸收与 pH 无关。

（9）许多蛋白质或多肽在 205 和 210 nm 处的消光系数均已测定，40 种血清蛋白（1 mg/mL）在 210 nm 处的平均消光系数为 20.5 ± 0.14，2 $\mu g/mL$ 的蛋白质 A_{210} 为 0.04。

二、Folin-酚法

测定蛋白质含量的最精确的方法可能就是将蛋白质水解后进行氨基酸分析了,很多方法对于蛋白质的氨基酸组分分析十分灵敏,但是蛋白质的绝对浓度很难得到。

Lowry 等人设计的 Folin-酚法(也称为 Lowry 法)也不例外,但是该方法的灵敏度在不同的蛋白质之间几乎一致,所以得到了广泛的应用,并且它也是对蛋白混合物和蛋白粗提物中蛋白质含量进行绝对测定的可选方法之一。

Folin-酚法是以双缩脲反应为基础的一种方法。双缩脲反应(biuret method)的原理为:双缩脲在碱性条件下能够与 Cu^{2+} 反应生产紫红色的化合物,即:

$$NH_2CONHCONH_2 + Cu^{2+} \xrightarrow[(CuSO_4)]{OH^-} 紫红色化合物$$

蛋白质的肽键与双缩脲分子中的结构类似,因此也可以在碱性条件下与 Cu^{2+} 作用形成络合物,该络合物与 Folin 试剂(磷钼酸-磷钨酸试剂)发生反应,具体的反应机理还不清楚,大体上是由于铜催化的芳香族氨基酸的氧化作用能还原磷钼酸-磷钨酸试剂,最终生成蓝色的物质,颜色的强度与蛋白质中 Trp、Tyr 的含量有关(图 4-1)。

$$肽键 + Cu^{2+} \xrightarrow[(CuSO_4)]{OH^-} 络合物 \xrightarrow{+Folin 试剂} 蓝色物质(颜色强度与 Trp、Tyr 含量有关)$$

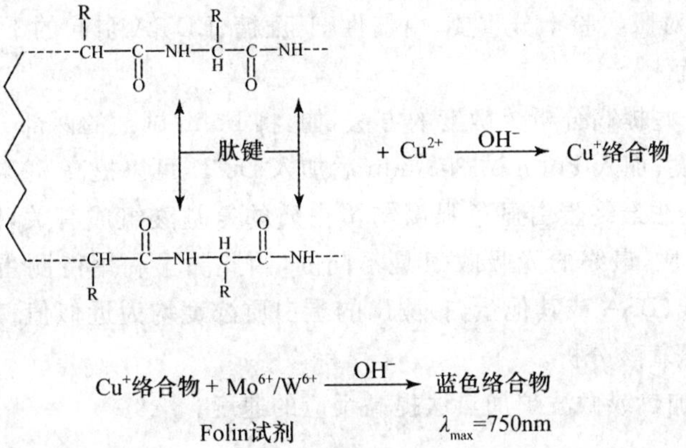

$$Cu^+络合物 + Mo^{6+}/W^{6+} \xrightarrow{OH^-} 蓝色络合物$$

Folin试剂 $\lambda_{max} = 750nm$

图 4-1 Lowry 法反应原理示意图

本方法的灵敏度可以达到蛋白浓度 0.01 mg/mL,最佳适用浓度范围是 $0.01\sim1.0$ mg/mL。本法的优点是操作简便、灵敏度高、较紫外吸收法灵敏 $10\sim20$ 倍,较双缩脲法灵敏 100 倍。其不足之处是此反应受多种因素干扰,如硫酸铵、硫醇化合物等,并且步骤中各项试剂的混合,要特别注意均匀澄清,否则会有很大误差。

1. Folin-酚法具体操作要求

(1) 0.1 mL 样品或标准蛋白质 + 0.1 mL 2 mol/L NaOH,100℃,10 min,完全水解。

(2) 冷却至室温后,加入 1 mL 含 Cu^{2+} 的混合试剂,室温下放置 10 min。其中混合试剂的配方为:2%(m/V)Na_2CO_3 : 1%(m/V)$CuSO_4 \cdot 5H_2O$: 2%(m/V)酒石酸钾钠 = 100 : 1 : 1。

(3) 加入 0.1 mL Folin 试剂,充分混匀,室温放置 $30\sim60$ min(不能超过 60 min)。

(4) Folin-酚法的灵敏度可达到 0.01 mg/mL,最适范围是 $0.01\sim1.0$ mg/mL。

（5）若蛋白质浓度低于 500 $\mu g/mL$，则测 A_{750}；若蛋白质浓度在 $100 \sim 2000$ $\mu g/mL$，则测 A_{550}。

（6）绘制蛋白标准曲线以确定未知蛋白样品的浓度。

2. Folin-酚法使用的注意事项

（1）若样品是沉淀物，则用 2 mol/L NaOH 0.2 mL 水解。

（2）若样品是细胞或复合物，则需要预处理后再测定。

（3）该反应受 pH 影响，必须将 pH 控制在 10～10.5 之间。

（4）加热水解过程 10 min 至几小时均不影响最终吸收值。

（5）与 Folin 试剂混合非常关键，Folin 试剂在碱性条件下不稳定，保持活性的时间很短。

（6）当样品浓度很高时不是线性的，因此要将样品浓度稀释到标准曲线的线性范围之内。

（7）对于每组分析可以做几条标准曲线，同时建议对未知样品做两个或三个平行实验。

（8）Folin-酚法的缺点在于受很多物质的干扰，包括缓冲液、试剂、核酸、糖类等。在很多情况下，在保证蛋白浓度仍然可测定的条件下，可利用稀释减少这些物质的干扰；存在干扰物时，空白对照实验十分重要；由变性剂、蔗糖、EDTA 引起的干扰可通过加入 SDS 沉淀法来去除干扰。

（9）可采用一些提高分析灵敏度的方法，如，将 Folin 试剂的两部分分别加入混合，可以提高 20％灵敏度；加入 Folin 试剂 3 min 后加入 DTT，可以提高 50％灵敏度。

（10）Folin-酚法最终蛋白显色强度与蛋白质的氨基酸组成有关，因此同样为 1 mg/mL 的不同的蛋白质，最终的光吸收值是不同的，因此除了利用待测蛋白质作标准曲线，用蛋白质标准曲线（BSA 或其他蛋白）测出的蛋白质浓度均为近似值；确定蛋白质浓度最精确的方法还是氨基酸分析。

（11）可通过加热或微波炉加热法提高反应的速度。

三、BCA 法

BCA 法（the bicinchoninic acid assay）与 Folin-酚法非常类似，原理上也是依赖于在碱性条件下 Cu^{2+} 转变为 Cu^+ 的反应。然后利用 Cu^+ 与 BCA（bicinchoninic acid，二辛可宁酸，二羧基二喹啉）反应形成紫色的络合物，测定其在 562 nm 处的吸收值，并与标准曲线对比，即可计算待测蛋白的浓度（图 4-2）。

虽然 BCA 法与 Lowry 法均具有相当的灵敏度，但是由于 BCA 在碱性条件下很稳定，所以 BCA 法检测只需一步（图 4-3），比 Folin-酚法的两步检测要方便得多。

BCA 法的另一优点是它可以避免在 Folin-酚法中会产生干扰的一些化合物的干扰。尤其是它可以避免一系列清洁剂和变性试剂（如尿素和盐酸胍）的影响，尽管它对于一些还原糖比较敏感。

1. BCA 法常用试剂

BCA 法分为标准法和微量法，两种方法的试剂存在些许差异。

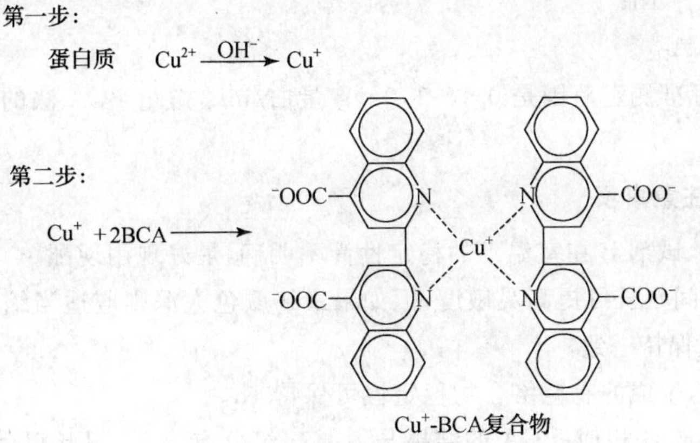

第一步：

$$蛋白质 \quad Cu^{2+} \xrightarrow{OH^-} Cu^+$$

第二步：

$$Cu^+ + 2BCA \longrightarrow$$

Cu⁺-BCA复合物

图 4-2　BCA 法反应原理示意图

（1）标准法试剂：

试剂 A：BCA Na 盐（0.1 g）＋$Na_2CO_3 \cdot H_2O$（2 g）＋无水酒石酸钠（0.16 g）＋NaOH（0.4 g）＋$NaHCO_3$（0.95 g）定容至 100 mL，用 $NaHCO_3$ 或 NaOH 调至 pH 为 11.25；

试剂 B：$CuSO_4 \cdot 5H_2O$（0.4 g）定容至 10 mL；

A：B＝1：2 混合后使用，混合液室温下可保存一周。

（2）微量法试剂：

试剂 A：$Na_2CO_3 \cdot H_2O$（0.8 g）＋无水酒石酸钠（1.6 g）＋NaOH（1.6 g）定容至 100 mL，用 NaOH 调至 pH 为 11.25；

试剂 B：BCA（4 g）定容至 100mL；

试剂 C：$CuSO_4 \cdot 5H_2O$（0.4 g）定容至 10 mL；

1C：25B 混合后，加入 26A。

2. BCA 法操作流程（图 4-3）

（1）标准法：

① 100 μL 标准蛋白（10～100 μg 蛋白，可由 1 mg/mL BSA 配制）＋2 mL 标准工作液（SWR，standard working reagent），60℃，30 min；

② 冷却至室温后，测 A_{562}；

③ 绘制标准曲线。

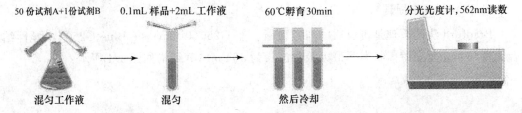

50 份试剂A+1份试剂B　　0.1mL 样品+2mL 工作液　　60℃孵育30min　　分光光度计，562nm读数

混匀工作液　　　　　　混匀　　　　　　然后冷却

图 4-3　BCA 法反应流程示意图

微量法：

① 1 mL 等量蛋白溶液（0.5～1 μg 蛋白/mL），加入 1mL 标准工作液（SWR）；

② 60℃,孵育 1h;

③ 冷却,测 A_{562}。

BCA 法的标准测定范围是 0.1～1.0 mg 蛋白/mL,微量 BCA 法的测定范围是 0.5～10 μg/mL。

3. BCA 法注意事项

(1) 试剂 A、试剂 B 在室温下的稳定性尚不明确,最好现用现配。

(2) 加热时间延长可提高灵敏度,但如果最终颜色太深则应适当缩短时间,标准蛋白的反应条件也应保持一致。

(3) 加热后,生成的有色络合物稳定性可保持 1h。

(4) 与 Lowry 法相似,BCA 的结果与氨基酸组分有关系,因此得到的是蛋白质的相对浓度。

(5) BCA 法的干扰因素包括脂类(会提高吸光度)、疏基试剂、清洁剂等。

(6) 由于该方法用到 Cu^{2+},因此螯合剂,如 EDTA 的存在不利于分析,但可以通过稀释来降低干扰试剂的影响,需要设置对照样品。

(7) 利用微波炉加热可以缩短反应时间。

(8) 通过将蛋白质固定在尼龙膜上,清洗去除硫醇、还原糖等干扰物;然后在尼龙膜上与蛋白进行 BCA 反应。

(9) 比较表明:对于非糖基化蛋白,BCA 法结果比较接近氨基酸分析法;对于糖基化蛋白,Bradford 法结果偏低,而 BCA、Lowry 法偏高;即蛋白质糖基化对显色分析法有一定的影响。

(10) 有报道称,可利用 1 mol/L HCl 去除蛋白沉淀物中的杂质。

四、考马斯亮蓝 G-250 比色法(Bradford 法)

前面介绍的两种常用的测定蛋白质含量的化学法均需要经过化学反应后再测定生成的有色产物的吸光值,相对比较烦琐,有没有一个能够快速准确地预测蛋白质含量的方法呢?

Bradford 最先建立了一种方法,并已经在许多实验室中得到了广泛的使用。这种方法比 Folin-酚法简单、快速、灵敏。并且与 Folin-酚法相比,它的特异性较高,能够避免很多的常规试剂以及生物样品中的一些非蛋白成分的干扰。

1. Bradford 法原理

Bradford 法的原理是蛋白质能与考马斯亮蓝 G250(Coomassie Blue G250)特异性结合。考马斯亮蓝在游离状态下最大吸收波长为 464 nm,其结构如图 4-4 所示:

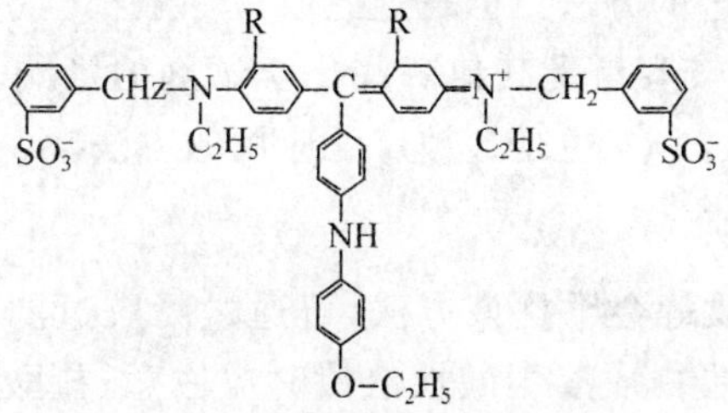

其中：R=H时，为R250（R指红蓝色）；

R=CH₃时，为G250（G指蓝绿色）。

图 4-4　考马斯亮蓝分子结构图

R250 和 G250 用于蛋白质分析时各有其用途。

R250：$\lambda_{max}=560\sim590$ nm，染色灵敏度比氨基黑高 5 倍，尤其适用于 SDS 电泳微量蛋白质染色，但蛋白质浓度超出一定范围时，对高浓度蛋白质不符合朗伯-比尔定律，不适于用作定量分析。

G250：$\lambda_{max}=590\sim610$ nm，灵敏度不如 R250，比氨基黑高 3 倍，优点在于在三氯乙酸中不溶而成胶体，能够选择地染色蛋白质而无本底色，常用于需重复性好和稳定的染色，适于作定量分析。

由于 G250 所含的疏水基团与蛋白质的疏水微区具有亲和力，通过疏水作用与蛋白质相结合。当它与蛋白质结合后形成蓝色的蛋白质-染料复合物，其最大吸收波长变为 595 nm。这种结合在约 2 min 时达到平衡，生成的复合物在 1 h 内保持稳定。在一定的蛋白质浓度范围内，蛋白质-染料复合物在 595 nm 处的光吸收与蛋白质含量成正比，所以可用于蛋白质含量的测定。

该方法非常灵敏，蛋白质最低检测量为 5 μg，而且此法操作简便、快速，干扰物质少，是实验室常用的蛋白质定量分析方法。但染料易吸附在比色杯上（注意：不可用石英比色杯）而造成误差，操作后应及时用酒精清洗。

2. Bradford 法操作具体流程

G250 100 mg 溶于 50 mL 95％乙醇＋100 mL 85％磷酸的混合溶液中，定容至 1 L，过滤后使用，室温下可保存数周；测吸收值时用玻璃比色杯，用后立即用乙醇或清洁剂清洗。

（1）标准法如下：

① 将样品稀释至 0.1～1 mg/mL，若不清楚浓度范围，可多做几个稀释度；

② 100 μL 标准蛋白（相当于 10～100 μg）＋5 mL 显色液，混合均匀后，2 min 后测 A_{595}。

（2）微量法：

10～100 μg 蛋白/ mL＋1 mL 显色剂，混合均匀，放置 2 min 后测 A_{595}。

Bradford 法标准测定方法适合于测定 10～100μg 的蛋白含量；Bradford 法的微量测定方法适合于测定 1～10μg 的蛋白含量。后者灵敏度更高，但是也更容易受其他化合物的影响，因为相对于染料的用量，所用的样品量要多很多。

在 Bradford 法中，染料似乎倾向于与蛋白质中的 Arg 和 Lys 结合，从而这种特异性使得不同蛋白质含量的测定会有波动，这也是该方法的一个主要的弱点。为了解决这个问题,人们研究出了很多改进的方法。但是这些改进一般都会引起 Bradford 法灵敏度的降低,使得 Bradford 法会比较容易受其他一些化学试剂的影响。所以,由 Bradford 建立的最初的方法仍然是目前最简单、也是最被广泛应用的方法。

3. Bradford 法注意事项

(1) 清洁剂、两性电解质等会干扰该方法,可通过凝胶过滤、透析、沉淀等方法去除;碱的存在会提高吸光度,当蛋白质溶于碱性溶液时应注意;盐酸胍、抗坏血酸钠会与染料竞争性结合,会引起蛋白浓度测定值的降低。

(2) 蛋白质与 G250 结合后,会使 G250 的最大吸收从 290 nm 移至 620 nm,因此波长增加会提高测定的灵敏度。但 G250 在 650 nm 处的吸收会影响 G250-蛋白复合物在 620 nm 处的吸收,测定 595 nm 可以均衡以上两者。

(3) G250 不能与游离的 Arg、Lys 结合,也不能与 $M_r<3000$ 的多肽结合,因此,许多肽类激素或其他具生物活性的肽类均不能用该方法测定。

(4) 该方法在不同蛋白之间有差异,因此所测结果是相对浓度,可以通过提高 G250 浓度或 pH 加以改善。

测定膜组分蛋白质时,可利用 NaOH 或清洁剂预处理样品可以减少膜组分中杂质对分析的干扰(脂类会降低所测得的蛋白质含量的值);还可以用磷酸钙沉淀蛋白质样品,再用 80% 乙醇洗涤去除杂质脂类。

(5) 不同公司的 G250 溶解度会有差异,但对实验影响不是太大。

(6) 理论上,做标准曲线的蛋白应与待测蛋白是同种蛋白,但这不太现实。

常用标准蛋白有:

BSA:纯品便宜、易得,并且有很多蛋白的测定是以 BSA 为参照,便于比较,但存在测定浓度偏低的现象。

血清 γ-球蛋白:测定值与真实值较为接近。

(7) 最好使用新的抛弃型样品杯,使用前用试剂清洗杯子,设置空白对照。

(8) 标准曲线不是线性的,由于自由染料的存在,可利用 A_{595}/A_{450} 将曲线修正为线性的。此时,自由态染料的吸收值与 G250-蛋白复合物分别在两个波段下测定,以水为空白对照,这种方法同时可以改善实验灵敏度约 10 倍。

(9) 微量法时,若微量检测计无法测定 A_{595},可以测定 570~670 nm 间任何一个波长的吸收值,但灵敏度会降低。

五、利用微波快速蛋白质定量法

利用微波的射线可以使得蛋白质检测实验中的温育从标准的 15~60 min 缩短至几十秒。在 2.45 GHz 的微波下(如微波炉)加热 10~20 s 可以得到快速、可靠的蛋白质的测定结果,这种方法已经在科研领域有很多的应用,如,组织固定、组织染色、免疫染色、PCR 等等,使用时务必注意安全。

微波法是建立在以下两种标准蛋白分析法的基础上的:

(1) Lowry 法:通过加入 Folin-酚试剂发生双缩脲反应,反应 10 s 测 A_{562};

(2) BCA 法:通过加入 BCA 试剂发生双缩脲反应,反应 20 s 测 A_{750}。

微波炉是理论上简单并且安全的设备。家用型微波炉可以给物质提供频率约

2.45 GHz的非离子化的电磁射线,在微波炉内被照射的样品由于分子组成和电磁场特异地相互作用能够吸收部分的微波能量。当微波穿过样品时,样品内的分子就暴露在连续变化的电磁场中,被电离极化的分子将沿着电磁场的方向进行排列并随着场强的变化而快速旋转。场强越高则分子旋转的速度越快。而微波频率和可极化的分子大小存在着一定的关系。在常规微波炉所使用的 2.45 GHz 下,只有小分子,尤其是水分子才会旋转,但是蛋白质并不能旋转。样品中水分子旋转能的一部分会以热能的形式释放,从而提供了非常有效的加热,并且一般的微波产生的热效应会引起局部温度的变化。同时人们还发现,微波同时能够引起蛋白质分析时反应产物形成的速率,这种加速与温度的变化无关。

第二节　蛋白质纯度的测定

蛋白质的纯度分析,是从蛋白质样品中确定目标蛋白和杂质的分析方法,也是蛋白质分析中的一类重要方法。

任何一个蛋白质制品从理论上说都含有两类组分,即蛋白质和杂质:目标蛋白质是样品中主要成分;杂质则是残留的非目标蛋白、小分子、无机盐等。因此,蛋白质纯度分析方法大致分为两类:目标蛋白与杂蛋白的分析;目标蛋白与非蛋白的分析。

从广义上说蛋白质纯度的测定一般是指样品中是否含有杂蛋白,不包括无机盐和有机小分子的分析鉴定,因为有些蛋白质要在一定无机盐和有机小分子的保护下才比较稳定。但是如果要进行蛋白质的含量测定,则要包括杂蛋白、无机盐和有机小分子的测定。

一个天然蛋白或一个重组蛋白质,产品的纯度是一个重要的指标。纯度的表示方法主要根据实际用途区分。如化学试剂的纯度一样,主要有化学纯、分析纯、优级纯等。蛋白质的纯度通常有两种方式表示:① 工业用的用百分含量表示:如:95%、99%、99.9%等;② 实验室用的以用途表示:有实验室级纯(lab)、电泳纯(electrophoresis)、色谱纯(choromatography)等。

纯净的蛋白质样品一般是指不含有其他杂蛋白,用于鉴定的方法有各种分析电泳和层析法,一些新的方法如质谱等也已引入蛋白质纯度的检测中来。在这一节中,将介绍光谱法、层析法、电泳法、N-末端氨基酸测定法、生物活性测定法。

一、光谱法

光谱法分为光谱扫描法和光吸收比值法两种。

1. 光谱扫描法

光谱扫描法主要用于鉴别目标蛋白质和非蛋白类杂质。

一种纯度的蛋白质溶液在一定的波长范围内进行光谱扫描就会得到一个特征吸收光谱,可以根据扫描光谱的吸收曲线的形状和吸收峰的位置、数量和大小判断该蛋白的纯度。用紫外吸收光谱测定样品的纯度,既方便又灵敏,测得的结果可靠,是常用的纯度分析方法。

2. 光吸收比值法

一种纯物质在紫外光区有其最大光吸收峰,如核酸的最大吸收峰在 260 nm,蛋白质的最大吸收峰在 280 nm。同一个溶液在这两种波长下测得的光吸收值是不同的。利用在 280 和 260 nm 处测得的光吸收值之比，即可得到蛋白质的纯度。如，纯核酸的标准光吸收比为 $A_{280}/A_{260}=0.5$，蛋白的标准光吸收比为 $A_{280}/A_{260}=1.8$。

光吸收比值法仅限于蛋白质溶液中含有核酸或核酸溶液中含有蛋白质的纯度测定。

二、层析法

一个纯的蛋白质在稳定的层析条件下，得到的保留值（保留时间或保留体积）只有一个，如果得到的层析峰多于一个就可以视为蛋白质不纯。所以根据层析峰的数量可判断蛋白质的纯度。

保留时间指组分从进样到出峰最大时所需的时间，不同物质在不同的色谱柱上以不同的流动相洗脱会有不同的保留时间。保留体积指的是组分从进样到出峰最大时所需的流动相的体积。

具体测定纯度的方法有：

1. 保留值法

在一定的层析条件下各种蛋白质组分在层析柱内的保留值是一定的，通过测定蛋白质的层析保留值（保留体积、保留时间）就能确定蛋白质组分，从而可以判断蛋白质的纯度（图 4-5）。如，凝胶过滤层析根据蛋白质不同的相对分子质量可得到不同组分的保留体积，若流速恒定的条件下，其保留时间也是一定的。

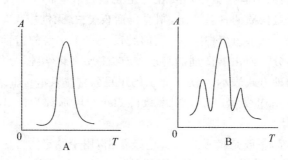

图 4-5　保留值法鉴定蛋白质样品的纯度

A. 纯度较高的目标蛋白；B. 不纯的目标蛋白

2. 基准物标定法

在常用的层析方法（如凝胶过滤、HPLC）中，通过对被鉴定的样品与基准物（标准蛋白）之间进行比对来分析样品中蛋白质的纯度。具体做法有两种：

（1）已知物内标法（图 4-6）：在被鉴定物的样品中加入已知基准物，称为内标物。在同样的层析条件下，将待测蛋白、蛋白混合物（含有待测蛋白与作为内标物的标准蛋白）分别进行层析分离后，从得到的层析峰的增高或峰的位置来判断样品的纯度（图 4-6）。

（2）已知物外标法：将基准物、样品分别进行层析后，通过比对其结果来判断样品的纯度。

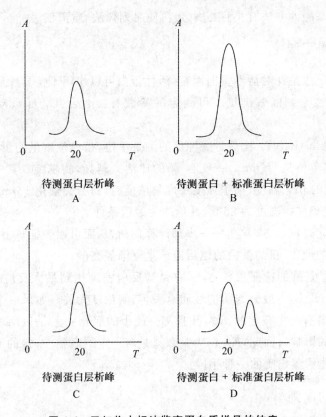

图 4-6　已知物内标法鉴定蛋白质样品的纯度

图 A、B 和 C、D 分别为一组蛋白质样品纯度检测结果。图 A 显示待测蛋白只有唯一的层析峰，因此待测蛋白为纯品；图 B 显示待测蛋白、标准蛋白混合物的层析峰的位置相同，只是蛋白混合物中的层析峰峰面积较大，因此推测待测蛋白与标准蛋白为同一物质。图 C 显示待测蛋白只有唯一的层析峰，因此待测蛋白为纯品；图 D 显示待测蛋白、标准蛋白混合物经层析后有两个层析峰，其中一个与待测蛋白的出峰位置和峰面积一样，表明该层析峰为待测蛋白，另一层析峰则为标准蛋白，即待测蛋白与标准蛋白不同。

三、电泳法

由于蛋白质分子在偏离其等电点时为带电粒子，因此在恒定的电场中，一个纯的蛋白质的所有分子泳动的距离是一样的，即电泳图谱只有一个条带，如聚丙烯酰胺凝胶电泳（PAGE），影响电泳的两大因素为相对分子质量和电荷。所以根据蛋白质的电泳条带的数量可判断蛋白质纯度。

电泳鉴定蛋白质纯度的方法有：净电荷聚丙烯酰胺凝胶电泳（PAGE）、SDS-聚丙烯酰胺凝胶电泳（SDS-PAGE）、等电聚焦电泳（IEF）、双向聚丙烯酰胺凝胶电泳（2D-PAGE）、毛细管电泳（CE）等。

四、N-末端氨基酸测定法

一个纯的蛋白质其末端的氨基酸是不会改变的，因此可以根据蛋白质末端氨基酸种类的鉴定来判断样品中是否含有杂质。

测定末端氨基酸的方法有：手工法、蛋白质序列仪法、质谱仪法。

五、生物活性测定法

生物活性测定法是针对活性蛋白而言，活性蛋白可以作用于特异性底物，通过测定活性蛋白的生物活性来判断其纯度。可测定的参数有：比活（U/mg）、动力学常数（K_m，K_i）等。

比活（specific activity）：比活是酶纯度的测量单位，指单位质量的蛋白质中所具有的酶活力单位数，其单位是 U/mg。一般地，酶的比活力越高，酶越纯。其中 U 为酶活力单位，1 U 指在特定的 pH、温度、离子强度及底物浓度时，每分钟催化 1 μmol/L 底物转变成产物的酶量，特定条件指温度为 25℃，其他均为最适条件。

在蛋白质纯化过程中，通常在每一步都计算比活，从而可以表征每一步纯化步骤是否有效。随着蛋白的纯化，目的蛋白的比活应该是逐渐提高的。

米氏常数 K_m 是酶的特征常数之一，它是酶反应速度达到最大反应速度一半时的底物浓度，单位是 mol/L，一般只与酶的性质有关，与酶浓度无关。如果一个酶有几个底物，则对每一种底物各有一个特定的 K_m，并且 K_m 最小的底物一般是该酶的最适底物。K_m 还受 pH 及温度的影响。因此，K_m 作为常数只是对一定的底物、一定的 pH 和温度而言，即测定 K_m 可以作为鉴定酶的一种手段。

六、纯度测定的原则

在蛋白质的研究工作中，蛋白质的纯度测定是非常重要的技术，任何一个合格的蛋白质制品都有严格的准确的质量检测标准，其中蛋白质的含量测定和纯度测定是两项最重要的指标。在进行蛋白质样品的含量和纯度测定时，要综合各种方法的优点，选择合适的方法。

测定的原则是：

（1）根据蛋白质的特性选择相对比较灵敏、稳定、容易重复的方法。

（2）测定一个参数（如上述所提的光吸收值、保留值等）要采用多种方法，综合考虑所选方法的可行性、结果的准确性和可信性等。

（3）确定一个参数要从多种方法的测定值中，选择在实际实验中误差最小、测定效果最佳的一种方法所得到的值为测定值。

（4）基准物尽量选择与待测蛋白相同或相似的物质。

第三节　蛋白质相对分子质量的测定

蛋白质分析鉴定是蛋白质研究中的一个最基本技术，研究一个新的蛋白质首先要以它的基本性质作为突破口，然后根据它的基本性质进行分离纯化，最终用纯品对其进行分析鉴定。如果对蛋白质的基本性质尚未搞清楚，工作起来将会困难重重。因此，蛋白质研究技术首先要对蛋白质的基本性质进行分析鉴定。

蛋白质分子是非常复杂的生物大分子，能代表其特征的参数很多。但在普通实验室能够进行测定的、最常用的参数,归纳起来主要有以下几种。

(1) 蛋白质的质量鉴定(相对分子质量);

(2) 蛋白质带电性鉴定(等电点);

(3) 蛋白质结构鉴定(一二级结构、晶体结构、肽谱、N 和 C 末端);

(4) 蛋白质生物学功能鉴定(生物活性、比活、酶促动力学);

(5) 免疫学鉴定(抗原-抗体反应、酶联免疫反应)。

在本节中将主要介绍测定蛋白质相对分子质量的一些常规方法:SDS-聚丙烯酰胺凝胶电泳测定法、凝胶过滤层析、质谱法。

早期测定蛋白质相对分子质量的方法是采用超速离心和光散射等方法。由于这些方法需要高级的精密仪器设备和大量的蛋白样品才能进行测定,所以目前采用已不多了。

自从葡聚糖凝胶层析介质(Sephadex G 系列产品)及排阻层析技术问世以来,就被广泛应用于蛋白质的相对分子质量测定。它是目前实验室测定蛋白质相对分子质量的常用技术之一。但是这种层析介质刚性较差,在层析过程中流速较慢,分离时间长。近年来又研究出刚性的、耐压的凝胶层析介质,被用于高效液相色谱,大大提高了工作效率和测定精度。

随着 PAGE 技术的出现和发展,SDS-PAGE 成了常用的方法。20 世纪 90 年代初期随着毛细管电泳的出现,应用毛细管电泳无胶筛分技术来测定蛋白质相对分子质量,是一种较好的选择。

蛋白质氨基酸测序技术、质谱技术的发展,给蛋白质相对分子质量测定技术增添了新的途径。尤其是采用电喷质谱测定蛋白质相对分子质量,既快捷又准确,该技术在生物领域应用越来越广,是一种快速精确的好方法。

目前,蛋白质的相对分子质量测定技术归纳起来大致分三大类:电泳技术、层析技术、光谱分析技术。

一、SDS-聚丙烯酰胺凝胶电泳测定法

SDS-聚丙烯酰胺凝胶电泳,也称为十二烷基磺酸钠-聚丙烯酰胺凝胶电泳(sodium dodecyl sulphate-polyacrylamide gel electrophoresis,SDS-PAGE),主要用于蛋白质亚基相对分子质量的测定。它具有操作简单,重复性好,对样品的纯度要求不高等特点,具有广泛的应用,如蛋白质纯度的分析、蛋白质相对分子质量的测定、蛋白质浓度的测定、蛋白质水解效果的分析、免疫沉淀蛋白质的鉴定、免疫印迹的第一步、蛋白质修饰的鉴定、分离和浓缩用于产生抗体的抗原、分离放射性标记的蛋白质等。

1. SDS-PAGE 原理

SDS-PAGE 首先在 1967 年由 Shapiro 等建立,他们发现如果在样品介质中和凝胶中加入离子去污剂和强还原剂后,蛋白质亚基的电泳迁移率主要取决于亚基相对分子质量的大小,与分子所带电荷无关。其原因在于:

(1) 蛋白质分子状态。在自然状态下蛋白质通过二硫键聚合形成高度折叠的生物大分子,在水溶液中,由于氨基酸残基的解离作用,使蛋白质分子形成带有一定净电荷的分子,不同的蛋白质带有不同种类的净电荷,且带有不同数量级的净电荷量,在电场作用下

向与自身所带电荷相反的方向移动。

（2）还原剂的解聚作用。在蛋白溶液和分离凝胶介质中加入强还原剂——β-巯基乙醇（β-mercaptoethanol）或二硫苏糖醇（Dithiothretiol，DTT）；蛋白质分子在还原剂作用下二硫键被还原，将多聚体或单链折叠的蛋白质分子中存在的二硫键打开，形成长短不一的单链亚基。

（3）SDS 的包裹作用。SDS 是一种阴离子去污剂，作为变性剂和助溶剂，它能断裂分子内和分子间的氢键，使分子去折叠，破坏蛋白质的二级、三级结构。并且，SDS 分子中含有大量的带负电的磺酸基。蛋白质分子解聚后形成的氨基酸侧链与 SDS 充分结合，在 SDS 的质量达到蛋白质量的 3～4 倍时，蛋白质分子表面完全被 SDS 包裹，形成带负电荷的蛋白质亚基分子，称为蛋白质-SDS 复合物（protein-SDS micelles）。由于蛋白质-SDS 复合物所带负电荷远大于蛋白质分子自身所带净电荷，使得蛋白质自身所带电荷在电泳中的影响几乎可以忽略，这样就消除了不同分子之间原有的电荷差异。

由于还原剂和 SDS 的作用，蛋白质的高级结构均被破坏，以松散的结构存在，所以蛋白质-SDS 复合物在水溶液中的形状像一个长椭圆棒，不同亚基间短轴基本相同（受化学键的键长决定），长轴由于受残基的多少影响而与亚基的相对分子质量大小成正比（图 4-7）。

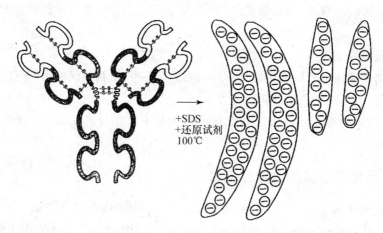

图 4-7　蛋白质亚基在 SDS、还原剂的作用下变成长椭圆棒状

因此，在电场下，亚基在电泳系统中的电泳迁移率不再受蛋白质原有电荷的影响，均向正极移动，移动的速度与亚基本身带着什么样的电荷和带多少电荷无关，只与椭圆棒状的长短有关，也就是与亚基的相对分子质量的大小有关，并且当相对分子质量为 15 000～200 000 时，电泳迁移率与相对分子质量的对数呈线性关系，利用这一性质可以测定蛋白质的相对分子质量。

（4）聚丙烯酰胺凝胶分子筛作用。不同浓度的凝胶和交联度，形成不同大小的网状结构，它对蛋白质-SDS 复合物具有阻滞作用。在电场下，相对分子质量大的亚基受阻大，电泳速度慢，走在小分子的后面；相对分子质量小的亚基受阻小，电泳速度快，走在大分子的前面。不同相对分子质量的亚基受阻程度不同，表现出不同的电泳速度，这样就把同一样品中不同大小相对分子质量的亚基分开。

2. SDS-PAGE 的缓冲系统

一般来说,在被分析的蛋白质稳定的 pH 范围,凡不与 SDS 发生相互作用的缓冲液都可以使用,但缓冲液的选择对蛋白质的分离和电泳的速度是非常关键的。

电泳缓冲系统包括:样品缓冲液、凝胶缓冲液及电极缓冲液。

含有 SDS 的不连续缓冲系统可以提高分辨率,现在被广泛用于蛋白质亚基相对分子质量及纯度测定,其中 Tris-Gly 系统是目前使用最多的缓冲系统。若用 SDS-PAGE 纯化蛋白的目的是为了测定氨基酸组成或氨基酸序列,则应该用硼酸盐代替 Gly,以减少 Gly 产生的背景,使用 Tris-硼酸盐缓冲系统还能测定糖蛋白的相对分子质量。

(1) 凝胶浓度与相对分子质量的关系。

凝胶的机械性能、弹性是否适中非常重要,常用的凝胶浓度为 5%～20%;当凝胶浓度<3%时,胶太软,易断裂;当凝胶浓度>30%时,胶太硬、太脆,也易折断。因此<3% 或>30%的凝胶均不能用。

(2) 较低的相对分子质量多肽的 SDS-PAGE:

相对分子质量低于 15 000(≤30 000)的多肽在常规 Tris-HCl 系统中电泳的分辨率是不够的,因为其形成的 SDS-多肽胶束大致为球形,而不是椭圆形,它们的长度和直径在同一数量级,同时多肽内部的较多的电荷不能被结合的 SDS 电荷所覆盖,所以偏离了相对迁移率和相对分子质量对数的线性关系。

使用浓缩胶、增加缓冲液的摩尔浓度、使用三羟甲基氨基甘氨酸(Tricine)代替 Gly 作为慢离子,可在 1000～100 000 得到线性关系。

Tricine 的 pK 值与 Gly 不同(Tricine:pH 4.4～5.2,$pK_1=2.3$,$pK_2=8.15$;Glycine:$pK_1=2.34$,$pK_2=9.60$),凝胶浓度也较 SDS-PAGE 系统低。

Tricine 较 Gly 含有较低的负电荷,所以在电泳系统中比 Gly 运动快,并且它较高的离子强度引发较多的离子运动,但是蛋白质的运动变慢,从而使相对分子质量较低的蛋白质可以在较低浓度的 PAGE 中分离开来。

Tricine-SDS-PAGE 通常被用来分离相对分子质量范围为 1000～100 000 的蛋白质。对于分辨相对分子质量小于 30 000 的蛋白质,它是优先被考虑的电泳系统。Tricine-SDS-PAGE 凝胶中丙烯酰胺的浓度低于其他的电泳系统,这可以促进电印迹的过程,尤其对于疏水蛋白质这是非常重要的。在浓缩胶和分离胶之间引入间隙胶,其目的是使相对分子质量范围为 1000～5000 的蛋白质和多肽的带更加尖锐。

3. SDS-PAGE 操作过程

制胶→加样→电泳→固定→染色(R250、银染)→脱色→计算。

绘制标准曲线:以标准蛋白质相对分子质量的对数 $\log M_r$ 为纵坐标,相对迁移率(m_R)为横坐标,绘制标准曲线。

$$相对迁移率(m_R)=\frac{样品迁移的距离(cm)}{染料迁移的距离(cm)}$$

根据未知蛋白的 m_R 值可在标准曲线上查到 $\log M_r$ 值,便可知其相对分子质量(图 4-8)。计算相对分子质量方法除了用标准曲线法外,还可以用比较法和机读法。

(1) 比较法:通常将标准蛋白的相对位置与未知蛋白的位置进行比较,初步判断。这是在发表论文时常用的表示方法。

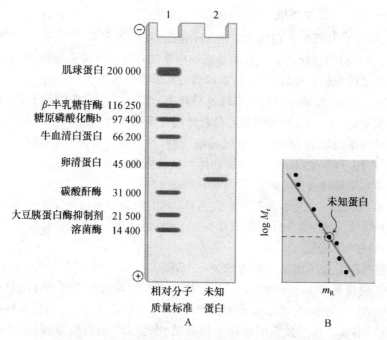

图 4-8　SDS-PAGE 及目标蛋白相对分子质量计算图示

（2）机读法：用凝胶扫描仪，将凝胶图谱扫描输入计算机中，通过影像文件系统处理，便很快得知未知样品的相对分子质量。但发表论文时，仍然要注出原始图谱，因为经计算机处理的图谱有作假之嫌。

4. 蛋白标准

用 SDS 电泳技术测量未知蛋白质的相对分子质量时通常使用蛋白质标准，所选择的标准蛋白应尽可能与未知蛋白相近，制备的方法应与样品相同，然后分别在分离或混合状态下一起电泳，这两种状态下的相对迁移率应该是相同的。若有差别，其可能原因为蛋白质相互作用或加样过量。

有异常氨基酸组成的蛋白质不宜作为标准，如核糖核酸酶、酪蛋白（α，β，κ-酪蛋白）及 $M_r < 15\,000$ 的蛋白质、糖蛋白等，现有商品化的蛋白质相对分子质量标准。

5. SDS-PAGE 影响因素

影响 SDS-蛋白复合物形成的主要因素，也是 SDS-电泳成败关键之一，是在制备样品的过程中蛋白质与 SDS 结合的程度，它直接影响电泳分离效果。影响结合的因素主要有三个：

（1）溶液中 SDS 单体的浓度。SDS 在水溶液中以单体和 SDS 复合物混合存在的，能与蛋白质结合的只能是单体。单体的浓度与 SDS 总浓度、温度和离子强度有关。在一定温度和离子强度下，SDS 处于一饱和值，即单体浓度不再随 SDS 中浓度增加而增加。为了保证 SDS 与蛋白质结合充分，溶液中应含有足量的 SDS 单体的浓度，SDS 和蛋白质结合的质量比一般是 4∶1 或 3∶1。

（2）样品缓冲液离子强度。因为 SDS 结合到蛋白质分子上的量取决于平衡时 SDS 单体浓度，而不是总浓度，只有在较低的离子强度溶液中，SDS 单体才具有较高的平衡浓度，所以样品缓冲液应选用低离子强度，通常是 10～100 mmol/L。

（3）二硫键是否完全打开。只有蛋白质分子中的二硫键完全被打开，蛋白质分子完全解聚，SDS 充分与亚基分子结合，才能准确测定出亚基相对分子质量。二硫键完全被打开要取决于巯基乙醇的质量和使用的剂量。若蛋白质分子的二硫键只是部分被打开，这时测出的相对分子质量是蛋白质分子和亚基分子的混合物的。

二、凝胶过滤层析法

凝胶过滤层析（Gel filtration）是 20 世纪 60 年代发展起来的一种分离纯化方法，这种方法利用分级分离，而不需要蛋白质的化学结合，降低了因不可逆结合所致的蛋白质的损失和失活，并且可利用这一方法更换蛋白质的缓冲液或降低缓冲液的离子强度。

选择窄分离范围的填料分离相对分子质量相近的蛋白质可以得到一个较好的分离效果，而分离一个相对分子质量未知的蛋白质，则需要一个宽分离范围的填料。对于一个高纯度的蛋白质，可用该方法检测它的活性形式是单体还是寡聚体。

该方法设备简单、操作方便、重复性好、样品回收率高。

1. 凝胶过滤层析的原理

凝胶过滤层析，也称为分子筛层析（molecular sieve chromatography）、凝胶排阻层析（size-exclusion chromatography）。凝胶过滤层析介质是以不同浓度的凝胶交联聚合而成的多孔径的、网状结构的球体，它们不溶于水但在水中有较大的膨胀度、含有大量的微孔并有较好的分子筛功能，缓冲液和小分子蛋白质能进入微球的孔径中，需要经过较长的路径才能从层析柱中流出；而大分子的蛋白质及一些蛋白质复合物不能进入凝胶内部孔径，直接从微球间的间隙通过，从而走的距离较短，因此，凝胶过滤层析介质对蛋白质分子具有排阻作用，大分子先流出，小分子后流出。在利用凝胶过滤层析分离蛋白质时，通常会在层析柱的末端串联一个紫外检测仪（280 nm）以方便收集各个蛋白组分（图 4-9）。

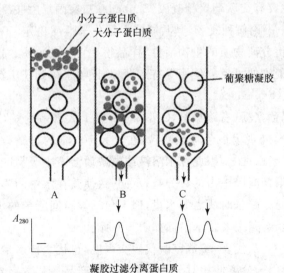

图 4-9 凝胶过滤层析分离蛋白质

A. 大球是葡聚糖凝胶颗粒；B. 样品上柱后，小分子进入凝胶微孔，大分子不能进入，故洗脱时大分子先洗脱下来；C. 小分子后洗脱出来

蛋白质分子一般有两种形状,一种是球形分子,另一种是线性分子。对于相对分子质量同样大小的蛋白质,线性分子体积大,流速快;球形分子体积小,流速慢。因此,在凝胶色谱柱中无论是球形分子还是线性分子都可进行分离,但是球形分子比线性分子的分离效果更好。

任何一种被分离的化合物在凝胶层析柱中被排阻的范围均在 0~100% 之间,其被排阻的程度可以用分配系数 K_{av} 表示:

$$K_{av} = (V_e - V_o)/(V_t - V_o)$$

其中 V_e 为洗脱体积,指某一成分从柱顶部到底部的洗脱液中出现浓度最大值时的流动相体积;V_t 为凝胶柱的总体积,即床体积,指膨胀后的基质在层析柱中所占有的体积,包括:凝胶颗粒之间空隙的体积(外水体积 V_o)、凝胶颗粒网眼内的体积(内水体积 V_i)和凝胶颗粒基质本身的体积(V_r)的总和,即

$$V_t = V_o + V_i + V_r。$$

如果被分离的物质相对分子质量很大,完全不能进入网孔内,那么它从柱上洗脱下来(小样品时以洗脱峰为准)所需的洗脱液体积(V_e)就等于颗粒间隙的体积(V_o),即 $V_e = V_o$。如果被分离物质的相对分子质量极小,可以非常自由地通过网孔,即进出凝胶颗粒,那么它的洗脱液体积就应当等于颗粒内和颗粒间隙体积的总和($V_e = V_o + V_i$)。至于相对分子质量位于以上两者之间的,其洗脱体积便介于 V_o 和 $V_o + V_i$ 之间。可见,相对分子质量大小不同的物质,其洗脱体积不同,分配系数 K_{av} 也随 V_e 而变化,在洗脱过程中可以将其分离开来。另外,如果在有已知相对分子质量的标准物质做对照的条件下,可以根据洗脱体积来估计待测物质的相对分子质量。

2. 凝胶层析介质

凝胶层析介质主要有交联葡聚糖凝胶(Sephadex)、聚丙烯酰胺凝胶(Bio-gel)、琼脂糖凝胶(Sepharose)等。不论何种凝胶,其共同特点是化学性质稳定,不带电,与待分离物质吸附力很弱,不影响待分离物质的生物活性,样品得率可达 100%。凝胶过滤尚有操作简便,凝胶柱不经特殊处理便可反复使用等特点,因此近年来得到了广泛的应用。

(1) 葡聚糖凝胶(Sephadex)。

葡聚糖凝胶是以葡聚糖(右旋糖酐,G 型)与 3-氯-1,2-环氧丙烷(交联剂)以醚键相互交联而成的珠状凝胶,外观为白色珠状颗粒,在放大 700 倍的显微镜下,可见其表面的网纹,带有大量的羟基,亲水性好,因此在水溶液或电解质溶液中极易膨胀,由于各种型号的交联度(交联剂在葡聚糖凝胶中占的百分数)不同,致使其在水中的膨胀度(床体积)、吸水量(每克干胶在水中充分膨胀时所需的水量,但不包括颗粒间所带的水量)、筛孔的大小和分级范围有明显的差异,其主要技术指标如表 4-1 所示。

葡聚糖凝胶常用 G-X 代表,X 数字既代表交联度,也代表持水量。X 数字越小,交联度越大,网孔越小,适用于分离低相对分子质量的生化产品。X 数字越大,交联度越小,网孔越大,适用于分离高分子生化产品。X 数字也代表凝胶的持水量,如 G-25 表示 1 g 干胶持水 2.5 mL,G-100 表示 1 g 干胶持水 10 mL,依次类推。

表 4-1 葡聚糖凝胶系列规格及分离范围

介质规格	溶胀体积/mL·mg^{-1}	球形相对分子质量分离范围
Sephadex G-10	2～3	700
Sephadex G-25	4	1000～5000
Sephadex G-50	6	1500～30 000
Sephadex G-75	10	3000～80 000
Sephadex G-100	15～20	4000～100 000
Sephadex G-200	20～25	5000～250 000

葡聚糖凝胶化学性能稳定,耐 100℃高温,在 pH2～11 稳定,但在高盐浓度下体积易收缩。在中性条件下,Sephadex 悬浮液可置于高温 120℃消毒 0.5 h,其性质并不改变。

葡聚糖凝胶系弱酸性物质,其干胶中含有的羧基基团能与分离物中电荷基团(尤其是碱性蛋白质)发生吸附作用,其每克干胶中含有 10～20 微摩尔质量的羧基基团,该基团能与分离物中电荷基团(尤其是碱性蛋白质)发生吸附作用,但是这种吸附作用可以借助提高洗脱液的离子强度得以克服。当离子强度大于 0.05 时,一般对弱碱性质蛋白质吸附力丧失,因此,用葡聚糖凝胶层析时常用含有 NaCl 的缓冲液。

(2)聚丙烯酰胺凝胶(Bio-gel)

Bio-gel 是由丙烯酰胺和甲叉双丙烯酰胺交联制成的球状凝胶色谱介质。根据溶胀性质可分为几种类型,各类型均以英文字母 P 和阿拉伯数字表示,主要有 Bio-gel P-2、P-4……P-300 等 10 种,P 后面的阿拉伯数字乘以 1000 即相当于排阻限度(按球蛋白或肽计算)。其主要技术指标如表 4-2 所示。

表 4-2 聚丙烯酰胺凝胶系列规格及分离范围

介质规格	溶胀体积/mL·mg^{-1}	球形相对分子质量分离范围
Bio-gel P-2	3.8	200～2000
Bio-gel P-4	5.8	500～4000
Bio-gel P-6	8.8	1000～5000
Bio-gel P-10	12.4	5000～17 000
Bio-gel P-30	14.9	20 000～50 000
Bio-gel P-60	19.0	30 000～70 000
Bio-gel P-100	19.0	40 000～100 000
Bio-gel P-150	24.0	50 000～150 000
Bio-gel P-200	34.0	80 000～300 000
Bio-gel P-300	40.0	100 000～400 000

聚丙烯酰胺凝胶的化学性能稳定,凝胶颗粒刚性好,流速快,在 pH2～11 的溶液中稳定,高温下酰胺基易被水解产生羧酸,对酸、碱性较强的物质及芳香族类化合物均有不同程度的吸附。

(3)琼脂糖凝胶(Sepharose)

琼脂糖凝胶是由琼脂糖经特殊工艺制成的珠状凝胶,琼脂糖中凝胶的结构是氢键而不是共价键,因此,物理稳定性较差。通常把琼脂糖凝胶层析介质浸泡在水溶液中。其主要技术指标如表 4-3 所示。阿拉伯数字后面的 B 表示琼脂糖凝胶的百分浓度，琼脂糖浓度越大，交联度越大，相对分子质量分离范围越小；与此相反，琼脂糖浓度越小表示交联度越小，相对分子质量分离范围越大。

表 4-3 琼脂糖凝胶 Sepharose 系列型号及分离范围

型号	凝胶浓度(m/V)	相对分子质量分离范围
Sepharose 2B	2	$5\times10^5\sim15\times10^7$
Sepharose 4B	4	$2\times10^5\sim15\times10^6$
Sepharose 6B	6	$5\times10^4\sim2\times10^6$
Sepharose 8B	8	$2\times10^4\sim7\times10^5$
Sepharose 12B	12	$5\times10^3\sim5\times10^4$

琼脂糖凝胶的化学性能稳定，耐高温，交联琼脂糖凝胶可耐受 $100\sim120℃$；耐酸碱，在 pH3～12 范围内稳定；耐盐，在 6 mol/L 尿素中稳定。

3. 凝胶过滤层析的操作流程

介质溶胀→装柱→平衡→上样→洗脱→计算相对分子质量。

一般都采用标准曲线法测定。使用几种不同相对分子质量的混合标准蛋白，经排阻色谱进行分离会得到不同保留值的色谱峰，以相对分子质量的对数值($\log M_r$)为纵坐标，以收集体积(mL)为横坐标，绘制标准曲线图。然后根据未知样的洗脱体积对照标准曲线即可得出未知样的分子大小。

4. 凝胶过滤层析的注意事项

(1) 凝胶的选择：主要考虑凝胶的型号和颗粒大小。

Sephadex G 型一般适宜于分离蛋白质，分子大小差别越大，分离效果越好。

凝胶颗粒的粗细对分离影响较大。颗粒细，流速慢，均一性好，分离效果好，宜用于大直径层析柱及小型实验；颗粒粗，流速快，均一性差，分离效果差。

(2) 凝胶的用量：根据层析柱的体积和干凝胶的膨胀度确定凝胶的用量。

$$凝胶用量(g)=\frac{\pi r^2 h\ (mm^3)}{膨胀度(mm^3/g)}$$

其中，r 为层析柱半径；h 为层析柱高。

通常多用 10%～20%，因为处理中有损失。

(3) 凝胶的预处理：将所用的干凝胶慢慢倾入 5～10 倍的蒸馏水中，参照其溶胀所需的时间进行充分浸泡，然后用倾斜法除去表面悬浮的小颗粒，再用 0.5 mol/L NaOH-0.5 mol/L NaCl 溶液在室温下浸泡 0.5 h，以抽滤法除去碱液，用蒸馏水洗至中性。有时可采用加热煮沸法，不仅同样能达到预处理的效果，而且还能加快平衡液的溶胀速度，但是必须避免将凝胶置于酸或碱溶液中加热。

(4) 层析柱与分辨率：分辨率与层析柱密切相关，一般地，总体积大的分辨率高，因而，同样直径，长柱比短柱分辨率高；同样长度，直径大比直径小分辨率高。另外，柱压大的分辨率高，因此，同样体积，长柱比短柱分辨率高。

一般理想的层析柱的直径与长度之比是 1∶25～1∶100。

(5) 鉴定：新柱装好后，用适当缓冲液平衡后，用蓝色葡聚糖-200、红色葡聚糖、细胞色素 c 或血红蛋白等配成 2 mg/mL 的溶液过柱,观察色带是否均匀下降,若均匀下降,说明柱中凝胶是均匀的,无裂缝或气泡,可以使用,否则要重新装柱。

(6) 样品:对上柱的样品通常具有一定的要求。

前处理:样品要进行适当的前处理,如离心,沉淀,抽提等,防止有不溶物存在,阻塞凝胶孔径。

浓度:样品浓度不宜太稀,否则上样体积太大。

组分:样品组分不宜太多,目标组分与相邻组分之间的相对分子质量至少要相差 ±2 000 以上,否则不易达到良好的分离效果。

(7) 上样:加样量与测定方法和层析柱大小有关,一般地,加样量越少,或加样体积越小,分辨率越高(有效避免了扩散效应)。当用于制备或脱盐时,加样量应在不影响分辨率的前提下增大。

当实验目的是对待分离的蛋白质混合物进行组别分离以得到其中某一相对分子质量范围内的含有多种蛋白质的组别时,上样体积不超过柱床体积的 30%;

当实验目的是对待分离的蛋白质混合物进行组分分离以得到其中每种蛋白质纯品时,上样体积不超过柱床体积的 1%～2%。

不同的紫外检测仪对蛋白质浓度的要求也不同。当用 280 nm 检测,蛋白质约需 5 mg;采用 220 nm 检测则需 1.2 mg。

(8) 洗脱:所有的洗脱液均以能溶解被洗脱物质和不使其变性或失活为原则,除个别外,一般用单一缓冲液(如磷酸缓冲液、Tris-HCl 缓冲液等)或盐溶液作为洗脱液,甚至也可用 H_2O。

洗脱时要严格控制流速,用恒流泵恒定流速,也可通过控制操作压使流速恒定。流速是指在单位面积液体所流过的量,凝胶过滤层析要选择较理想的流速才能得到好的结果,选择流速要考虑介质颗粒大小、上样体积、样品中的组分多少等。一般地,流速越慢,分离效果越好,但太慢时扩散效应会影响效果。不同介质、不同体积的层析柱均有最大操作压、最大流速限制。

(9) 凝胶柱的再生及保存:仅使用过一次的凝胶柱,通常进行重新平衡后即可再次使用;但使用过多次后,由于凝胶床体积变小、流动速度降低或污染杂质过多等原因,致使其正常性能受到影响。在此情况下,如欲重复使用,就须进行再生处理,通常的方法是:先用水反复进行逆向冲洗,再用缓冲液进行平衡,平衡毕即可重复使用;亦可把凝胶倒出,用低浓度的酸或碱按预处理方法进行,处理后重新装柱。

使用过的凝胶柱,若要短时间保存,则需进行反复洗涤除去蛋白质等杂质,并加入适当的防霉剂(如 0.02% NaN_3);若要长期保存,则需将凝胶从柱中取出,进行洗涤、脱水和干燥。

5. 凝胶过滤层析的应用范围

(1) 相对分子质量的测定:蛋白质经过层析柱时,一般情况下不会与填料发生任何物理作用,因此可用凝胶过滤层析测定相对分子质量,但测定的样品必须是球蛋白,因为大多数相对分子质量标准品本身是球蛋白。

若一线性蛋白从凝胶间隙被洗脱下来,测得的相对分子质量偏高;若线性蛋白质进入树脂的微孔内并且被压缩,测定值偏低,因此非球形蛋白质用该法测定相对分子质量有局限性。

　　为了排除分子形状对 M_w 测定的影响，一般是在层析前用变性剂（盐酸胍或尿素）处理，使蛋白质的高级结构变成无规则的卷曲状，这样测得的相对分子质量更有代表性，可有关亚基数目的信息则无法得知。

　　（2）去除低相对分子质量的杂质：用凝胶过滤层析可快速除去不必要的放射性物质、水解的蛋白质碎片、辅助因子或低相对分子质量蛋白质。

　　（3）从二聚体或其他寡聚体中分离目标蛋白。

　　（4）更换蛋白质的缓冲液也可用于脱盐，利用凝胶过滤法进行脱盐不仅比透析快，而且不会引起大分子物质的变性，一般用于这些操作的材料是 G-25，如纯化后的蛋白要进行质谱分析，对盐浓度、盐的种类有要求，则需提前预处理。

　　（5）用于研究蛋白质与配基的结合。

6. 凝胶过滤层析的局限性

　　（1）洗脱液在 pH6～8 间，$K_{av} = -blgM + C$ 线性较好；极端 pH 时，由于蛋白质变性会导致所得线性偏离。

　　（2）球形蛋白质线性较好。

　　（3）糖蛋白在蛋白中比例大于 5% 时，测得的相对分子质量偏大。

　　（4）变性剂存在的条件下，只要条件一致，仍有线性关系。

　　（5）有些酶类能与葡聚糖形成络合物，在层析时会有异常现象。

三、生物质谱法

　　被誉为现代质谱之父的英国学者 J. J. Thomson（1906 年诺贝尔物理学奖获得者）在 20 世纪初开展了正电荷离子束相关的物理学研究，他利用低压放电离子源产生了具有高速度的正电荷离子束，并使它们通过一组电场和磁场，这时不同荷质比的正电荷离子能按不同质量发生曲率不同的抛物线轨道偏转，依次到达检测器，在感光板上被记录下来，由此他发明了质谱法。运用质谱法他首次发现了元素的稳定同位素，即氖的两种同位素 ^{20}Ne 和 ^{22}Ne。质谱法建立后，在相当长的时期内，质谱工作者的注意力都集中在用质谱分析、分离同位素的工作。Thomson 不但对质谱的发展做出了重要的奠基工作，而且他作为一位物理学家在质谱发展的早期就看到了它在分析化学中的应用前景。

　　20 世纪 40 年代后期质谱开始运用于有机化合物的研究，有机质谱方面的先驱者之一是 R. Conrad，他发表了许多有机化合物的质谱图。有机质谱研究的真正兴起在 20 世纪 50 年代以后，集中在两方面：研究有机物离子裂解机理；运用质谱推导有机分子结构。20 世纪 70 年代中期以前，质谱主要用于分析研究相对分子质量小于 1000 的有机分子。

　　80 年代初，Barber 等人引入快原子轰击（fast atom bombardment，简称 FAB）电离技术，并成功测得一个 26 肽的结构，开创质谱技术用于蛋白质和肽结构测定的先河。80 年代末期，由田中耕一（Koichi Tanaka）发展的基体辅助激光解吸离子化质谱和 John B. Fenn 发展的电喷雾离子化质谱，不仅能使蛋白质/肽链这种极性大、热不稳定的生物大分子转变为气态离子，而且不会改变其结构，并且其灵敏度、准确性和在分析混合物的复杂性方面都比以前的技术有了显著的改善。这种"软电离"技术的发明被誉为"给大象插上了翅膀"，从而为蛋白质测序、鉴定提供了必要的技术突破，因此 Fenn 和田中耕一有幸共享了 2002 年一半的诺贝尔化学奖。这一成果给生命科学研究,尤其是蛋白质研究带来的影响是革命性的。

1. 质谱法的原理

质谱仪是利用电磁学的原理,使带电的样品离子按质荷比进行分离的装置。离子电离后经过加速进入磁场中,其动能与加速电压及电荷 Z 有关:

$$ZeU = mv^2/2$$

其中,Z:电荷数;e:电荷($e = 1.60 \times 10^{-19}$C);U:加速电压;m:离子的质量;v:离子被加速后的运动速度。

具有速度 v 的带电离子进入质谱仪的电磁场中,根据所选择的分离方式,最终实现各种离子按 m/z 进行分离。

2. 质谱仪的基本组成

质谱仪由五部分组成:进样系统、离子源、质量分析器、离子探测器和读出系统。

(1)进样系统:质谱仪只能分析、检测气相中的离子,不同性质的样品要求不同的电离技术和相应的进样方式。可分为储罐进样、探头进样、色谱进样(液质联用、气质联用)。

(2)电离方式和离子源:离子源的功能是把样品在真空状态下转变为气相离子,不同性质的样品可能需要不同的电离方式。近年来,生物大分子的分析对质谱的电离方式提出了更高的要求,新的离子源不断出现,如电子轰击电离、化学电离、大气压化学电离、二次离子质谱、电喷雾电离(ESI)等。

(3)质量分析器:离子在朝向质量分析器的电场中加速,在到达探测器的过程中按照它们的 $(m/z)^{1/2}$ 比被分离。根据质量分析器的工作原理,可将质谱仪分为动态和静态仪器两大类,静态仪器采用稳定的电磁场,按空间位置来区别 $(m/z)^{1/2}$ 不同的离子。动态仪器采用变化的电磁场,按时间不同来区分 $(m/z)^{1/2}$ 不同的离子。

分离生物大分子多采用电喷质谱法,属于动态质谱仪。基本原理是生物大分子在很高的电场下电离,以很低的流速,在高的电场下使生物分子从毛细管中流出来。

(4)离子探测器:离子探测器的功能是记录各个离子的冲击力。

3. 两种在蛋白质研究领域经常使用的功能强大的质谱系统

(1)基质辅助激光解吸电离飞行时间质谱(matrix assisted laser desorption ionization time of flight mass spectrometry),简称 MALDI-TOF-MS。

① MALDI 离子源:其基本原理是将分析物包埋或分散在基质(matrix)分子中并形成共结晶,当用激光(337 nm 的氮激光)照射晶体时,晶体吸收激光能量并以热能形式释放出来,使样品迅速升华转变为气态离子。这些离子脱离样品靶,从质量分析器向探测器加速飞行。

MALDI 离子源常用基质是一些小分子有机酸及其衍生物,如芥子酸(简称 SA)、龙胆酸(简称 DHB)、α-氰基-4-羟基肉桂酸(简称 CCA)、吡啶甲酸(简称 PA),其特点是能很好地吸收激光能量。

② 质量分析器,包括线性飞行时间(TOF)质量分析器和反射飞行时间(RE-TOF)质量分析器两类。

TOF 质量分析器的主要部分是一个长约 1 m 的无场离子飞行管,其工作原理是:

任何携带相同电荷的混合离子在无场飞行管运行的过程中，重离子到达探测器的时间比轻离子长(图 4-10)。到目前为止，TOF 质量分析器几乎都是采用 MALDI 离子源来分析完整肽离子，即 MALDI-TOF-MS，这是因为 MALDI 离子化过程趋向于产生单电荷肽离子，在这种条件下，任何离子的飞行时间与其分子质量的平方根成反比：

$$t = \text{const} \cdot \sqrt{m/z}$$

图 4-10　反射 TOF 质量分析器工作原理示意图

RE-TOF 质量分析器：该质量分析器是在飞行管道内加了反射电场(图 4-11)，以补偿离子初始能量分布的影响，提高仪器的分辨率和质量测量准确度。

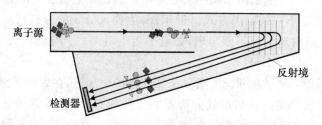

图 4-11　反射 TDF 质量分析器工作原理示意图

③ 使用范围。MALDI-MS 主要用于分析单一肽混合物，如电泳后单一蛋白条带(点)或单一带(点)经酶解形成的肽混合物。

(2) 电喷雾串联质谱(electrospray ionization tandem mass spectrometry)，简称 ESI-MS/MS。两个或更多的质谱连接在一起就称为串联质谱，最简单的串联质谱 MS/MS 由两个质谱串联而成，其中第一个质量分析器将离子预分离或加能量修饰，然后由第二级质量分析器分析结果。

① 电喷雾离子源的基本原理：样品溶解后从高电压控制下的细针中喷出，形成的带电荷微小液滴从一个小孔直接进入质谱仪的真空室中，在其中被一股惰性气体干燥爆裂形成更小的气态离子，这些气态离子从质量分析器向探测器飞行。

由于电喷雾离子化是把液体样品转化为气态离子，因而易与上游使用液相方法进行蛋白质/肽链分离的仪器联用，尤其是液相色谱(LC)，这就是液质联用——LC-ESI-MS。

② 质量分析器包括三级四极杆质量分析器和四级杆飞行时间质量分析器。

三级四极杆质量分析器：四极杆(quadrupole，Q)是四个平行的金属杆，它们相对配成对并用电线相连，以便能够在它们之间的空间施加电压；一个直流固定电压和一个射频电压作用在杆状电极上，离子束在与杆状电极平行的轴上聚焦，在给定直流电压和射频电

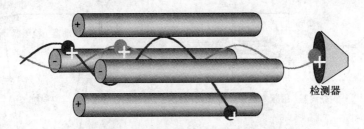

图 4-12　四极杆质量分析器工作原理示意图

压下,只有合适 m/z 的离子才会通过稳定振荡进入检测器,其他 m/z 的离子则与电极碰撞而湮灭(图 4-12)。三级四极杆质谱仪有三个这样的装置连续排列,每一个四极杆都能以无线电频率操作,该模式允许任何 m/z 的离子通过;或者以扫描模式操作,此时四极杆的作用与上述不同,被用作质量过滤器,该模式中,选定 m/z 的离子允许通过分析器飞向探测器,而其余的离子偏离直线飞行路线并在后来的分析中被排除。通过变换电压作用时间,不同 m/z 的离子选择性地通过分析器到达探测器,从而获得待测样品的质量谱数据。

　　三级四极杆经设定可以用来分析完整肽离子或者肽碎片离子。当用来分析完整肽离子时,以标准的质谱模式进行操作,其中的一个四极杆被用作扫描模式,其他的仍旧保持无线电频率模式;当用来分析碎片离子时,第一个四极杆起质量过滤作用,扫描离子流并指导选定 m/z 的离子(母离子)进入作为碰撞室的第二个四极杆,此时的四极杆以无线电频率模式操作,在这里母离子经碰撞诱导裂解(collision induced desorption,简称 CID),产生碎片离子流/子离子流,然后由第三个四极杆扫描这些离子流形成 CID 谱,这就是一个特异肽裂解后形成的肽碎片的质量谱。一个分析完成后,第一个四极杆指导另一个不同的肽离子进入碰撞室,碎片形成,分析过程循环进行,最终得到每一特异肽的结构信息。电喷雾-四极杆质谱仪工作示意如图 4-13。

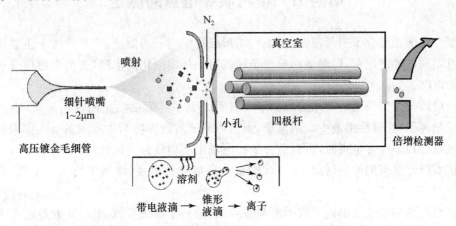

图 4-13　电喷雾-四极杆质谱仪工作示意图

　　四极杆-飞行时间质量分析器(Q-TOF):这种质量分析器是四极杆分析器和飞行时间分析器的串联使用,四极杆分析器用于离子选择,其后有一个六极杆射频场用于离子的碰撞诱导解离产生子离子,母离子和子离子的检测均由最后的飞行时间检测器完成,图 4-14 显示的是一典型的经常使用的 Q-TOF 串联模式。

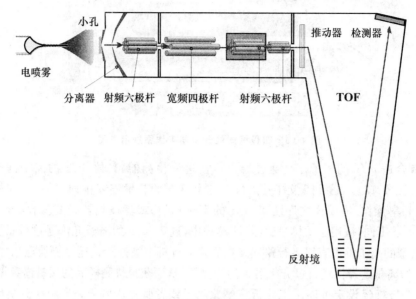

图 4-14　Q-TOF 质量分析器示意图

4. 生物质谱的应用领域

(1) 蛋白质相对分子质量的测定;氨基酸序列分析;天然和生物合成蛋白质突变体分析;蛋白质翻译后修饰的测定。

(2) 核酸片段相对分子质量的测定;寡核苷酸序列分析测定;核酸修饰部位的测定。

(3) 多糖和寡糖结构分析等。

第四节　蛋白质等电点的测定

蛋白质的相对分子质量很大,但是它能形成稳定均一的溶液,主要是由于蛋白质分子都带有不同电性的电荷,同时蛋白质分子周围有一层溶剂化的水膜,避免蛋白质分子之间聚集而沉降。

蛋白质分子所带的电荷与溶液的 pH 有很大关系。蛋白质是两性电解质,在酸性溶液中成阳离子,在碱性溶液中成阴离子,蛋白质分子所带净电荷为零时的 pH 称为蛋白质的等电点(pI)。在等电点时,蛋白质分子在电场中不向任何一极移动,而且分子与分子间因碰撞而引起聚沉的倾向增加,所以此时蛋白质溶液的黏度、渗透压均减到最低,且溶液变混浊。

蛋白质的等电点仅决定于它的氨基酸组成,是一个物化常数,蛋白质的等电点范围很宽,但偏酸性的较多,如牛乳中的酪蛋白的等电点是 4.7~4.8,血红蛋白等电点为 6.7~6.8,胰岛素是 5.3~5.4,鱼精蛋白是一个典型的碱性蛋白,其等电点为 12.0~12.4。

1. 等电聚焦电泳的原理

等电聚焦电泳(isoelectrofocusing, IEF)是 60 年代初建立起来的一种蛋白质分离分析手段,是当前单向蛋白质电泳分辨率最高的技术,其分辨率可以达到 0.01 个 pH,有的文献报道可以达到 0.001 个 pH。

　　IEF 利用蛋白质或其他两性分子的等电点不同,在一个稳定的、连续的、线性的 pH 梯度中蛋白质朝着与自身电荷相反的方向移动,在移动的过程中不断被凝胶中的反离子中和,最后静电荷完全被中和而停止运动,聚焦在等电点的位置。所以利用 IEF 分析的对象只限于蛋白质和两性分子,分析的条件是凝胶中有稳定的、连续的和线性的 pH 梯度。

　　在 IEF 中,分离是在连续的、稳定的、线性的 pH 梯度中进行的,分离仅决定于蛋白质的等电点,一旦蛋白质到达它的 pI 位置,没有净电荷,就不能进一步迁移;如果它稍加偏离,向等电点两侧扩散,净电荷就不再为 0,都会被阴极或阳极吸引回来,直至回到净电荷为 0 的位置,因此蛋白质在与其本身 pI 相等的 pH 位置被聚焦成窄而稳定的区带,这种效应称为"聚焦效应"。聚焦效应保证了蛋白质分离的高分辨率,这是等电聚焦最为突出的优点。

　　因此,在 IEF 技术中,能够提供稳定的、连续的、线性的 pH 梯度是十分重要的,这种 pH 梯度是由两性电解质提供的。

2. 载体两性电解质

　　在等电聚焦电泳中,载体两性电解质应该具有以下两种功能:① 中和功能. 两性电解质的性质在分离系统中形成一个平衡稳定的 pH 梯度,提供中和蛋白质电荷的离子,具有 pH 缓冲能力。② 载电功能。两性电解质能够作为电的载体,具有运载"电流"的能力,有良好的导电性能。

　　根据建立 pH 梯度原理的不同,梯度可分为载体两性电解质 pH 梯度和固相 pH 梯度。前者是在电场中通过两性缓冲液离子建立 pH 梯度(图 4-15);后者是将缓冲基团连接在凝胶介质上,分辨率比前者高一个数量级。

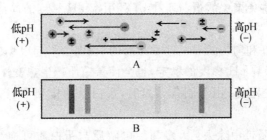

图 4-15　载体两性电解质在电场中形成 pH 梯度的模式图

(引自 Berg J M, Tymoczko J L, Stryer L, 2007.)

　　(1)载体两性电解质的合成:1961 年 Svensson 提出载体两性电解质的理论基础,1964 年 Vesterberg 利用多乙烯多胺和不饱和酸合成了载体两性电解质,它是由脂肪族多氨基多羧基的异构物和同系物组成,它们有连续改变的氨基与羧基比。

　　合成反应是不饱和酸(如丙烯酸)与多乙烯多胺的加成反应(图 4-16),调节胺和酸的比例,就可以得到带有不同比例氨基与羧基的脂肪族多氨基多羧酸,多乙烯多胺链越长,加成方式也越多,所得载体两性电解质的 pI 也越连续,在电场作用下,可以形成平滑而连续的 pH 梯度。

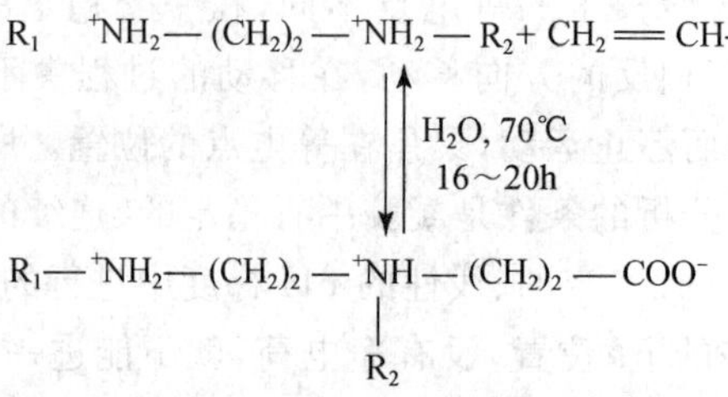

$$R_1 - {}^+NH_2 - (CH_2)_2 - {}^+NH_2 - R_2 + CH_2 = CH - COO^-$$

$$\downarrow \begin{array}{c} H_2O, 70℃ \\ 16\sim20h \end{array}$$

$$R_1 - {}^+NH_2 - (CH_2)_2 - {}^+NH - (CH_2)_2 - COO^-$$
$$\underset{R_2}{|}$$

图 4-16 载体两性电解质的化学合成反应

因此,载体两性电解质是一系列多氨基多羧基的混合物,其 pI 分布在 2.5~10 之间,在制备聚丙烯酰胺凝胶时,将其混溶在凝胶中,电泳时在电场作用下,载体两性电解质分子将向正极或负极方向泳动,逐渐到达它们自己的等电点位置而形成一个连续的 pH 梯度。

1966 年瑞典 LKB 公司生产出第一批载体两性电解质,商品名为 Ampholine,随后有 Serva 公司的 Servalyte,Bio-Rad 公司的 Biolyte,Pharmacia 公司的 Pharmalyte,国内军事医学科学院放射医学研究所生产的载体两性电解质等。

(2)两性电解质的特性主要包括以下几个方面。

相对分子质量小:两性电解质在电泳介质中应该能够自由泳动,即在电泳介质中不能有分子筛效应,如 Pharmalyte(1000~15 000)>Ampholine(1000~6000)>Servalyte(800~1200)。

可溶性好:以保证 IEF 中 pH 梯度的形成和蛋白样品的迁移。

缓冲能力强:以避免聚焦的蛋白质在 pI 处引起 pH 梯度的局部改变和溶解性能的下降。

导电性均匀:良好和均匀的导电性是必需的,否则会引起电场的不均匀,从而导致凝胶局部过热,不仅会影响 pH 梯度的稳定,也会使蛋白质产生热变性,甚至将凝胶烧坏。

紫外吸收低,不发荧光:用于制备分离时,蛋白质的检测常用 A_{280},所以要求两性电解质 A_{280} 尽可能低。

容易从聚集蛋白质带中除去:大多两性电解质与蛋白质可逆结合,且相对分子质量小,故可以通过透析、盐析、层析等方法除去。

无毒、无生物学效应:两性电解质应对组织培养、酶活测定、免疫检测等无影响。

螯合性质:金属离子常可和载体两性电解质相邻的氮功能团在 pH8.5~10.5 范围内发生螯合。大多金属螯合作用造成的酶活力下降是可逆的,可在 IEF 后,用适当方法恢复。

(3)载体两性电解质和 pH 梯度范围的选择。

载体两性电解质是 IEF 最关键的试剂,它直接关系到 pH 梯度的形成以及蛋白质的聚焦,常用浓度是 2%~2.5%,2%用于 2 mm 厚胶,2.5%用于 0.5 mm 厚胶,3%用于超薄胶。载体两性电解质的质量好,特别是导电性好、缓冲能力大,便可以加大在凝胶上的电压,从而缩短电泳时间,提高分辨率。

pH 梯度的线性依赖于载体两性电解质的质量,凝胶的 pH 梯度范围是由所加的载体两性电解质的 pH 范围决定的。

pH 梯度范围的选择决定于被分析的蛋白质的 pI。对于未知样品,通常先用较宽的 pH 范围找出 pI 的大致范围,然后再用合适的窄的 pH 范围精确测定。

pH 梯度范围的稳定性决定于两性电解质的质量,电泳时的电参数也与凝胶系统的组成有关,如在凝胶中增加甘油、蔗糖或山梨糖醇(10%～15%),可以增加黏度,减少电内渗,提高 pH 梯度的稳定性。

根据不同的 pH 范围,应选用不同的电极液,如表 4-4 所示。

表 4-4　等电聚焦电泳 pH 范围及其所用的电极液

pH 范围	阳极电极液	阴极电极液
3.5～9.5	1 mol/L 磷酸	1 mol/L NaOH
2.5～4.5	1 mol/L 磷酸	0.4 mol/L HEPES
4.0～6.5	0.5 mol/L 醋酸	0.5 mol/L NaOH
5.0～8.0	0.5 mol/L 醋酸	0.5 mol/L NaOH
2.5～4.0	1 mol/L 磷酸	2%两性电解质 pH6～8
3.5～5.2	1 mol/L 磷酸	2%两性电解质 pH5～7
4.5～7.0	1 mol/L 磷酸	1 mol/L NaOH
5.5～7.7	2%两性电解质 pH4～6	1 mol/L NaOH
6.0～8.5	2%两性电解质 pH4～6	1 mol/L NaOH
7.8～10	2%两性电解质 pH4～6	1 mol/L NaOH

3. 电泳介质

所有的电泳都需要稳定作用来对抗对流,所以在电泳中必须使用稳定介质(或称支持介质)。常用的稳定介质有滤纸、淀粉、凝胶等。在分析等电聚焦中,目前大多使用聚丙烯酰胺凝胶和琼脂糖凝胶作为稳定介质,它们各有优缺点。

(1)聚丙烯酰胺凝胶具有如下特点:

① 稳定能力高、化学稳定性好,是目前用于电泳最稳定的介质;

② 具有很好的亲水特性,并且透明性好,利于结果分析;

③ 分辨率比琼脂糖凝胶高,可用于 DNA 测序;

④ 几乎没有带电的基团,所以电内渗小;

⑤ 银染效果比琼脂糖凝胶好。

(2)琼脂糖凝胶的特点如下:

① 无毒,而聚丙烯酰胺凝胶中所用的丙烯酰胺和甲叉双丙烯酰胺均为神经性毒剂;

② 常含有带电基团,需经特殊的纯化才能用于 IEF;

③ 操作方便,但保存的时间比聚丙烯酰胺凝胶短;

④ 固化不需催化剂,不会发生催化剂对蛋白质分离的影响;

⑤ 可分析相对分子质量大至 200 万的大分子,而聚丙烯酰胺只可分析小于 30 万的蛋白质分子。

用于 IEF 的聚丙烯酰胺凝胶浓度约为 5%～8%,交联度约为 3%;琼脂糖浓度约为 1%。凝胶的机械性能、弹性是否合适对分离是很重要的:胶太软,难操作,且影响分辨率;胶太硬,则脆,易断。

4. 等点聚焦电泳的具体操作方法

制胶 → 加样 → 电泳 → 固定 → 染色 → 脱色 → 计算。

样品等电点的测定可采用标准曲线法或微电极法。前者以标准样品参照,绘制标准曲线,然后根据样品电泳后的位置,对照标准曲线确定样品的等电点;后者用微电极直接测定。

 **思考题**

(1) 一种 M_r 为 100 000 的蛋白质用 SDS 处理后进行电泳,可呈现两条带,其中一条 M_r 为 50 000,另一条为 25 000。若先用 β-巯基乙醇处理,而后再进行 SDS-电泳,则产生 35 000、15 000 和 25 000 三条带,试分析此蛋白质的亚单位结构(多肽链的数目和结合状态),并说明理由。

(2) 今有以下四种蛋白质的混合物:(1) M_r 为 15 000,pI 为 10;(2) M_r 为 62 000,pI 为 4;(3) M_r 为 28 000,pI 为 8;(4) M_r 为 9000,pI 为 6;若不考虑其他因素,请分别写出 (A) 用 CM-纤维素层析柱分离,(B) 用 Sephadex G50 凝胶层析柱分离时的蛋白的洗脱顺序。

(3) 已知某蛋白质由两条肽链组成。你是否能设计一个简便的实验,用来判断两条肽链之间是以共价键相连的,还是以非共价键相连的,并说明理由。

(宣劲松　张艳贞)

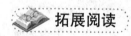 **拓展阅读**

伟大的失误——软激光解吸附

2002 年 10 月 9 日就职于总部设在京都的岛津制作所的工程师田中耕一像往常一样继续在研究室加班。傍晚 6 点左右,他接到一个电话,对方用英语说:“你是田中耕一吗?包括你在内,有 3 人获得了诺贝尔化学奖,我们向你表示祝贺。”此后表示祝贺的电话络绎不绝,田中开始以为谁在跟他开玩笑,直到公司同事看到电视上的快讯前来祝贺时,田中才知道自己真的获得了诺贝尔奖。一夜之间,田中耕一从默默无闻变成了闻名遐迩。而田中的获奖之因则是早在 1985 年他 26 岁时就开发出的获奖成果——软激光解吸附作用技术。回想当初的开发过程,田中苦笑着说道:“真是无心插柳柳成荫,一次失败却创造了让世界震惊的发明,真有些难以启齿。”

1983 年 4 月,田中在日本东北大学获学士学位后,就职于总部设在京都的岛津制作所的技术研究本部中央研究所,进入公司后他怀着极大的热情埋头于实验室的研究工作,多次拒绝升职当管理层,而要坚持留在研究部门进行研究。

田中从小热衷于电子技术,刚进岛津时被意外地分配到成立没多久的分析仪器开发小组,从 1984 年他们开始承担将已研发成功的激光仪器用于生物类分子的质谱分析的项目,田中负责研究其中的上游生化样品制备和离子化方法。当时先进的质谱仪已经能够轻松地检测分析低浓度的有机小分子化合物的相对分子质量(相对分子质量在 1000 原子质量单位以下），但是对于生物大分子却束手无策。田中通过文献了解到该研究领域内的一批欧美学者已把目光集中于"快速致热引发分子去吸附"的离子化方法，而他们已有的激光仪器所提供的激光脉冲能在短到纳秒或微秒的时间内产生很高的能量，这种加热方式显然是一个非常诱人的选择，但难点在于能否找到一种吸收介质将光能高效转换为热能，然后再转移到包埋其内的大分子样品溶液中。

刚工作不久的田中凭着一股初生牛犊的韧劲开始日复一日、不知疲倦地筛选当时实验室中的几百种介质，但是这些大工作量的机械筛选并没能得到任何突破。这时岛津研究小组的另一位成员吉田嘉一建议他试用超细金属粉末（UFMP，常用的是钴粉），这些颗粒的直径与激光的波长相当，能够非常高效地吸收光能。田中尝试 UFMP 作为介质确实成功地提升了有机高分子的质谱检测范围，但是对于相对分子质量上万的生物大分子的离子化仍然收效甚微。于是田中又开始尝试将 UFMP 悬浮于不同的常用有机试剂来试图取得改进，他不断地改换溶剂或调整溶剂的浓度，无数次尝试后仍然没有实质性突破。1985 年 2 月，田中在一次实验中犯了一个非常低级的错误，他原本想用丙酮来悬浮 UFMP，结果居然错用了甘油，在将甘油倒入 UFMP 与要检测的维生素 B_{12} 混合物的瞬间，他立刻意识到了这个"重大失误"。但是由于当时 UFMP 的价格比较昂贵，于是他决心挽救这一 UFMP 样品。当他试图用激光照射来加快甘油的挥发时，一个意想不到的分子离子峰在质谱上出现了，其相对分子质量接近完整的维生素 B_{12} 分子（1315 原子质量单位）。奇迹竟然在混入甘油后发生了！

田中在将信将疑之余开始将 UFMP-甘油混合介质用于检测更大的生物分子，同时耐心地调整各种实验参数，最终在 1985 年下半年检测到了 34529 原子质量单位的羧肽酶的分子离子峰，从而实现了仪器分析化学的历史性突破，正式宣告了蛋白质大分子可以被完整地离子化而进入气相，攻克了质谱仪研制的超难度瓶颈。

43 岁的田中耕一在大学期间留过级、无博士学历、无海外留学经历、无高级职称、无 SCI 论文，但是就是这位普通的企业工程师凭借其对研究的浓厚兴趣和执著的追求登上了科学界的最高领奖台。田中的获奖让那些默默无闻的科研人员深受鼓舞，同时也给我们留下了更多的启示。

（宣劲松）

第五章　蛋白质的分子构象

蛋白质分子并不是走向随机的松散多肽链,每一种天然蛋白质都有自己特定的空间结构或称三维结构,这种三维结构通常被称为蛋白质的构象。为了研究的方便,将蛋白质分子的结构分为不同的层次:一级结构、二级结构、三级结构、四级结构;结构复杂度不同,可能还会出现其他的组织层次,如超二级结构和结构域。蛋白质空间构象的形成,离不开蛋白质分子内原子与原子之间、基团与基团之间各种各样化学键的形成。

第一节　蛋白质分子中的化学键及蛋白质一级结构

一、蛋白质分子中的化学键

稳定蛋白质三维结构的作用力主要是一些所谓弱的相互作用或称非共价键或次级键,包括氢键、范德华力、疏水作用和盐键(离子键)。此外,共价二硫键在稳定某些蛋白质的构象方面也起着重要作用。

1. 氢键

氢键的形成常见于连接在一电负性很强的原子上的氢原子,与另一电负性很强的氧原子之间,如 $>C=O \cdots H-N<$。氢键在稳定蛋白质的空间结构上起着重要的作用。但氢键的键能较低($\sim12kJ/mol$),易被破坏。

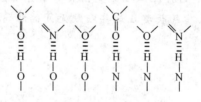

图 5-1　氢键的形成

2. 疏水作用

非极性物质在含水的极性环境中存在时,会产生一种相互聚集的力,这种力称为疏水键或疏水作用力。

蛋白质分子中的许多氨基酸残基侧链也是非极性的,这些非极性的基团在水中也可相互聚集,形成疏水键,如 Leu、Ile、Val、Phe、Ala 等的侧链基团。

3. 离子键

离子键是由带正电荷基团与带负电荷基团之间相互吸引而形成的化学键。

在近中性环境中,蛋白质分子中的酸性氨基酸残基侧链电离后带负电荷,而碱性氨基酸残基侧链电离后带正电荷,二者之间可形成离子键。

4. 范德华力

广义的范德华力包括三种较弱的作用力,即定向效应、诱导效应和分散效应。定向效应发生在极性分子或极性基团之间,它是永久偶极间的静电相互作用,氢键可被认为属于这种范德华力。诱导效应发生在极性物质与非极性物质之间,这是永久偶极与由它诱导而来的诱导偶极之间的静电相互作用。分散效应是在多数情况下起主要作用的范德华力,它是非极性分子或基团间仅有的一种范德华力,即狭义的范德华力,通常范德华力就指这种作用力。范德华力是一种很弱的作用力,而且随非共价键合原子或分子间距离(R)的 6 次方倒数即 R^{-6} 而变化。当非共价键合原子或分子相互挨得太近时,由于电子云重叠,将产生范德华斥力。实际上范德华力包括吸引力和斥力两种相互作用。因此范德华力(吸引力)只有当两个非键合原子处于一定距离时才能达到最大,这个距离称为接触距离或范德华距离,它等于两个原子的范德华半径之和。

5. 二硫键

二硫键的形成并不规定多肽链的折叠,然而一旦蛋白质采取了它的三维结构则二硫键的形成将对此构象起稳定作用。假如蛋白质中所有的二硫键相继被还原,将引起蛋白质的天然构象改变和生物活性丢失。在许多情况下,二硫键可以选择性地被还原,这些实验证明,某些二硫键是生物活性所必需的,另一些二硫键则不是生物活性所必需的,但与维持蛋白质的稳定有关,在绝大多数情况下,二硫键是在多肽链的 β 转角附近形成的。

二、蛋白质的一级结构

国际纯化学与应用化学委员会(IUPAC)规定:蛋白质的一级结构指蛋白质多肽链中氨基酸的排列顺序,包括二硫键的位置。

自 1953 年英国剑桥大学 Sanger 报告了牛胰岛素两条多肽链的氨基酸序列以来,至今已知约 100 000 个不同蛋白质的氨基酸序列,其中相当一部分序列是应用 Sanger 首先确立的原理测定得到的,但现在大多数是根据编码蛋白质的基因核苷酸序列推导出来的。

第二节　蛋白质的二级结构

多肽链主链借助氢键排列成沿一维方向具有周期性结构的构象(如 α 螺旋、β 折叠、β 转角、β 凸起和无规卷曲),并依靠氢键维持固定所形成的有规律性的结构。

一、α螺旋

1. α螺旋的结构特征

α螺旋是蛋白质中最常见、最典型、含量最丰富的二级结构元件,它是多肽链的主链原子沿一中心轴盘绕所形成的有规律的螺旋构象。其结构特征如下:侧链 R 基伸出到螺旋的外面,完成一个螺旋需 3.6 个氨基酸残基,螺旋每上升一圈,螺距为 0.54 nm,相邻两个氨基酸残基之间的轴心距为 0.15 nm。α螺旋结构的稳定主要靠链内氢键,从 N 端出发,氢键是由每个肽键的 C=O 与其前面第三个肽键的 N—H 之间形成的(图 5-2,参见彩图 3),氢键方向与螺旋轴基本平行。氢键环内包含 13 个原子,因此 α螺旋通常表示为 $n_s(3.6_{13})$,n 为每圈的氨基酸残基数,s 为氢键环内包含的原子数(图 5-2)。大多数蛋白质中的 α 螺旋为右手螺旋。确定螺旋结构手性的简单方法:用右手握住螺旋,伸直大拇指,紧靠螺轴,指向你的前方,如果此时螺线按其他 4 个指头弯曲的方向(顺时针)旋转,螺旋将沿大拇指所指的方向前进,则结构为右手螺旋;如果用左手重复此操作,螺线将逆时针旋转向前,则为左手螺旋。

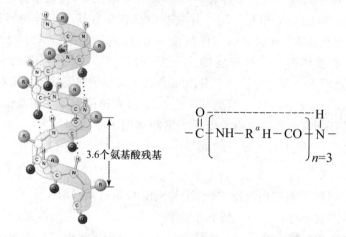

图 5-2　α 螺旋结构特点

2. 影响 α 螺旋形成的因素

一条肽链能否形成 α 螺旋,以及形成的螺旋是否稳定,与它的氨基酸组成和序列有极大的关系。关于这方面的知识很大一部分来自对多聚氨基酸的研究。研究发现 R 基小并且不带电荷的多聚丙氨酸,在 pH7 的水溶液中能自发地卷曲成 α 螺旋。酸性或碱性氨基酸集中的区域不易形成 α 螺旋,如多聚赖氨酸在 pH7 时不能形成 α 螺旋,而是以无规卷曲形式存在,这是因为多聚赖氨酸在 pH7 时 R 基具有正电荷,彼此间由于静电排斥,不能形成链内氢键。而在 pH12 时,多聚赖氨酸即自发地形成 α 螺旋。同样,多聚谷氨酸也与此类似。

除 R 基的电荷性质之外,R 基的大小对多肽链能否形成螺旋也有影响。多聚异亮氨酸由于在它的 α 碳原子附近有较大的 R 基,造成空间阻碍,因而不能形成 α 螺旋。多聚脯氨酸的 α 碳原子参与 R 基吡咯的形成,环内的 C_α—N 键和 C—N 肽键都不能旋转,而且多聚脯氨酸的肽键不具酰胺氢,不能形成链内氢键,因此,多肽链中只要存在脯氨酸(或羟脯氨酸),α 螺旋即被中断,并产生一个"结节"。

二、β 折叠

β 折叠是指由两条或两条以上几乎完全伸展的肽链平行排列,通过链间氢键交联而成的规则结构。β 折叠片也是一种重复性的结构,可以把它想象为由折叠的条状纸片侧向并排而成(图 5-3),每条纸片可看成是一条肽链,在这里,肽链主链沿纸条形成锯齿状,α 碳原子位于折叠线上。

在 β 折叠中,α 碳原子总是处于折叠线上,氨基酸的侧链都垂直于折叠片平面,交替地分布在片状平面的上面或下面,以避免 R 基团的空间障碍。相邻两个氨基酸之间的轴心距为 0.35 nm。几乎所有肽键都参与链间氢键的交联,氢键与链的长轴接近垂直。β 折叠有两种类型:一种为平行式,即所有肽链的 N 端都是同向的;另一种为反平行式,即相邻

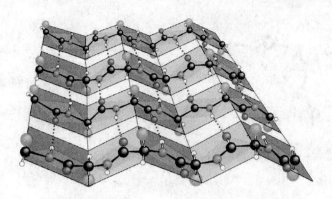

图 5-3 在纸"折叠片"上画出的反平行 β 折叠片

两条肽链的方向相反(图 5-4,参见彩图 4)。

在 β 折叠片中肽链主链处于最伸展的构象(有时称为 ε 构象)。在平行折叠片中处于最适氢键形成时,其伸展构象略小于反平行折叠片中的构象,因此在平行折叠片中形成的氢键有明显的弯折。反平行折叠片中重复周期(肽链同侧两个相邻的同一基团之间的距离)为 0.7 nm,而平行折叠片中为 0.65 nm。图 5-4 显示平行式和反平行式 β 折叠片的结构。

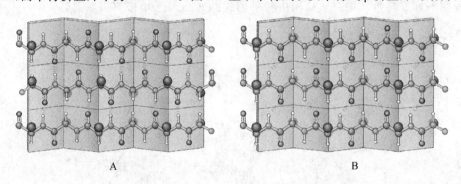

图 5-4 反平行式(A)与平行式(B)折叠结构

三、β 转角

自然界的蛋白质大多数是球状蛋白质。因此多肽链必须具有弯曲、回折和重新定向的能力,以便生成结实、球状的结构。在很多蛋白质中观察到一种简单的二级结构元件,称为 β 转角或 β 弯曲。

β 转角是一种非重复性结构,在 β 转角中,第一个残基的 C═O 与第四个残基的 N—H 氢键键合,形成一个紧密的环,使 β 转角成为比较稳定的结构。如图 5-5 所示,β 转角能允许蛋白质倒转肽链的方向。图中示出 β 转角的两种主要类型,它们之间的差别只是中央肽键旋转了 180°。

某些氨基酸(如 Pro 和 Gly)经常在 β 转角序列中存在,并且 β 转角的特定构象在一定程度上取决于它的组成氨基酸。由于 Gly 缺少侧链,在 β 转角中能很好地调整其他残基的空间阻碍,因此它是立体化学上最合适的氨基酸,而 Pro 具有环状结构和固定的 φ 角,因此在一定程度上迫使 β 转角形成,促进多肽链自身回折,这些回折还有助于反平行 β 折叠片的形成。

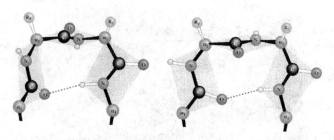

图 5-5　两种主要类型的 β 转角

四、β 凸起

β 凸起是一种小片的非重复性结构,能单独存在,但大多数经常作为反平行 β 折叠片中的一种不规则情况而存在。β 凸起可认为是 β 折叠股中额外插入的一个残基,它使得在两个正常氢键之间、在凸起折叠股上是两个残基,而另一侧的正常股上是一个残基。图 5-6 显示三种典型的 β 凸起。造成凸起股主链额外伸长的额外残基之所以被规则的氢键网所容纳,部分原因是凸起股产生微小弯曲。因此 β 凸起可引起多肽链方向的改变,但改变的程度不如 β 转角。蛋白质结构中各种形式的 β 凸起已知有 100 多例。

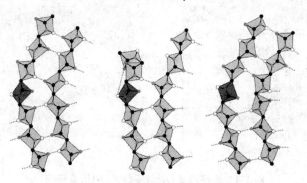

图 5-6　三种不同形式的 β 凸起结构

五、无规卷曲

无规卷曲或称卷曲泛指那些不能被归入明确的二级结构如折叠片或螺旋的多肽区段。必须指出的是卷曲和无规卷曲这两个术语容易引起误解。实际上这些区段大多数既不是卷曲,也不是完全无规的,虽然也存在少数柔性的无序区段,例如,在许多蛋白质中 Lys 侧链在 β 碳以外的碳链就是无序的。这些"无规卷曲"也像其他二级结构那样是明确而稳定的结构,否则蛋白质就不可能形成三维空间上每维都具周期性结构的晶体,但是这些无规卷曲受侧链相互作用的影响很大。这类有序的非重复性结构经常构成酶活性部位和其他蛋白质特异的功能部位,例如,铁氧还蛋白和红氧还蛋白中结合铁硫串的肽环以及许多钙结合蛋白中结合钙离子的 E-F 手结构的中央环。

六、超二级结构和结构域

如果细分还可以在蛋白质二级结构和三级结构之间增加两个层次:超二级结构和结

构域。

（一）超二级结构

在蛋白质分子中,特别是在球状蛋白质分子中,经常出现的由若干相邻的二级结构元件(主要是 α 螺旋、β 折叠片)彼此相互作用、组合在一起形成的有规则的二级结构组合或二级结构串,在多种蛋白质中充当三级结构的结构构件,称为超二级结构或基序或模体(motif)。超二级结构概念是由 Rossman M. G. 于 1973 年首次提出的,有的超二级结构与特定的功能相关,如与 DNA 结合;大多并没有专一的生物功能,只是大结构和组装体的一个组成部分。现在已知的超二级结构有三种基本的组合形式:αα、βαβ 和 ββ。

1. αα

这是一种 α 螺旋束,它经常是由两股平行或反平行排列的右手螺旋互相缠绕而成的左手卷曲螺旋或称超螺旋。螺旋束中还发现有三股和四股螺旋(图 5-7A)。卷曲螺旋是纤维状蛋白质(如角蛋白、肌球蛋白和原肌球蛋白)的主要结构元件。螺旋束也存在于球状蛋白质中,如蚯蚓血红蛋白、烟草花叶病毒外壳蛋白等。球状蛋白质中 α 螺旋束是由同一条链的一级序列上邻近的 α 螺旋组成,不像纤维状蛋白质中是由几条链的 α 螺旋区缠绕而成。

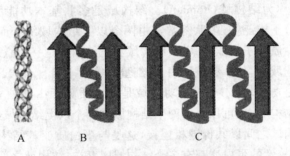

A   B   C

图 5-7　蛋白质中的几种超二级结构

2. βαβ

最简单的 βαβ 结构是由两段平行 β 折叠股和一段作为连接链的 α 螺旋或无规卷曲组成,连接链反平行地交叉在 β 折叠片的一侧,β 股之间还有氢键相连(图 5-7B)。最常见的βαβ 组合是由 3 段平行 β 股和两段 α 螺旋构成,实际上是两个 βαβ 结构的组合体(βαβαβ),这种结构形式又称为 Rossman 折叠(图 5-7C)。

3. ββ

ββ 实际上就是反平行 β 折叠片,在球状蛋白质中多是由一条多肽链的若干段 β 折叠股反平行组合而成,两个 β 股间通过一个短环(发夹)连接起来(图 5-8)。最简单的 ββ 花式是 β 发夹结构(图 5-8A)。由几个 β 发夹可以形成更大更复杂的折叠片图案,例如,β 回曲和希腊钥匙结构。

β 回曲是一种常见的超二级结构,由氨基酸序列上连续的多个反平行 β 折叠股通过紧凑的 β 转角连接而成,是一个由环或转角依次连接 β 链组成的反平行 β 折叠(图 5-8B)。β回曲含有与 α 螺旋形成的氢键(约占全部可能形成的主链氢键的 2/3)。β 回曲的这种高稳定性无疑说明它的广泛存在。

希腊钥匙结构也是反平行β折叠片中常出现的一种折叠花式(图 5-8C),这种结构直接用古希腊陶瓷花瓶上的一种常见图案命名,称为"希腊钥匙"。

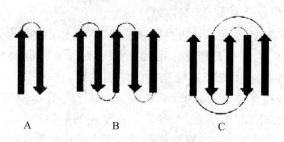

图 5-8　蛋白质中的几种超二级结构
A.β发夹;B.β回曲;C.希腊钥匙

(二)结构域

1. 结构域的概念及特点

具有二级结构的多肽链,特别是长的多肽链再进一步折叠与盘绕形成三级结构时,可能组合成数个相互连续而又相对独立的疏密不等的近似球形的区域,以执行某种特定的生物功能,这些区域称为结构域(domain)。结构域是多肽基本功能和三维结构单元链。对于较大的蛋白质分子或亚基,多肽链常常由两个以上结构域缔合而成三级结构。对于那些较小的球状蛋白质分子或亚基来说,结构域和三级结构是一个意思,也就是说这些蛋白质或亚基是单结构域的,如核糖核酸酶、肌红蛋白等。

结构域经常也是功能域。一般说,功能域是蛋白质分子中能独立存在的功能单位。功能域可以是一个结构域,也可以是由两个结构域或两个以上结构域组成。

一个分子的结构域之间以共价键相连接,这是与蛋白质亚基结构(非共价结合)的基本区别。一般说来,较大的蛋白质都有多个结构域区存在,结构域之间常常只有一段柔性的肽链连接,形成所谓铰链区,从而使结构域容易发生相对运动,这是结构域的一大特点。然而这种柔性铰链不可能在亚基之间存在,因为它们之间没有共价连接,如果作较大的运动,亚基将完全分开。结构域之间的这种柔性将有利于活性中心结合底物和施加应力,有利于别构中心结合调节物和发生别构效应(参见第七章)。

2. 结构域的类型

根据所含二级结构的种类、比例和组合方式,结构域大体可分为几种主要类型:反平行α螺旋结构域(全α结构,如蚯蚓血红蛋白、细胞色素 b562)、平行或混合型β折叠片结构域(α、β结构,如磷酸丙糖异构酶)、反平行β折叠片结构域(全β结构)和富含金属或二硫键结构域(不规则小蛋白结构)。有些蛋白质(例如硫氰酸酶)中含有彼此极其相似的结构域,两个相似的结构域经常是二重对称轴的关系;有些蛋白质中结构域彼此十分不同,例如木瓜蛋白酶中的两个结构域。

一个蛋白质(或亚基)中两个结构域之间的分隔程度各不相同,有的两个结构域各自独立成球状实体,中间仅由一段长短不一的肽链连接;有的相互间接触面宽而紧密,整个分子(或亚基)的外表是一个平整的球面,甚至难以确定究竟有几个结构域存在;多数是中间类型的,分子(或亚基)外形偏长,结构域之间有一裂沟或密度较小的区域。图 5-9 显示

细胞癌基因 *src* 的产物 Src 蛋白的结构域及其间的结构关系。Src 含三个结构域：SH2、SH3 和蛋白激酶结构域，SH2、SH3 可分别识别蛋白质的相关结构并与之结合，蛋白激酶结构域则具有蛋白激酶活性，催化底物的磷酸化作用。

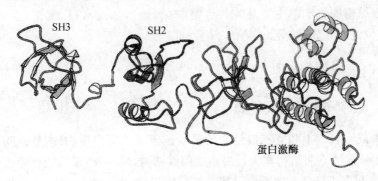

图 5-9　Src 蛋白的结构域

（引自赵宝昌. 生物化学[M]. 高等教育出版社，2004.）

第三节　蛋白质的三级结构和四级结构

一、蛋白质的三级结构

蛋白质的三级结构是指由二级结构元件（α螺旋、β折叠、β转角和无规卷曲等）折叠构建成的一个紧密堆积的三维结构，包括一级结构中相距较远的氨基酸残基和肽段侧链在三维空间中彼此间的相互作用和关系，也可理解为是肽链中所有原子在三维空间的排布位置与相互关系（图 5-10，参见彩图 5）。虽然纤维状蛋白质在各种生物体内含量丰富也很重要，但是它们的种类只占自然界中蛋白质的很小一部分，球状蛋白质远比它们多得多。蛋白质结构的复杂性和功能的多样性也主要体现在球状蛋白质。

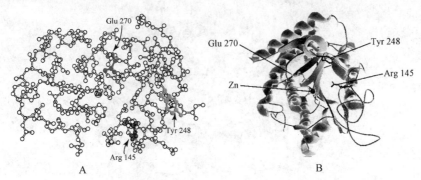

图 5-10　羧肽酶 A 的三级结构

图中标注活性中心氨基酸残基及在一级结构中的排列顺序。A. 原子的三维排布；B. 二级构象单元的三维排布

球状蛋白三级结构具有一些共同的结构特征：含有多种二级结构元件；具有明显的折叠层次；紧密的球状或椭球状实体，但活性部位具松散区域，以利于构象变化；疏水侧链

埋藏在分子内部，亲水侧链暴露在分子表面；分子表面有一个空穴（裂缝、口袋、凹槽），空穴大小约能容纳1～2个小分子配体或大分子配体的一部分，常是结合底物、效应物等配体并行使生物学功能的部位。

维系三级结构的化学键主要是非共价键（次级键），如疏水键、氢键、盐键、范德华力等，但也有共价键，如二硫键等。

二、蛋白质的四级结构

（一）四级结构的概念及特点

具有两条或两条以上独立三级结构的多肽链组成的蛋白质，其多肽链间通过非共价键相互结合而形成的空间结构称为蛋白质的四级结构。每一条多肽链称为蛋白质的亚基（subunit）。由两个亚基组成的蛋白质称为二聚体蛋白，由4个亚基组成的蛋白质称为四聚体蛋白。由两个或两个以上亚基组成的蛋白质统称为寡聚蛋白质、多聚蛋白质或多亚基蛋白质。

在四级结构中，亚基之间不含共价键，各亚基之间的结合力主要是疏水作用，还有一些氢键和少量离子键，亚基间这些次级键的结合比二、三级结构疏松，因此在一定条件下，各亚基可相互分离，而亚基本身构象可保持不变，但分离开的单个亚基无生物学活性，所以可以认为亚基是四级结构的结构单位而不是功能单位。

寡聚蛋白质包括许多很重要的酶和转运蛋白。仅由一个亚基组成并因此无四级结构的蛋白质如核糖核酸酶等称为单体蛋白质。寡聚蛋白可以是由相同的亚基组成，称为同多聚蛋白质，如肝乙醇脱氢酶（α_2）、酵母己糖激酶（α_4）等；或者由几种不同的亚基组成，称为杂多聚蛋白质，如血红蛋白（$\alpha_2\beta_2$）、天冬氨酸氨甲酰转移酶（r_6c_6）等，图5-11（参见彩图7）示血红蛋白四个亚基之间的空间关系。

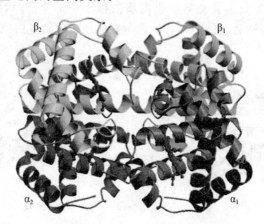

图 5-11 血红蛋白四级结构示意图

由于多肽链的所有α碳原子是不对称的，并且多肽链几乎总是折叠成不对称或低对称的结构，因此单体蛋白质和亚基都是手性分子。然而X射线结构分析和电子显微镜观察显示，大多数寡聚蛋白质分子其亚基数目为偶数且亚基的排列呈现对称性，对称性是蛋白质四级结构最重要的特征之一。

稳定四级结构的作用力与稳定三级结构的没有本质区别。亚基之间的结合力主要是疏水作用,其次是氢键、离子键和范德华力。

(二)四级缔合在结构和功能上的优越性

1. 增强结构的稳定性

亚基缔合的优点是蛋白质的表面积与体积之比降低,结果是增强蛋白质结构的稳定性。亚基缔合还可以屏蔽亚基表面上的疏水残基以避开溶剂水。并且能识别自身或其他蛋白质的亚基。由于亚基间结合相应突变体的能力较弱,因而可排除在遗传翻译中产生的任何错误。

2. 提高遗传经济性和效率

蛋白质单体的寡聚体缔合对一个生物体在遗传上是经济的,编码一个将装配成同多聚蛋白质的单体所需的 DNA 比编码一条相对分子质量相同的大多肽链要少。决定寡聚体装配和亚基-亚基相互作用的所有信息也都包含于编码该单体所需的遗传物质中。

3. 使催化基团汇集在一起

许多酶,至少它们的某些催化能力是来自单体亚基的寡聚缔合,因为寡聚体的形成可使来自不同单体亚基的催化基团汇集在一起,以形成完整的催化部位。寡聚酶还可以在不同的亚基上催化不同的但相关的反应。

4. 具有协同性和别构效应

亚基之所以缔合成寡聚蛋白质还有一个重要原因。大多数寡聚蛋白质调节它们的生物活性(如酶的催化活性)都是借助于亚基之间的相互作用。多亚基蛋白质一般具有多个结合部位,结合在蛋白质分子的特定部位上的配体对该分子的其他部位所产生的影响(如改变亲和力或催化能力)称为别构效应(参见第七章)。具有别构效应的蛋白质称为别构蛋白质,如别构酶。

第四节　蛋白质折叠异构酶和分子伴侣

Anfinsen 等人的蛋白质变性-复性试验证明蛋白质高级结构折叠所需要的信息储存在蛋白质的一级结构中,但并不是所有的蛋白质都可进行自发折叠,生物体内许多蛋白质的折叠是在其他蛋白和酶的帮助下进行的。

新生蛋白质中正确配对的二硫键的形成受蛋白质二硫键异构酶(protein disulfide isomerase, PDI)的催化,PDI 与蛋白质底物的多肽链主链结合,并优先与含半胱氨酸残基的肽发生相互作用。PDI 广泛的底物专一性使它能够加速多种含二硫键蛋白质的折叠。通过二硫键的改组,PDI 能使蛋白质很快地找到热力学上最稳定的配对方式。

蛋白质中肽键几乎总是反式构型的,但 X-Pro 肽键(X 代表任一残基)是例外,其中6%或更多是顺式构型。脯氨酰异构化是体外许多蛋白质折叠的限速步骤。自发的异构化很慢,因为羰基碳和酰胺氮之间的键(肽键)具有部分双键性质。肽键脯氨酸异构酶通过扭转肽键,致使 C、O 和 N 原子不再是共平面的方式,加速顺-反异构化。在此过渡态中,因为共振降到最小,C—N 键的单键性质增强,因此,异构化的活化能降低。

体内蛋白质折叠能在很浓稠的介质（细胞溶胶和内质网腔）中高效地发生，得益于称为分子伴侣的蛋白质家族的参与。分子伴侣通过抑制新生肽链不恰当的聚集并排除与其他蛋白质不合理的结合，协助多肽链的正确折叠。

1987 年 Lasky 首先提出了分子伴侣（molecular chaperones）的概念。他将细胞核内能与组蛋白结合并能介导核小体有序组装的核质素（nucleoplasmin）称为分子伴侣。而 Ellis 将这一概念延伸为"一类在序列上没有相关性但有共同功能的蛋白质，它们在细胞内帮助其他含多肽的结构完成正确的组装，而且在组装完毕后与之分离，不构成这些蛋白质结构执行功能时的组分"。

分子伴侣与酶的作用方式类似，能和某些不同的多肽链非特异性结合，催化介导蛋白质特定构象的形成，参与体内蛋白质的折叠、装配和转运，但又不构成其结构的一部分。迄今为止发现的大多数分子伴侣属于热休克蛋白（HSP）的范畴。大致可分为 4 类非常保守的蛋白家族：nucleoplasmin 家族，HSP60 家族、HSP70 家族、HSP90 家族，它们广泛存在于动物、植物和微生物中。其中研究得最多的是热休克蛋白。实际上，分子伴侣是一种蛋白质分子构象的协助者，主要参与蛋白质次级结构的形成。

分子伴侣具体功能表现在：能够可逆地与未折叠肽段的疏水部分结合随后松开，如此重复进行可防止错误的聚集发生，使肽链正确折叠。分子伴侣也可与错误聚集的肽段结合，使之解聚后，再诱导其正确折叠。在蛋白质分子折叠过程中，二硫键的正确形成也起了重要的作用。

 **思考题**

(1) 简述蛋白质各级结构层次的含义及 α螺旋结构、β折叠结构的特点。

(2) 什么是蛋白质的四级结构？什么样的蛋白质有四级结构？

(3) 维持蛋白质结构稳定的作用力有哪些？主要在哪一级结构层次的稳定上起作用？

（张艳贞）

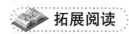 **拓展阅读**

失窃的灵魂——老年痴呆相关蛋白

2009 年底，一条轰动世界的新闻引起了人们的关注：香港中文大学前校长、华人科学家高锟荣获 2009 年诺贝尔物理学奖。但同时也披露，高锟已经忘记了自己的毕生研究，忘记了自己"光纤之父"的美誉——罪魁祸首就是阿尔兹海默氏病（老年痴呆症）。对一位已经忘记过去的老人来说，这诺贝尔奖来得太迟了，而对这样一位老人，人们油然生起一种无以表达的悲哀。这并不是第一个名人患阿尔茨海默病。2004 年，美国前总统里根在与阿尔茨海默病抗争 10 年后去世；2008 年，英国媒体披露政坛铁娘子撒切尔夫人患阿尔茨海默病，已经难以记住一些生活琐事。

阿尔茨海默病最早的记载可追溯到 1906 年，在德国慕尼黑举行的"德国精神病学会"的年会中，德国医生洛伊斯·阿尔茨海默（Alois Alzheimer，1864—1915）首次报告了他对一例 51 岁脑功能渐进性衰退女患者长达 4 年 9 个月的观察、诊治、追访以及研究的结果。患者 5 年来,发生渐进性的记忆力和理解力减退,逐渐表现出语言障碍、糊涂、妄想且情绪激动,临终前已经卧床不起、大小便失禁,而且还忘却了身边的人和事。尸体解剖发现,她的大脑由于神经元缺失而萎缩,脑中出现纤维缠结和斑块堵塞。1910 年,德国精神病学家克雷丕林在其编撰的第八版精神病学教科书之中,把阿尔茨海默氏报道的上述病症冠以阿尔茨海默氏的名字,称为阿尔茨海默病(Alzheimer's disease, AD)。

AD 多发生于 65 岁以上,故广泛称为老年痴呆症或老年性失智症。若该病患者年龄低于 65 岁或更年轻者,称为早发性痴呆、早发性失智症。一个世纪以来,随着老年人口所占比例增大,这种疾病发病率不断升高,医学家们对该病的研究与防治也在逐渐深入……

病人的大脑到底发生了什么变化呢? 医生从尸检中发现,AD 病人的大脑布满了黏性软片或斑块,神经细胞内含有折叠在一起的蛋白丝。直到 20 世纪 80 年代,对 AD 的研究才有了突破性进展。1984 年,Glenner 和 Wong 从 AD 患者的脑膜血管壁中首次分离出了"淀粉样物质(amyloid)",发现这种物质含有 39～43 个氨基酸,相对分子质量大约有 4000,并且在三维结构中呈 β 型折叠,从而称为"淀粉样蛋白(amyoid-β peptide, Aβ)"。1985 年,Masters 和 Beyreuther 从老年斑中心分离出了一种蛋白质,这种蛋白质与 Aβ 具有相同的相对分子质量和氨基酸序列,并且能与相同的抗体结合,从而证实了老年斑的中心也是 Aβ。1987 年 Kang 等在 21 号染色体长臂中段发现了一个基因,它含有 Aβ 的全部密码,这个基因编码的一组蛋白被称为 Aβ 前体蛋白(β-amyloid preursor protein,APP)。这组蛋白由 695～770 个氨基酸组成,是一种跨膜糖蛋白,包含一长的细胞外 N 端和一短的细胞内 C 端,广泛分布于体内各组织,尤以脑、肾、心肌及脾脏中含量较高。这些发现奠定了 AD 的遗传病学基础。

自从发现 Aβ 是老年斑的中心以后,掀起了对 Aβ 的研究热潮。体外实验显示 Aβ 对神经元的作用与它的状态有关,溶解状态的 Aβ 在一个短时间内能促进神经突生长和提高神经元的存活率,而沉积状态的 Aβ 对神经元呈现相反的作用,引起与 AD 相似的病理改变——神经突退缩、神经元变性。与体外研究相一致,脑内注射 Aβ 也引起了神经元变性,Frautscky 从 AD 患者的大脑分离出 Aβ,然后注入老鼠的海马和皮层中均引起了神经元变性。有研究证实,Aβ 激发了神经细胞凋亡的过程,扫描电镜观察接触 Aβ 24h 的神经元,发现神经突消失和细胞膜突起,随着时间的延长,突起变大、变多,最后神经细胞被这些突起分裂成多个"自杀"小体;透射电镜观察 Aβ 处理过的神经元,胞浆内出现空泡,染色体浓缩成斑片状,继而分裂成一定长度的片断进入"自杀"小体。这些形态学的变化符合细胞凋亡的过程。生物化学的特点也支持这一观点,从 Aβ 处理 24h 的神经元提取 DNA,然后用琼脂糖电泳可得到典型的 DNA"梯形带"。到目前为止,大量的体内及体外研究均表明,Aβ 的神经毒性是造成 AD 神经退行性病变的主要机理之一,其可能的机制为触发氧化应激、诱导细胞凋亡、激活神经胶质细胞诱发炎性级联反应、引起突触功能障碍、导致中枢胆碱能损害、加速 tau 蛋白异常磷酸化等。

Aβ 是 APP 的一个片断,正处于 APP 的跨膜部位,胞外有 28 个氨基酸,跨膜区有 15 个氨基酸。APP 在体内裂解存在两种途径:非淀粉源途径和淀粉源途径。非淀粉源途径指在 α 分泌酶作用下在 Aβ 的第 16 位氨基酸残基处发生裂解,因而产生不完整的 Aβ 分子;淀粉源途径则是先在 β 分泌酶作用下,于 Aβ 氨基端裂解,产生包含完整 Aβ 序列的

APP C 端片段，再在 γ 分泌酶的作用下，于 APP 的近羧基端裂解产生完整的 Aβ 分子。在某些病理条件下，如基因突变、细胞轻微损伤等，经 β 和 γ 分泌酶水解的 Aβ 过多。Aβ 是疏水肽，具有很强的自聚性，容易形成难溶的沉淀。其中 Aβ42(43)相对于 Aβ40 更易形成纤维，并早期选择性沉积于 AD 患者脑中，是主要的致病形式。Aβ 在脑内沉积的范围与神经损伤、认知受损及记忆缺失的程度相关。

　　历经百年时间，科学家对 AD 的研究在细胞和分子水平上取得了巨大进展，围绕 Aβ 进行的病理与治疗的研究结果也令人欣慰，多种治疗措施(如分泌酶抑制剂等)已经进入人体试验阶段。Aβ 作为 AD 病理过程中重要的因子，还有太多的谜需要去解读，深入研究其致病机理，对于寻找新的决定细胞命运的信号通路、探索完全未知的细胞内酶解反应机制并最终阐明 AD 的发病机制具有重要意义。我们相信，随着研究的深入，人类终将彻底了解和控制 AD。

(陈文)

第六章　蛋白质构象解析技术策略

第一节　蛋白质一级结构测定

蛋白质的氨基酸序列可以应用 Sanger 首先确立的原理测定得到,也可以根据编码蛋白质的基因核苷酸序列推导出来。下面介绍蛋白质氨基酸序列测定(又称蛋白质一级结构测定)的一般策略和涉及的一些重要方法与技术。

一、蛋白质序列测定的基本战略

(1) 两种或两种以上的特异性裂解法:原则上,只要两套断链方法的切点都不相同,就能解出一级结构,对小分子蛋白更为合适。

(2) 逐级特异性裂解法:适于大分子蛋白,但裂解试剂比较难于选择。

二、蛋白质序列测定的一般步骤

蛋白质一级结构序列测定的过程包括三大部分:

1. 蛋白质测序前的准备工作(准备)

一个蛋白质完整的氨基酸序列包括它各个亚基(如果有的话)的序列信息,因此测序开始前必须纯化蛋白质,确定分离蛋白质的亚基。大致的准备工作如下:

(1) 纯化样品,纯度要求在 97% 以上。

(2) 确定蛋白质中所含的多肽链(亚基)的数目。

(3) 断裂二硫键。

(4) 分离和纯化每种亚基。

(5) 确定亚基中氨基酸的组成。

2. 多肽链序列的测定(各亚基序列的测定)

多肽链序列的测定包括如下步骤:

(1) 利用具有特异识别位点的蛋白酶将每条多肽链酶解成可以直接进行序列测定的短肽片段。

(2) 分离并纯化各短肽片段。

(3) 确定每条片段中的氨基酸顺序。

(4) 利用不同识别位点的蛋白酶将多肽链酶解成不同的短肽片段,重复前面的三个步骤。

3. 确定整个蛋白质的一级结构(组装)

通过比较用不同的蛋白酶切割形成的短肽片段的序列,确定每条多肽链中氨基酸的顺序;确定多肽链内及多肽链间的二硫键的位置。

简言之,蛋白质必须先裂解成可测定的足够小的单个片段,然后通过各片段的重叠序列重新构建出起始蛋白质的一级结构。

三、测序过程中关键步骤的测定方法

(一) 测定蛋白质分子中多肽链(亚基)的数目

根据蛋白质 N 端或 C 端残基的摩尔数和蛋白质的相对分子质量可以确定蛋白质分子中的多肽链数目。如果蛋白质分子只含一条多肽链,即为单体蛋白质,则蛋白质的摩尔数应与末端基的摩尔数相等;如果后者是前者的数倍,说明该蛋白质分子是由多条多肽链组成;如果检测到的末端基多于一种,表明蛋白质由两条或多条不同的多肽链组成,即样品是杂多聚蛋白质。

(二) 拆分蛋白质分子的多肽链

蛋白质分子是由一条以上多肽链构成的,则这些链必须加以拆分。如果是寡聚蛋白质,多肽链(亚基)是借助非共价相互作用缔合的,则可用变性剂如 8 mol/L 尿素,6 mol/L 盐酸胍或高浓度盐处理,就能使寡聚蛋白质中的亚基拆开。如果多肽链间是通过共价二硫键交联的,如胰岛素(含两条多肽链)和胰凝乳蛋白酶(含三条多肽链),则可采用氧化剂或还原剂将二硫键断裂。

拆开后单个多肽链可根据它们的大小和(或)电荷的不同进行分离、纯化。

(三) 断开多肽链内的二硫键

多肽链内半胱氨酸残基之间的二硫键必须在进行测序前予以断裂,断裂多肽链的链间二硫键以保证含多个亚基的蛋白质的每个亚基可单独释放出来;断裂多肽链的链内二硫键,使每条肽链彻底成为直链,以防止在一级结构测定过程中,由于二硫键的存在所形成的天然蛋白质的构象阻碍,造成其附近的残基不能与测序所用的酶或试剂接近,从而影响蛋白酶的酶解作用。二硫键位置在序列分析测定的最后一步将得到确定。

断裂二硫键的方法有很多种,但归结起来主要是过甲酸氧化法和巯基化合物还原法。过甲酸氧化反应最早由 Sanger 开创,该反应可以断裂所有的二硫键,将所有 Cys 残基氧化成为半胱磺酸残基(cysteic acid),但它同时会氧化 Met 残基,并且破坏 Trp 侧链的吲哚基。

目前普遍使用的方法是二硫键的还原性裂解,主要通过 2-巯基乙醇(2-mercaptoethanol)、二硫苏糖醇(dithiothreitol)、二硫赤苏糖醇(dithioerythritol, Cleland's reagent)的作用来完成。在还原过程中,为了能将所有的二硫键都暴露出来,通常可以在蛋白变性的条件下(8mol/L 尿素或 6mol/L 盐酸胍)进行还原反应。还原后生成的游离巯基需要被烷基化,通常加入碘乙酸(iodoacetic acid)以避免它被氧化重新生成二硫键。

(四) 多肽链的分离与纯化

蛋白质中若含有多条不同的多肽链时,则必须对其进行分离与纯化后方可用于每条

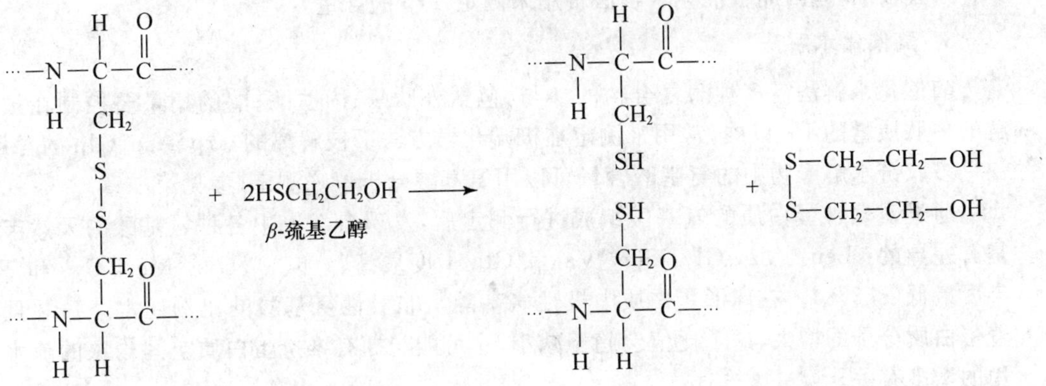

图 6-1　二硫键的还原裂解

多肽链的氨基酸序列的测定。

亚基间可借助非共价键,如疏水作用聚合在一起,称为寡聚蛋白质。如,血红蛋白为四聚体,烯醇化酶为二聚体。还可借助共价键相互交联,如二硫键。

若通过非共价键相互作用,可通过一些变性手段使其解聚,如改变 pH(酸、碱条件)、降低盐浓度、升高温度、加入变性剂(8 mol/L 尿素或 6 mol/L 盐酸胍)等进行处理,即可分开多肽链(亚基)。解聚后的亚基的分离纯化原理与蛋白质的基本相同,常采用离子交换层析或凝胶过滤层析。

亚基的相对分子质量通常可以利用凝胶过滤层析、SDS-PAGE 或质谱来测定。质谱可以测定 pmol 级的相对分子质量＞100 000 的多肽,准确度高达 99.99%,是目前用于测定相对分子质量的顶级技术。测定亚基相对分子质量可用于估计亚基内所含的氨基酸的数目。

这些方法我们将在后续章节中进行具体介绍。

(五) 分析每一多肽链的氨基酸组成

在测定多肽链的氨基酸序列之前,了解肽链中的氨基酸组成,即每种氨基酸残基存在的数量是十分必要的,这将有助于确定后续酶切时蛋白酶的选择。

将经分离、纯化的多肽链一部分样品进行完全水解,测定它的氨基酸组成,并计算出氨基酸成分的分子比或各种残基的数目。完全水解的方法有化学水解法(酸水解或碱水解)或酶水解法,这些方法都各有优势,单一的方法总不完美,常需要多种方法结合使用。

1. 酸催化水解法

常用 6 mol/L HCl 在 100～120℃反应 10～100 h。

该方法的特点是:所得氨基酸不消旋;脂肪族氨基酸、Val、Leu、Ile 能够完全被释放,Ser、Thr、Tyr 会被部分降解,Trp 会被完全破坏,酰胺类氨基酸会发生反应变成相应的酸性氨基酸。

2. 碱催化水解法

使用 2～4 mol/L NaOH 在 100℃反应 4～8 h。

该方法的特点是:多种氨基酸会被破坏;Cys、Ser、Thr 和 Arg 会被部分降解,但是

Trp 不会被破坏,因此碱催化水解法常用来测定 Trp 的含量。

3. 酶催化水解法

酶催化水解法需多种酶复合物的参与,包括外肽酶、内肽酶;酶的用量要控制在被水解的多肽质量的 1% 以内;常用来测定在极端化学方法下被解离的 Trp、Asn、Gln 的含量。

多肽链水解产物中的氨基酸含量可以用氨基酸分析仪来测定(参见第二章)。

通过对多种蛋白质的氨基酸组成进行测定后,发现自然界中各种氨基酸的天然丰度是有差异的:Leu,Ala,Gly,Ser,Val 和 Glu 丰度最高(>6%);His,Met,Cys 和 Trp 丰度最低(<3%)。在球形蛋白质中极性氨基酸与非极性氨基酸的比例通常>1,并且随着蛋白质分子的增大,这个比值会趋于减小,这可能与拥有维持蛋白质空间构象的疏水作用的增多有关。

(六) 鉴定多肽链的 N 末端和 C 末端残基

如果不经化学修饰,每条多肽链都有一个 N 末端和 C 末端氨基酸残基。因此,多肽链的一部分样品将用来进行 N 末端和 C 末端残基的鉴定,以便建立两个重要的氨基酸序列参考点。

1. N 末端分析

常用的 N 末端分析法有二硝基氟苯法、丹磺酰氯法和氨肽酶法。

(1)二硝基氟苯(DNFB 或 FDNB)法:也被称为 Sanger 法。2,4-二硝基氟苯(Sanger 试剂)在碱性条件下,能够与肽链 N 末端的游离氨基作用,生成二硝基苯衍生物(DNP-多肽)。由于 DNFB 与氨基形成的键对酸水解远比肽键稳定,因此,DNP-多肽经酸水解后,只有 N 末端氨基酸为黄色 DNP-氨基酸衍生物,其余的都是游离氨基酸。该产物用有机试剂乙醚进行抽提分离后,α-DNP-氨基酸将留在有机相,只要鉴别所生成的 DNP-氨基酸,便可得知多肽链的 N 末端残基是哪种氨基酸。虽然多肽侧链上的 ε-NH$_2$、酚羟基等也能与 DNFB 反应,但是生成的侧链 DNP 衍生物,如 ε-DNP 赖氨酸,当用有机溶剂抽提时将与游离氨基酸一起留在水相,因而容易和 α-DNP 氨基酸区分开来,待分析的 DNP-氨基酸可用纸层析、薄层层析或 HPLC 进行分离鉴定和定量测定。

(2)丹磺酰氯法:原理同 DNFB 法,在碱性条件下,丹磺酰氯(1-二甲氨基萘-5-磺酰氯,DNS-Cl)可以与 N 端氨基酸的游离氨基作用,得到丹磺酰-氨基酸(图 6-2)。此法的优点是丹磺酰-氨基酸有很强的荧光性质,检测灵敏度比 DNFB 法高 100 倍,可以达到 1×10^{-9} mol,且丹磺酯-氨基酸不需提取,可直接用纸电泳或薄层层析加以鉴定。

(3)氨肽酶法:氨肽酶(amino peptidases)是一类肽链外切酶(exopeptidases)或叫外肽酶,它们能从多肽链的 N 末端逐个地向内水解氨基酸。根据不同的反应时间测出酶水解所释放的氨基酸种类和数量,按反应时间和残基释放量作动力学曲线,就能知道该蛋白质的 N 末端残基序列。实际上,此法用于测定 N 末端和末端残基序列有许多困难,因为酶对各种肽键敏感性不一样,常常难以判断哪个残基在前,哪个残基在后。最常用的氨肽酶是亮氨酸氨肽酶(leucine amino peptidase,LAP),水解以亮氨酸残基为 N 末端的肽键速度最大。

2. C 末端分析

常用的 C 末端分析法有肼解法和羧肽酶法。

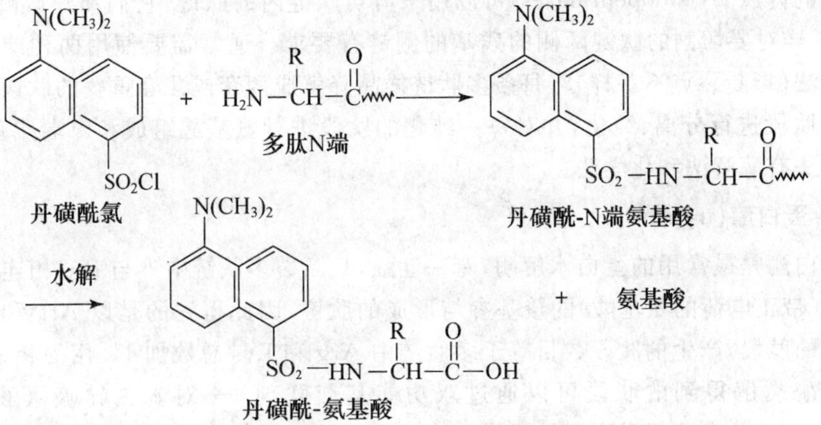

图 6-2　N 末端分析(丹磺酰氯反应)

(1) 肼解法：它是目前测定 C 末端残基的最重要的化学方法。蛋白质或多肽与无水肼加热发生肼解,反应中除 C 末端氨基酸以游离形式从肽链上解离出来外,其他的氨基酸都转变为相应的氨基酸酰肼化物。反应中生成的氨基酸酰肼可与苯甲醛作用变为不溶于水的二苯基衍生物而沉淀,上清液中的游离 C 末端氨基酸可以借助 FDNB 法或 DNS 法以及层析技术进行鉴定。肼解过程中,Gln、Asn、Cys 等被破坏不易测出,C 末端的 Arg 则转变为鸟氨酸。

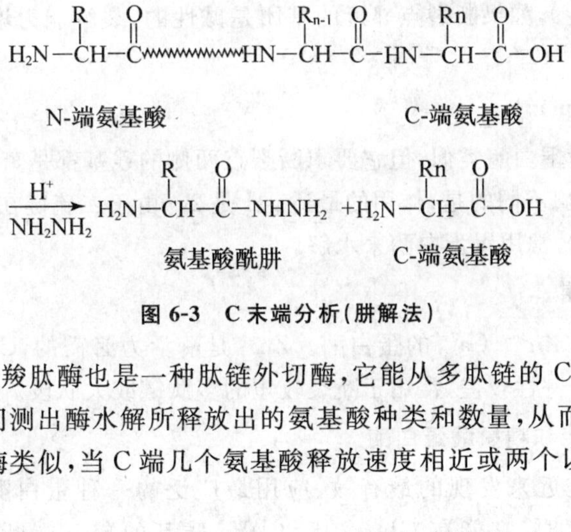

图 6-3　C 末端分析(肼解法)

(2) 羧肽酶法：羧肽酶也是一种肽链外切酶,它能从多肽链的 C 端逐个水解氨基酸。根据不同的反应时间测出酶水解所释放出的氨基酸种类和数量,从而知道蛋白质的 C 端残基顺序。与氨肽酶类似,当 C 端几个氨基酸释放速度相近或两个以上相同的氨基酸相邻时,难以判断。

目前常用的羧肽酶有四种：A、B、C 和 Y;A 和 B 来自胰脏;C 来自柑橘叶;Y 来自面包酵母。

羧肽酶 A 能水解除 Pro、Arg 和 Lys 以外的所有 C 末端氨基酸残基;羧肽酶 B 只能水解 Arg 和 Lys 为 C 末端残基的肽键。

(七) 特异性肽链的剪切

超过 40～100 个残基的多肽不能直接用于测序,它们必须先利用酶学方法或化学方法裂解成可以测序的小片段。裂解时要求断裂点少、专一性强、反应产率高。

不同的内肽酶（endopeptidases）可以用来剪切肽链内的肽键，它们和外肽酶（exopeptidases）一样对要切割的肽键两侧的残基的侧链有要求。通常需要使用两种或几种不同的断裂方法（指断裂点不一样）将每条多肽链样品降解成两套或几套重叠的肽段或称肽碎片。每套肽段进行分离、纯化，并对每一纯化的肽段进行氨基酸组成和末端残基的分析。常用的方法有酶解法和化学法。

1. 胰蛋白酶（trypsin）

胰蛋白酶是最常用的蛋白水解酶，专一性强，只断裂多肽链中不与 Pro 相连的 Lys 或 Arg 残基（带正电荷的氨基酸）的羧基参与形成的肽键，因此得到的是以 Arg 和 Lys 为 C 末端残基的肽段，产生的肽段数目等于多肽链中 Arg 和 Lys 总数加 1。用固相法测序时，用胰蛋白酶裂解得到的肽段可以通过双功能基交联剂——对苯二异硫氰酸（缩写为 PDITC 或 DITC）直接偶联到固相载体上。

可以人为进行残基的化学修饰（如增加或减少残基侧链上的正电荷）来修饰胰蛋白酶的剪切位点：有时待测的多肽链中 Lys、Arg 过多，为了减少胰蛋白酶的作用位点，可以通过化学修饰将其侧链基团保护起来，如用马来酸酐（顺丁烯二酸酐）保护 Lys 上的 ε-NH_2，用 1,2-环己二酮修饰 Arg 的胍基；若想增加胰蛋白酶的断裂点，用丫丙啶处理多肽链，则 Cys 侧链被修饰成类似 Lys 侧链，具有 ε-NH_2，可被胰蛋白酶断裂。

2. 糜蛋白酶（chymotrypsin）

此酶的专一性不如胰蛋白酶。它断裂 Phe、Trp 和 Tyr 等疏水氨基酸残基的羧基端肽键，最适 pH 为 8~9，如果断裂点邻近的基团是碱性的，裂解能力增强；反之，裂解能力将减弱。

3. 胃蛋白酶（pepsin）

它的专一性与糜蛋白酶类似，但它要求断裂点两侧的残基都是疏水性氨基酸，如 Phe-Phe。此外与糜蛋白酶不同的是，作用的最适 pH 是 2。由于二硫键在酸性条件下稳定，因此确定二硫键位置时，常用胃蛋白酶来水解。

4. 嗜热菌蛋白酶

它是一个含金属 Zn^{2+}、Ca^{2+} 的蛋白酶。Zn^{2+} 是酶活力必需的，Ca^{2+} 与酶的热稳定性有关。此酶的作用专一性较差，常用于断裂较短的多肽链或大肽段。

5. 谷氨酸蛋白酶和精氨酸蛋白酶

谷氨酸蛋白酶是近来发现的最有效、应用最广泛的一种蛋白酶，当在磷酸缓冲液（pH7.8）中进行裂解时，它能在 Glu 残基和 Asp 残基的羧基端断裂肽键。如果改用 $NaHCO_3$ 缓冲液（pH7.8）或 NH_4AC 缓冲液（pH4.0）时，则只能断裂谷氨酸残基羧基端的肽键。

精氨酸蛋白酶专门裂解 Arg 残基的羧基端肽键。即使在 6mol/L 尿素中 20h 内仍具活力，这样对不溶性蛋白质的长时间裂解将是很有效的。

6. 溴化氢

有几种化学试剂也可促进蛋白中特定残基肽键的断裂，它们获得的肽段一般都比较大，适于在自动测序仪中测定顺序。其中最有用的是溴化氰（cyanogen bromide，CNBr），它能选择性地切割由 Met 的羧基所形成的肽键,最终生成高丝氨酸内酯。溴化氰断裂肽键的反应常发生于酸性溶液中(0.1 mol/L HCl 或 70%蚁酸),在这种条件下,大多蛋白均已发生变性,使得卷曲的多肽链松散开来以暴露 Met 侧链,所以几乎可以剪切所有的 Met 残基。并且由于大多数蛋白质只含有很少的 Met,因此 CNBr 裂解产生的肽段不多,这些肽段可以用胰蛋白酶处理成更小的肽段。

7. 羟胺(NH_2OH)

NH_2OH 在 pH 9 的条件下能断裂 Asn-Gly 之间的肽键,但专一性不很强,Asn-Leu 及 Asn-Ala 键也能部分裂解。

(八) 测定各肽段的氨基酸序列

目前最常用的肽段测序方法是采用循环往复的 Edman 降解法来完成的,并有自动序列分析仪可供运用。此外尚有酶解法和质谱法等。

1. Edman 降解法

Edman 降解法是 Edman 于 1950 年首先提出来的,最初用于 N 末端残基分析,为异硫氰酸苯酯法(PITC)。降解反应分三步进行:

(1) 偶联(图 6-4):适度碱性条件下,肽链 N 末端 NH_2 与 PITC 发生偶联,形成苯氨基硫甲酰基化合物(PTC-多肽或 PTC-蛋白质)。

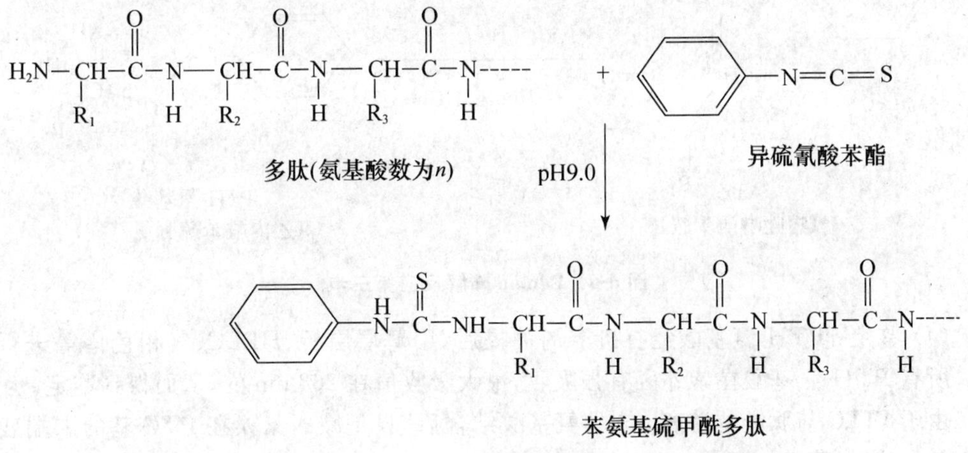

图 6-4 Edman 降解反应第一步

(2) 环化断裂(图 6-5):用无水三氟乙酸处理产物,N 末端肽键发生断裂,其他多肽键不水解,PTC-氨基酸发生环化、脱落,生成噻唑啉酮衍生物,而肽链其他部分是完整的。

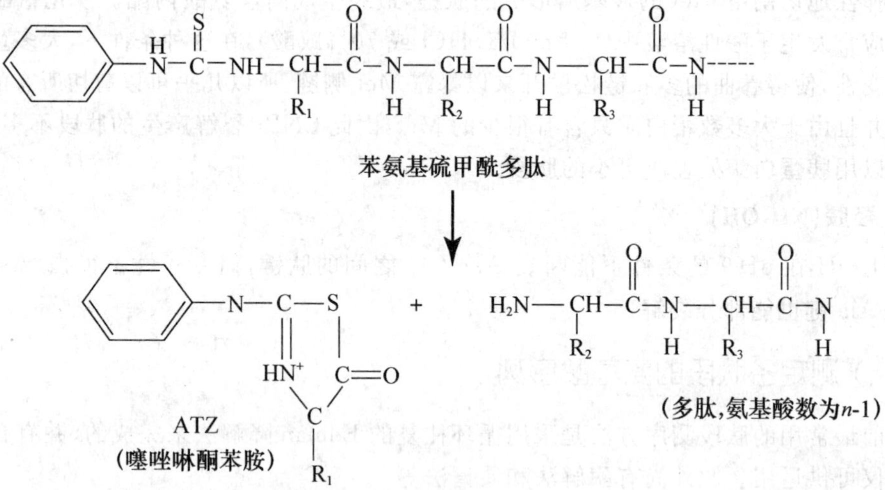

苯氨基硫甲酰多肽

ATZ
（噻唑啉酮苯胺）

（多肽，氨基酸数为$n-1$）

图 6-5　Edman 降解反应第二步

（3）转化（图 6-6）：噻唑啉酮氨基酸被选择性地从溶液中萃取出来后，用稀酸处理，转化为更稳定的乙内酰苯硫脲衍生物（PTH-氨基酸）；

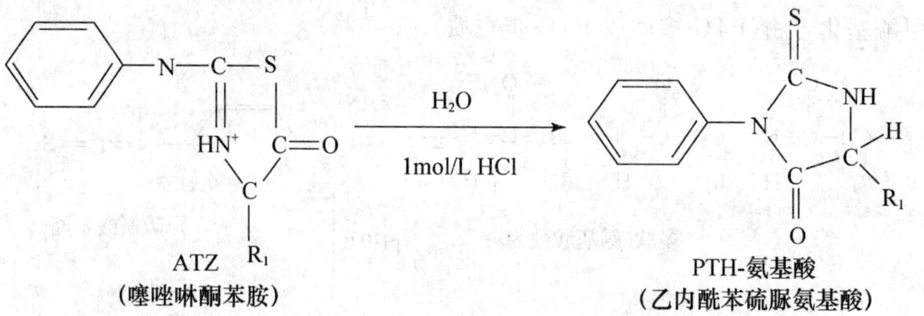

ATZ
（噻唑啉酮苯胺）

PTH-氨基酸
（乙内酰苯硫脲氨基酸）

图 6-6　Edman 降解反应第三步

（4）鉴定：PTH-氨基酸经有机溶剂抽提后，用薄层层析、HPLC、气相色谱等进行鉴定。所有 PTH-氨基酸在紫外区有强吸收，最大吸收值在 268 nm 处，从而得到鉴定。

由于 PITC 与肽链的游离 α 末端氨基酸结合后，只是减弱紧挨在 PTC 基的末端残基羧基侧的肽键，因此在无水酸作用下，只切下与 PITC 反应的那个氨基酸残基。这时剩下的减少了一个残基的肽链便在它的 N 端暴露出一个新的游离 α 末端氨基，又可参加第二轮反应。实际上，在分析时常把肽链的羧基端与不溶性树脂偶联，这样每轮 Edman 反应后，只要通过过滤即可回收剩余的肽链，以利反应循环进行。理论上讲，进行 n 轮反应就能测出 n 个残基的序列。

Edman 降解法现在已有多种改进形式，例如，DNS-Edman 测序法，它是用前述的 DNS 法测定肽链的 N 末端残基，用 Edman 降解法提供逐次减少一个残基的肽链样品，这样既能提高检出被释放残基的灵敏度（比 Edman 法高出几倍到十几倍），又能使氨基酸释放依次连续进行。此外，为提高检出被释放残基（PTH-氨基酸）的灵敏度，采用荧光基团或有色基团等标记的 PITC 试剂，如 4-N,N-二甲氨基偶氮苯-4-异硫氰酸酯（缩写为

DABITC)就是改进的有色 Edman 降解试剂。

利用 Edman 降解,一次能连续测出 60～70 个残基的序列,也有报道一次测出 90～100 个残基序列的。Edman 降解法操作程序非常麻烦,工作量大。蛋白质序列仪的出现既免除了手工测定的麻烦,又满足了蛋白质微量序列分析的需要。该仪器的灵敏度高,蛋白质样品的最低用量在 5pmol 水平。

2. 酶降解法

蛋白水解酶中有一类是肽链外切酶或称外肽酶,例如,氨肽酶和羧肽酶,它们分别从肽链的 N 末端和 C 末端逐个地向内水解氨基酸残基。因此,原则上只要能跟随酶水解的过程分别定量测出释放的氨基酸,便能确定肽的氨基酸序列。然而正如前面所述,这种方法实际上有许多困难,局限性较大,它只能用来测定末端附近很少几个残基的序列。

3. 生物质谱法

参见蛋白质序列测定新方法——生物质谱法。

(九)肽段序列的重建

每个肽段测序完成后,则要确定它们在原始多肽链中的顺序。当多肽链被断裂成两段或三段时,只需知道原多肽链 N 末端和 C 末端的氨基酸,即可推断整条多肽链顺序,除非切口氨基酸与末端氨基酸种类相同。但多数情况下,断裂产生的肽段多于三条,因此除了 C 端、N 端两段之外,中间那些肽段的次序仍不能确定。

为此,需要用不同专一性试剂对同一多肽进行裂解,利用两种或多种不同的断裂方法所得到的肽段,由于它们的切口不同,一种断裂方法所形成的肽段必然会跨过另一种断裂方法所形成的切口,根据两套肽段在跨过切口处的重叠的状况,可以拼凑出原来的完整多肽链的氨基酸序列,这种跨过切口而重叠的肽段称重叠肽。

借助重叠肽可以确定肽段在原多肽链中的准确位置,拼凑出整个多肽链的氨基酸序列。同时,两套肽段可以互相核对各个肽段的氨基酸序列测定中是否有差错。如果两套肽段还不能提供全部必要的重叠肽,则必须使用第三种甚至第四种断裂方法,以便得到足够的重叠肽,用于确定多肽链的全序列。

(十)二硫键位置的确定

多肽链氨基酸序列测定的最后一步即为二硫键位置的确定。

如果蛋白质分子中存在链间或链内二硫键,则在完成多肽链的氨基酸序列分析以后,需要对二硫键的位置加以确定。这是因为在测定多肽链的氨基酸序列时,首先需要把蛋白质分子中的全部二硫键拆开。

确定二硫键的位置一般采用胃蛋白酶水解原来的含二硫键的蛋白质。选用胃蛋白酶水解是因为它的专一性比较低,切点多,这样生成的肽段包括含有二硫键的肽段都比较小,对后面的分离、鉴定比较容易;其次是胃蛋白酶的作用 pH 在酸性范围(pH≈2),这有利于防止二硫键发生交换反应而造成的麻烦。

所得的肽段混合物可以使用 1966 年 Brown 及 Hartlay 提出的对角线电泳法进行分离(电泳技术参见第四章)。对角线电泳操作如图 6-7 所示:① 把胃蛋白酶水解后的混合肽段点到滤纸的中央(图 6-7A);② 在偏酸性条件下,进行第一向电泳,肽段将按其大小及电荷的不同分离开来(图 6-7B);③ 电泳完毕,将样品纸条剪下,置于装有过甲酸的器皿中,用过甲酸蒸气处理 2 h,使二硫键断裂,此时每个含二硫键的肽段被氧化成一对含磺基丙氨酸的肽(图 6-7C);④ 将过甲酸处理后的样品条旋转 90°再水平放置在新滤纸的中央,在与第一向电泳完全相同的条件下进行第二向电泳(图 6-7D);⑤ 在第二向电泳中,无二硫键的肽段不受过甲酸作用而保持迁移率不变,均将位于滤纸的一条对角线上,而含磺基丙氨酸的成对肽段比原来含二硫键的肽段小并且负电荷增多,结果它们都偏离了对角线(图 6-7E)。肽斑可用茚三酮显色确定,将每对含磺基丙氨酸的肽段分别取下进行氨基酸序列分析,然后与多肽链的氨基酸序列比较,即可推断出二硫键在肽链间或(和)肽链内的位置。

近些年还开发出了利用生物质谱测定二硫键数目和位置的全新的方法。用质谱分析

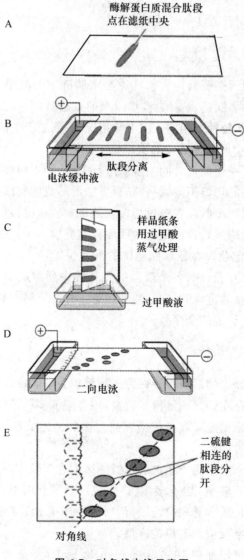

图 6-7　对角线电泳示意图

二硫键与对角线电泳有很多类似之处,比如,在酸性 pH 条件下采用胃蛋白酶酶解肽段来避免二硫键的交换和重组;最大的不同在于,质谱中分离和分析是同时进行的,含有二硫键的肽段通过比较还原烷基化前后酶解肽段混合物的质谱图而确定,然后再通过 Edman 降解等方法加以确认。现代生物质谱 MALDI-TOF-MS 具有样品用量少、快速、能耐受较高浓度缓冲液和盐等杂质的优点,用 MALDI-TOF 分析还原前后的肽链酶解产物,根据肽段分子质量的变化可以比较容易地发现含有二硫键的肽段。在 MALDI 分析中,发现基质可能会引起样品中二硫键的还原断裂,不同基质的还原情况各不相同,对比较大的、复杂的蛋白质的分析要格外考虑这方面的因素。

四、蛋白质序列测定的新方法——生物质谱

Edman 化学降解法是一种传统的、有效的蛋白质测序法,但存在一些无法避免的局限性,如,N 端封闭的、环状的蛋白不能测定;对样品的纯度要求很高(95% 以上);被修饰的蛋白信号不够明确;速度慢、灵敏度低、费用大等等。串联质谱法(MS/MS)是氨基酸序列测定的新方法,因其灵敏度高、所需样品量少、测定速度快、方便与上游色谱技术串联而备受青睐。电喷雾串联质谱(ESI MS/MS)进行蛋白质氨基酸序列分析的基本步骤是:

(1) 蛋白质溶液在高电场(数千伏)中通过毛细管静电分散成携带高电荷(蛋白质平均每千相对质量单位获得一个正电荷(质子))的微滴。

(2) 蛋白质离子在这些微滴中被解吸进入气相(借助在热 N_2 气流中蒸发微滴水分)。

(3) 蛋白质离子进入质谱仪分析。串联质谱法允许蛋白质离子在两台串联在一起的质谱仪上进行分析。第一台质谱仪(MS-1)用于从蛋白质水解液中分离寡肽,然后选出每一寡肽(P_1、P_2 或 P_3 等)进行下一步分析。在进入第二台质谱仪(MS-2)的途中,选出的寡肽于碰撞池通过与氮气或氩气分子碰撞裂解成离子碎片(CID 离子流 F_1、F_2、F_3 等),这些碎片被吸引入第二台质谱仪进行分析(图 6-8)。裂解主要发生在寡肽中连接相继氨基酸的肽键上。因此产生的碎片代表一套大小只差一个氨基酸残基的肽段,这样的两个碎片相对分子质量之差为肽主链 NH—CH—CO(56)的质量加被裂解掉的那个残基的 R 基相对分子质量,其范围从 1(Gly)到 130(Trp)。由于这个差值是各个氨基酸的特征值(残基质量),因此可根据整套离子碎片的质量差来推定氨基酸序列(因 Ile 和 Leu 分子质量相同,需另作处理)。

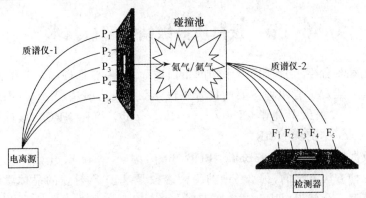

图 6-8 串联质谱测序过程图解

MS/MS 测序的优点是灵敏度高,所需的样品量少(可分析亚皮摩尔级,即 $<10^{-12}$ mol 水平的肽),测定速度快,特别是蛋白质的胰蛋白酶水解液经 HPLC 分离后的肽混合物可直接进样串联质谱仪,这样可免去繁重的肽分离纯化工作。然而,目前串联质谱还限于一些较短的序列(一般不超过 25 个氨基酸残基),因为肽链太长的话,一方面离子片段峰往往有缺失、不完全,另一方面质谱数据解读也困难。

需要指出的是,CID 数据解释起来很复杂,因为碎片化会形成一个数千种不同离子的集合。那些沿着多肽骨架断裂的碎片最有意义,因为这些代表着连续的或完整的氨基酸链。实际上,肽的断裂会出现以下 6 种情况(图 6-9):N 端碎片离子用 a、b、c 表示,C 端碎片用 x、y、z 表示,下标注明碎片离子在哪个氨基酸残基处产生。从 N 端到 C 端形成 a、b、c 碎片,从 C 端到 N 端形成 x、y、z 离子,在肽的质谱中最易出现的碎片离子是 y 离子和 b 离子(即以上介绍的肽键处断裂)。结果的解释一般涉及按照质量逐步增大对 b 系或 y 系离子进行排序,两系中连续离子间质量的差别应该与各自的氨基酸质量相对应,由此可以推断出一个肽段序列或肽标签。

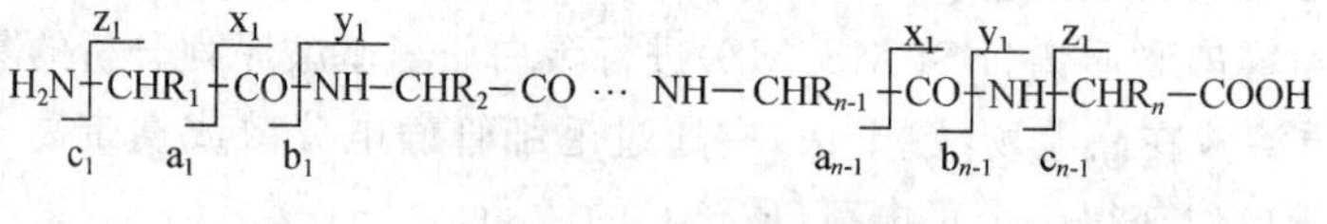

$$\text{H}_2\text{N} - \overset{z_1}{|}\text{CHR}_1 - \overset{x_1}{|}\text{CO} - \overset{y_1}{|}\text{NH} - \text{CHR}_2 - \text{CO} \cdots \text{NH} - \overset{x_{n-1}}{|}\text{CHR}_{n-1} - \overset{y_{n-1}}{|}\text{CO} - \overset{z_{n-1}}{|}\text{NH} - \text{CHR}_n - \text{COOH}$$
$$\quad\quad c_1 \quad a_1 \quad b_1 \quad\quad\quad\quad\quad\quad\quad a_{n-1} \quad b_{n-1} \quad c_{n-1}$$

图 6-9 肽碎片离子的命名

质谱法进行蛋白质序列测定也存在一些难以回避的困难和问题。质谱测序是依靠对一系列在长度上仅相差一个残基的 C 端或 N 端的肽或肽碎片进行组装,一系列相邻肽段的质量差别与标准氨基酸残基质量表相比较,从而计算出肽的氨基酸序列。但 Gln 和 Lys,Leu 和 Ile 两对残基的质量非常相似或一致,如 Gln 和 Lys 的相对分子质量分别为 128.13 和 128.17,因而在碎片离子谱中很难区分,这时可结合 Edman 化学法进行辅助确定。另外,当离子系列不全时,两个毗邻的质量为 57 的 Gly 残基可能错误地判读为一个质量为 114 的 Asp 残基,也可用传统的测序方法进行区分。还有,由于各肽键稳定性差异有所不同,通常 CID 产生的各离子片段的丰度的差异也较大,有些片段信号非常弱甚至不出现。

除串联质谱法外,气谱-质谱联用法也用于氨基酸序列分析,并有不少成功的报道。

第二节 蛋白质高级结构解析技术

对一个在某种程度上特征完全未知的蛋白质而言,最有把握确定其结构的方法就是通过实验手段来测定。有两种主要的技术手段:X 射线衍射法(X-ray diffraction method,简称 X-Ray)/X 射线晶体学(X-ray crystallography, 简称 XRC);核磁共振(nuclear magnetic resonance, 简称 NMR)。

蛋白质数据库(Protein DataBank, PDB, http://www.rcsb.org)中超过 98% 的结构是采用其中一种方法测定的,另 2% 中的绝大多数是基于 X 射线的晶体学结构和 NMR 结构的理论模型。全部蛋白质结构中有不到 100 个是利用其他方法得到的。

一、X射线晶体衍射技术

(一) 基本概念

1. 衍射

衍射又称为绕射,指光线照射到物体边沿后通过散射继续在空间发射的现象。只有当光的波长约等于物体大小时,物体才会使光发生衍射。所以可见光不能使单个原子成像,而 X 射线可以,因为 X 射线的波长与原子间距离相当。X 射线衍射分析的目的就是要得到一幅详细的原子水平的晶体内部结构图。

衍射特点:如果采用单色平行光照射多分子物体,则衍射后将产生干涉现象,就是相干波(散射线)在空间某处相遇后,因相位不同,相互之间产生干涉作用,引起相互加强或减弱的物理现象。单分子的 X 射线散射很弱,大多数的 X 射线会穿过单分子而不被衍射,这使衍射光束太弱而不被探测到。晶体是分子的有序排列,每个分子衍射相同,衍射光束相互增强,从而在 X 射线胶片上或二极管阵列探测器上形成很强的可探测图案。晶体越大,探测到的图案越清晰。

衍射的条件:相干波(点光源发出的波)、光栅。

光栅:大量等宽等间距的平行狭缝(或反射面)构成的元件。

衍射的结果:产生明暗相间的衍射花纹,代表着衍射方向(角度)和强度。根据衍射花纹可以反过来推测光源和光栅的情况,即物质分子内部结构。

2. X 射线

X 射线是 1895 年伦琴发现的,故又称为伦琴射线,它是一种波长很短的电磁波(0.01～10 nm)。与蛋白质分子中成键原子间距离(约 0.15 nm)相近。

3. 晶体

晶体由原子、分子或离子等微粒在空间按一定规律、一定周期性重复排列所构成的固体物质。可以把晶体内部结构看作是空间格子(空间点阵),把晶体中的微粒看成是空间格子中的结点。选取三个不平行、不共面的单位向量 a, b, c,可将空间点阵划分为一个一个的基本重复单元(空间格子)——晶胞。整个晶体就是晶胞在三维空间周期性地重复排列堆砌而成。晶胞的大小与形状可以用晶胞参数 $a, b, c; \alpha, \beta, \gamma$ 表达;晶胞的内容可以用晶胞中原子的种类、数目及位置,由分数坐标表达。划分晶胞时应尽可能选取具有较规则形状的、体积较小的、对称性较高的平行六面体单位,按此规则划分出的格子称为正当格子。

晶体的空间点阵还可划分为一族平行而等间距的平面点阵,晶面就是平面点阵所处的平面。空间点阵划分为平面点阵的方式是多种多样的,不同的划法划出的晶面(点阵面)的阵点密度是不相同的,意味着不同面上的作用力不相同。所以给不同面以相应的指标 $(h^* k^* l^*)$——晶面指标。

(二) X射线衍射测定晶体结构的基础和依据

X 射线衍射能够用于测定晶体结构的先决条件是满足衍射的条件。

（1）X 射线波长很短，与分子中原子之间的距离相当，能够产生衍射。

（2）晶体内部结构（微观）在空间排列的周期性（等距性）使得晶体可作为 X 射线衍射的天然三维光栅。

（3）晶体外形的对称性使得衍射线（点）的分布具有特定的对称性。

在 X 射线一定的情况下，根据衍射的花样可以分析晶体的性质。但为此必须事先建立 X 射线衍射的方向和强度与晶体结构之间的对应关系。实际上，X 射线衍射技术与光学显微镜或电子显微镜技术的基本原理是相似的。使用光学显微镜时，来自点光源的光线投射在被检物体上，光波将由此散射，物体的每一小部分都起着一个新光源的作用。来自物体的散射光波含有物体构造的全部信息，因此可以用透镜收集和重组散射波而产生物体的放大图像。X 射线衍射技术与显微镜技术的主要区别是：① 光源不是可见光而是波长很短的 X 射线；② 经物体散射后的衍射波，没有一种透镜能把它收集重组成物体的图像，而直接得到的是一张衍射图案，衍射图案需要用数学方法（如电子计算机）代替透镜进行重组，绘出电子密度图，从中构建出三维分子图像——分子结构模型（图 6-10）。光学显微镜不可能在原子水平上观察到分子结构，因为它的分辨率最大不过 0.2 μm，约等于可见光（$\lambda = 400 \sim 700$ nm）最短波长的 1/2。分子内原子之间的距离在 0.1 nm 的数量级，因此只有 X 射线（$\lambda = 0.01 \sim 10$ nm）能达到这样高的分辨率（< 0.1 nm）。

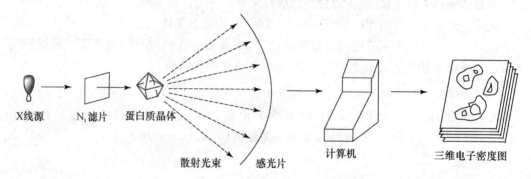

图 6-10　X 射线衍射晶体结构分析示意图

（三）X 射线衍射与蛋白质晶体结构分析

1. 根据衍射线方向，可以确定晶胞的大小和形状

劳埃方程：从原子列散射波的干涉出发，去求 X 射线照射晶体时衍射线束的方向，得出要使 X 射线对一个空间点阵产生衍射，必须同时满足：

$$\begin{cases} a \cdot (\cos\alpha - \cos\alpha_0) = h \cdot \lambda \\ b \cdot (\cos\beta - \cos\beta_0) = k \cdot \lambda \\ c \cdot (\cos\gamma - \cos\gamma_0) = l \cdot \lambda \end{cases}$$

其中 λ 为 X 射线波长；

a, b, c 分别为空间点阵在三维方向上的周期；

α, α_0 分别为入射线及衍射线与 a 方向所成的角度；

β, β_0 分别为入射线及衍射线与 b 方向所成的角度；

γ, γ_0 分别为入射线及衍射线与 c 方向所成的角度；

h,k,l＝0,±1,±2,±3,…

布拉格方程：1912 年英国物理学家布拉格父子(Bragg,W. H. & Bragg,W. L.)从 X 射线被原子面(晶面)"反射"的观点出发,研究原子面(晶面)散射波的干涉,推出了非常重要和实用的布拉格方程。其内容是：X 射线有强的穿透能力,在 X 射线作用下晶体的散射线来自若干层原子面,各原子面的散射线之间互相干涉。以两相邻原子面的散射波的干涉为例(图 6-11),过 D 点分别向入射线和反射线作垂线,则 AD 之前和 CD 之后两束射线的光程相同,它们的波程差＝AB＋BC＝$2d\sin\theta$。只有当波程差等于波长的整数倍时,相邻原子面散射波干涉加强产生衍射,所以 $2d\sin\theta=n\lambda$,$n=1,2,3,\cdots$

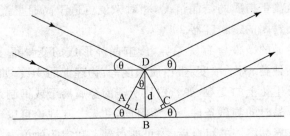

图 6-11　布拉格方程图解

2. 根据衍射线的强度,可以确定晶胞中原子的排布

根据布拉格方程,从简单晶体类推到由两套或多套空间格子组成的复杂晶体的衍射,得出结论：衍射线的方向不随晶胞中原子的排布而改变,它只决定于晶胞的大小。但是,在衍射角 θ 方向上,衍射线的强度却与晶胞中原子的排布有关,因为每套晶面的相对位置不同,使它们衍射线的相位有差别,从而产生加强或减弱现象。所以,影响衍射线强度的是晶胞中原子的排布。

不同的晶体样品要求用不同的分析方法。微晶的纤维状蛋白质采用纤维法,单晶的球状蛋白质使用单晶回转法。X 射线结构分析是较专门的研究技术,可参考专著,这里不予详述。

(四) X 射线衍射法进行蛋白质构象解析的主要步骤

(1) 蛋白质的表达与纯化。这是获得蛋白质的晶体结构的第一个瓶颈,关键是制备大量纯化的蛋白质(＞10 mg),其浓度通常在 10 mg/mL 以上,并以此为基础进行结晶条件的筛选。蛋白质的纯化方法详见第九章。

一般而言纯度越高的蛋白质越有机会形成晶体,因此纯化蛋白质的步骤就成为一个重要的决定因素。

(2) 制备蛋白质单晶。做 X 射线衍射对蛋白质晶体有较高的要求,① 蛋白质制剂必须是均一的;② 必须是较大的单晶(＞0.1 mm,理想的是 0.5 mm);③ 对重原子同晶衍生物的要求更为苛刻,晶胞参数全部不变,衍射点强度要有适当变化。膜蛋白由于含有疏水的跨膜结构域最难结晶,PDB 数据库只有很少几个完整膜蛋白。

蛋白质晶体的培养,通常是利用气相扩散法(vapor diffusion method)的原理来完成；也就是将含有高浓度的蛋白质溶液(10～50 mg/mL)加入适当的溶剂,慢慢降低蛋白质的溶解度,使其接近自发性的沉淀状态时,蛋白质分子将在整齐的堆积下形成晶体。包含纯化蛋白、缓冲液和沉淀剂的小液滴,与大样品池中相似缓冲液和更高浓度沉淀剂之间形成平衡。起初,蛋白溶液的小液滴包含了低浓度的沉淀剂,随着水分蒸发并转移到大样品池中,沉淀剂浓度也增大到最适合蛋白结晶的水平。当系统处于平衡状态,这种最佳条件就继续维持直至晶体形成。

两种最主要的气相扩散方法分别是悬滴(hanging drop)和坐滴(sitting drop)法。它们之间的区别就在于蛋白液滴在容器中的位置不同。坐滴法中,蛋白溶液位于大样品池溶液上方的底座上,与悬滴法相反。一般来说,悬滴法比较常用。而坐滴法更有利于利用显微摄像技术自动监测蛋白质的结晶情况,相对来说更适于高通量蛋白质结晶。不过两种方法都需要从外面封闭的密封容器。

每一种蛋白质养晶的条件皆有所差异,影响晶体形成的变量很多,包含化学上的变量,如酸碱度、沉淀剂种类、离子浓度、蛋白质浓度等;物理上的变数,如溶液达成过饱和状态的速率、温度等;及生化上的变数,如蛋白质所需的金属离子或抑制剂、蛋白质的聚合状态、等电点等,皆是养晶时的测试条件。截至目前,并无一套理论可以预测结晶的条件,所以必须不断测试各种养晶溶液的组合后,才可能得到一颗完美的单一晶体。

(3) 收集和处理衍射数据。

(4) 计算电子密度图和解出蛋白质空间结构。

(五)X射线衍射法解析蛋白质构象的优缺点

优点:蛋白质晶体构象可以与生物功能相联系。蛋白质晶体含有大量的水-溶剂体系(30%～70%),其环境近似溶液状态;许多酶在晶体中亦呈现催化活性。

缺点:晶态构象是"冻结"的,难以观察到构象变化与功能之间的关系。相当大量的蛋白质不能结晶或得不到较大的单晶。该方法流程和周期太长,不适宜蛋白质组学高通量研究。

二、核磁共振技术

1946年,美国人布洛赫(F. Bloch)和珀塞尔(E. Purcell)因发现了核磁共振现象而获得1952年的诺贝尔化学奖。瑞士苏黎世联邦高等工业大学恩斯特(R. R. Ernst)发展高分辨率核磁共振波谱:脉冲傅立叶变换核磁共振(FT-NMR)、多维核磁共振、核磁共振成像等技术荣获1991年诺贝尔化学奖。瑞士苏黎世联邦高等工业大学维特里希(K. Wüthrich)将二维核磁共振(2D-NMR)用于测定生物大分子在溶液中的三维(3D)空间结构、发明系统化的顺序指认法(sequential assignment)——将NMR信号与正确的氢核配对,成为核磁共振分析生物大分子三维结构的基石,他还发展了TROSY谱技术等,最终获得2002年诺贝尔化学奖。

(一)NMR法的基本原理

1. 原子核自旋、核磁共振与核磁共振波谱

根据量子力学原理,原子核带有正电荷,也具有自旋角动量,其自旋角动量由原子核的自旋量子数(I)决定。实验结果显示,不同类型的原子核自旋量子数也不同:质量数和

质子数均为偶数的原子核,自旋量子数为 0;质量数为奇数的原子核,自旋量子数为半整数;质量数为偶数,质子数为奇数的原子核,自旋量子数为整数。迄今为止,只有自旋量子数等于 1/2 的原子核,其核磁共振信号才能够被人们利用,经常为人们所利用的原子核有:^{1}H,^{13}C。

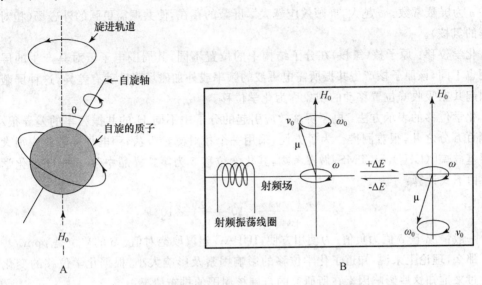

图 6-12　自旋核的拉莫尔进动(A)和能级裂分(B)

自旋量子数 $I=1/2$ 的原子核(氢核),可当作电荷均匀分布的球体,绕自旋轴转动时,产生磁场,类似一个小磁铁。当置于外磁场 H_0 中时,自旋磁场与外磁场相互作用,原子核产生进动(拉莫尔进动)(图 6-12A),进动频率用 ν_0 表示,角速度用 ω_0 表示:$\omega_0=2\pi\nu_0=\gamma H_0$ 或者 $\nu_0=\gamma H_0/2\pi$,γ 为磁旋比,H_0 为外磁场强度。

在外磁场中,相对于外磁场,原子核进动有 $2I+1$ 种取向(称作能级裂分)。氢核($I=1/2$),有两种取向(两个能级):① 与外磁场平行,能量低,磁量子数 $m=+1/2$;② 与外磁场相反,能量高,磁量子数 $m=-1/2$;由低能级向高能级跃迁,需要吸收能量(图 6-12B)。当能级差($\Delta E=h\nu_0$)与吸收的能量(电磁波能量)相等时($h\nu=\Delta E=h\nu_0$),即可产生共振。

处于外磁场的自旋核接受一定频率的电磁波辐射,而辐射的能量又恰好等于高低两种不同取向的能量差时,质子就吸收电磁辐射,从低能态跃迁到高能态而产生共振现象,称为核磁共振。

所以,核磁共振产生的条件必须同时满足以下三点:核有自旋(磁性核)、有外磁场造成能级裂分、照射频率与外磁场强度满足 $\nu_0=\gamma H_0/2\pi$。

核磁共振波谱:以共振频率或外磁场强度为横坐标,以共振核吸收的能量强度为纵坐标,描绘分子中各个核在核磁共振谱上的吸收峰,即得到核磁共振波谱(NMR 谱)。

2. 核磁共振波谱图与分子结构的关系

这是用核磁共振波谱图解析蛋白质微观分子结构的关键,二者之间数量关系的建立需要将核磁共振波谱进行相应的转换。

(1)屏蔽作用与化学位移。以上分析的是理想化的、裸露的原子核(氢核),满足以上共振条件产生单一的吸收峰。实际上,在分子中,氢核周围或附近还有很多电子流或原子核的存在。在外磁场作用下,这些运动着的电子流会产生感应磁场,使氢核实际受到的外磁场作用减小——屏蔽作用:

$$H = (1-\sigma)H_0$$

其中 σ 为屏蔽常数。σ 越大,屏蔽效应越大。屏蔽的存在,使共振需更强的外磁场(相对于裸露的氢核)。

化学位移:原子核(氢核)在分子结构中的位置不同,其周围电子云对其产生的屏蔽作用也不同,该原子核产生共振所需电磁波的频率或外加磁场强度就有差异,这种屏蔽作用引起共振吸收峰位置移动的现象称为化学位移。

化学位移的表示方法:电子屏蔽效应引起的分子中不同 H 的共振频率的差异很小,小到百万分之几,很难测准。为了方便,采用一个相对测量方法,用电子屏蔽效应很大的四甲基硅烷[$(CH_3)_4Si$,TMS]做参考物,其化学位移 δ 为零。样品中某一种 H 的化学位移 δ 由下式计算:

$$\delta = \frac{\nu_{样品} - \nu_{标准}}{\nu_{仪器}} \times 10^6 = \frac{\Delta\nu}{\nu_{仪器}} \times 10^6$$

一般情况下,δ 值为负值,为使用方便,IUPAC 建议取绝对值。δ 的单位是 ppm。

那么,理论上来说,知道了化学位移的影响因素及影响大小,根据化学位移的变化就可反过来推知这些影响因素在所研究的自旋核周围的排布情况。

① 电负性——去屏蔽效应。与质子相连元素的电负性越强,吸电子作用越强,价电子偏离质子,屏蔽作用减弱,信号峰在低场出现(图 6-13)。

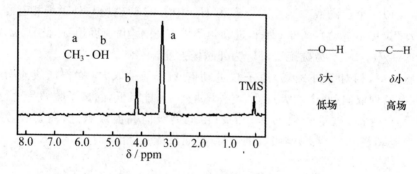

图 6-13　电负性原子的影响

② 磁各向异性效应。苯环上的 6 个 π 电子产生较强的诱导磁场,质子位于其磁力线上,与外磁场方向一致,去屏蔽,信号峰在低场出现(图 6-14)。

③ 氢键效应。形成氢键后 1H 核屏蔽作用减少,氢键属于去屏蔽效应。

④ 顺磁效应。Fe^{2+}、Zn^{2+}、Mg^{2+} 等顺磁离子(具有不成对电子)经常在蛋白质活性中心出现,对周围原子核的化学位移有很大的影响,产生顺磁效应,其大小与核和顺磁离子之间的距离的 6 次方成反比。

⑤ 其他影响因素。范德华效应、温度、溶液 pH 都要影响化学位移,所以一般在 H-NMR 谱图上都标注使用的溶剂和测定温度等。

(2) 自旋耦合(spin coupling)。因相邻两个氢核之间的自旋耦合(自旋干扰),每类氢核不总表现为单峰,有时表现为多重峰。这样就产生了磁等性质子。磁等性质子指化学

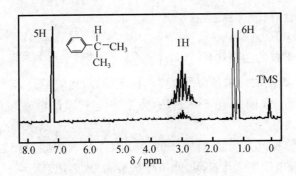

图 6-14　苯环原子的特征位移峰

环境相同的一组质子。如 CH_3CH_2I 分子内的氢原子因自旋干扰产生两组峰,每组代表一类磁等性质子(图 6-15)。基团之间由于核自旋磁矩的相互作用,而使一条谱线分裂成多条谱线,这种作用被称为自旋耦合或自旋-自旋耦合。

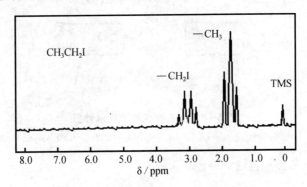

图 6-15　两类磁等性质子产生两组特征峰

自旋耦合所形成的位移峰具有以下特征:峰裂分数符合 $n+1$ 规律,n 是相邻碳原子上的质子数;峰面积与该组磁等性质子的数目成正比;多重峰的峰间距即为耦合常数(J),与分子结构有关,互相耦合的两组峰的耦合常数相等(图 6-15)。

(3) 核的奥氏效应(Nuclear Overhauser Effect,NOE)。如果有两个核在空间上彼此很近,用射频电磁波对第一个核进行激发,由于能量转移,使得第二个核的信号增强,这一效应称为核的奥氏效应。NOE 的大小与核间距的 6 次方成反比,如果核间距离小于0.5 nm,磁化将从激发核转移到非激发核。利用 NOE 可以确定核间距。

二维核的奥氏增强波谱法(NOESY)能图解式地展示挨近的质子对。NOESY 谱的对角线相当于一维核磁共振(化学位移)谱。对角线以外的峰称交叉峰,它代表距离不超过 0.5 nm 有 NOE 联系的质子对。NOESY 谱中的重叠峰一般只要获得经 ^{15}N 和 ^{13}C标记的蛋白质的 NMR 谱,则可分辨开来。照射这样的原子核可以沿第三轴把 NOE 重叠峰分开,这就是所谓多维 NMR 谱。蛋白质的三维结构根据大量的这种邻近关系可以重建。

（二）核磁共振波谱仪

1. 核磁共振波谱仪的主要构件

（1）磁场系统：提供的外磁场（H_0），要求稳定性好、均匀，不均匀性小于 $1/6 \times 10^7$。

（2）射频振荡器：线圈垂直于外磁场，发射一定频率的电磁辐射信号，60 MHz 或 100 MHz。

（3）射频接收器（探测系统）：当质子的进动频率与辐射频率相匹配时，发生能级跃迁，吸收能量，使射频电磁波强度减弱，此信号被检测、放大记录下来。

（4）样品管：外径 5 mm 的玻璃管，测量过程中旋转，磁场作用均匀（图 6-16）。

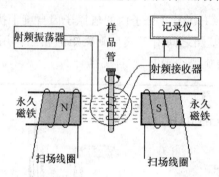

图 6-16　核磁共振波谱仪示意图

（引自百度文库，http://wenku.baidu.com/view/b02df9868762caaedd33d4a3.html）

2. 几种常用的核磁共振波谱仪

（1）傅立叶变换核磁共振波谱仪：傅立叶变换核磁共振波谱仪不是通过扫场或扫频产生共振，而是利用恒定磁场，施加全频脉冲，产生共振，采集产生的感应电流信号，经过傅立叶变换获得一般核磁共振谱图，类似于一台多道仪。

（2）超导核磁共振波谱仪：超导核磁共振波谱仪的磁场系统由超导磁体组成提供，超导磁体是铌钛或铌锡合金等超导材料制备的超导线圈，在低温 4 K，处于超导状态，磁场强度＞100 kG。开始时，大电流一次性励磁后，闭合线圈，产生稳定的磁场，长年保持不变；温度升高，"失超"，需重新励磁。超导核磁共振波谱仪可提供 200～400 HMz 的电磁波，甚至可高达 600～700 HMz。

（三）核磁共振波谱的类型

1. ^{1}H-NMR 谱和 ^{13}C-NMR 谱

根据产生核磁共振的原子核的不同可将 NMR 分为 ^{1}H-NMR 和 ^{13}C-NMR。近年来在蛋白质等生物大分子构象的测定上，^{13}C-NMR 谱受到重视。这是因为碳原子是蛋白质分子的骨架成分；傅立叶变换核磁共振波谱仪的发展极大地提高了 ^{13}C 谱的灵敏度；^{13}C 的化学位移较 ^{1}H 大得多，谱峰多且极少重叠。

2. 一维核磁共振谱和多维核磁共振谱

一维核磁共振谱是吸收峰强度对一个频率变量做出的平面图。

二维核磁共振谱是两个频率变量的函数,有两种:二维相关谱(COSY),反映共振核之间的耦合关系;NOESY,反映核间距等信息。

三维核磁共振谱是在二维谱原理的基础上,直接由二维谱扩展而产生的。

(四) 核磁共振法测定蛋白质构象的优缺点

与 X 射线衍射法比较,核磁共振法具有一些显著优势:

(1) X 射线衍射法常常会破坏蛋白质分子的构象,而核磁共振法不会。

(2) X 射线衍射法只能测定晶体蛋白质的分子构象,而核磁共振法能够测定溶液中的蛋白质分子构象,适用于几乎所有的蛋白质,更接近于生理状态。

(3) X 射线衍射法只能测定蛋白质分子的静态构象或构象变化的始态或终态,而 NMR 法能测定蛋白质分子的构象变化过程。

但是核磁共振法也存在一些缺点,尤其表现在精度上,尽管发展了多维核磁共振法,精度上还是不如 X 射线衍射法。

三、高级结构解析的其他方法

这里介绍几种研究溶液中蛋白质构象的光谱学方法。

(一) 紫外差光谱

蛋白质(包括核酸)在近紫外光区域之所以具有光吸收能力是因为它们的分子中含有芳香族和杂环族的共轭环系统,这些共轭环称发色团。发色团的吸光性质与其结构相关,而结构又受它的微环境影响。微环境因素包括溶液 pH、溶剂及邻近基团的极性性质。当发色团(Trp、Tyr、Phe 等)暴露在蛋白质分子表面时,pH 和溶剂性质的影响是主要的;如果埋藏于分子内部,则以邻近基团的影响为主。发色团的微环境决定于蛋白质分子的构象,构象改变,微环境则发生变化,发色团的紫外吸收光谱(包括吸收峰的位置、强度和谱形状等)也将随之变化。变化前后两个光谱之差称(示)差光谱。差光谱是两种不同条件下的比较,通常选用变性(多肽链伸展的)蛋白质或天然蛋白质作为参比。从对比实验中可以推断蛋白质在特定条件下溶液中的大致构象,如芳香族残基是在分子表面还是在分子的内部,是处于极性环境还是非极性环境等。一般说,环境极性增大、引起吸收峰向短波长移动,称为蓝移(blue shift)或称向紫效应(hypsochromic effect);反之,吸收峰向长波长方向移动,称红移(red shift)或向红效应(bathochromic effect)。

测定紫外差光谱多是在双光束紫外分光光度计上进行,两个浓度完全相同只是条件(pH、溶剂、离子强度或温度)不同的蛋白质样品分别装在参考杯和试验杯中,试验时可自动记录它们的差光谱。

(二) 荧光和荧光偏振

在大多数情况下由于吸收辐射能而被提升到激发电子态的分子都是通过激发能非辐射转移给周围分子而回复到基态。简言之,能量以热形式散失。但也有极少数分子吸收的激发能只转移一小部分,大部分将再辐射(在 $<10^{-8}$ s 内),这种现象称荧光(fluorescence)。荧光再辐射的总能量总是小于原吸收的总能量,因此,荧光波长比激发光波长。

酪氨酸的吸收光谱与荧光发射光谱的对比参见图 6-17。

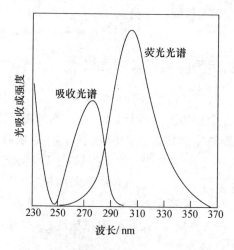

图 6-17　酪氨酸的吸收光谱与荧光光谱

在蛋白质中 Trp 和 Tyr 残基是主要的荧光基团（内源荧光），其荧光峰位置（λ_{max}）分别为 348 nm 和 303 nm。这些残基的微环境能明显地改变其荧光强度和荧光峰位置。根据经验性规律，应用荧光光谱技术可以探索 Trp 和 Tyr 的微环境以及蛋白质分子构象的变化。有些蛋白质内源荧光很弱，这样可采用荧光探针技术（外源荧光法）研究蛋白质在溶液中的构象，荧光探针如丹磺酰氯等，它们在紫外光照射下能发强荧光，并能与蛋白质共价或非共价结合。

此外，用平面偏振光激发以产生荧光可提供一条研究蛋白质结构动态的途径。如果被激发的残基在荧光发射之前明显地发生移动或转动，则偏振光在一定程度上会发生改变。荧光偏振与荧光探针结合常用于测定蛋白质的疏水微区、研究酶与底物、辅因子或抑制剂结合过程中蛋白质构象的变化以及多亚基蛋白质的缔合和解离。荧光光谱的测定在荧光分光光度计上进行。

（三）圆二色性

虽然紫外差光谱和荧光技术有助于追踪大分子的变化，但是这些测定不易直接用二级结构的变化来解释。下面介绍一种有用的偏振光技术——圆二色性（circular dichroism，CD）。

圆偏振光的电场矢量以辐射频率绕光传播方向旋转前进。当朝光源方向观察回偏振光时，其电（场）矢量顺时针方向旋转的称为右（手）圆偏振光，逆时针方向旋转的称为左（手）圆偏振光。习惯上分别用这两种光的电矢量 E_R 和 E_L 来表示。圆偏振光可看成是左、右圆偏振光（E_L 和 E_R，波长和振幅相等但相位相差 1/4）叠加成的（图 6-18）。

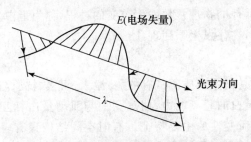

图 6-18　圆偏振光示意图(仅示出右圆偏振)

CD 光谱仪通过一电光调制器交替产生左右圆偏振光。蛋白质分子具有不对称性(手性),手性物质与 E_L 和 E_R 的作用不同,对 E_L 和 E_R 的吸收也不同。由于手性物质对 E_L 和 E_R 这两种光的吸收(振幅减小)不同,使左、右圆偏振光叠合成椭圆偏振光的光学效应称为圆二色性。若用 ε_L 和 ε_R 分别表示手性物质对 E_L 和 E_R 光吸收的摩尔吸收系数,则 $\triangle\varepsilon=\varepsilon_R-\varepsilon_L$。圆二色性也用摩尔椭圆率 $[\theta]\lambda$ 来表示,单位为度·厘米^2/分摩尔(deg·cm^2/dmol)。

蛋白质的远紫外 CD 光谱反映主链构象(与典型构象 CD 光谱对照)。典型的 α 螺旋在 208 nm 和 222 nm 左右有两个负槽,在 192 nm 有一个正峰。β 折叠片也出现 190 nm 附近的正峰,并有位于 215 nm 的负槽。相反,无规卷曲在 199 nm 处有一个负槽(图 6-19)。圆二色性还能用于估算蛋白质中 α 螺旋、β 折叠和无规卷曲的含量。

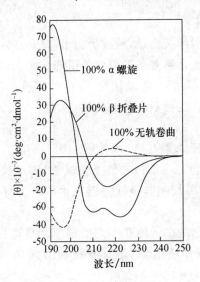

图 6-19　多聚 L-赖氨酸在不同构象条件下的标准远紫外 CD 光谱

第三节　蛋白质高级结构预测技术

一、蛋白质结构预测的实验理论基础

(一) 蛋白质的变性(denaturation)

天然蛋白质分子受到某些物理因素或化学因素的影响,导致生物活性丧失、溶解度降低、不对称性增高以及其他的物理常数发生改变的过程,称为蛋白质变性。

蛋白质变性过程中,往往发生下列现象:

1. 生物活性的丧失

蛋白质的生物活性是指蛋白质所其有的酶、激素、毒素、抗原与抗体等活性,以及其他一些特殊性质,如血红蛋白的载氧能力、肌球蛋白与肌动蛋白相互作用时的收缩能力等。生物活性的丧失是蛋白质变性的主要特征。有时空间结构只有轻微的局部改变,而且这些变化还没有反映到其他物理化学性质上时,生物活性就已经丧失。

2. 一些侧链基团的暴露

蛋白质在变性时,有些原来在分子内部包藏而不易与化学试剂起反应的侧链基团,由于结构的伸展松散而暴露出来。

3. 一些物理化学性质的改变

蛋白质变性后,疏水基外露,溶解度降低,一般在等电点区域不溶解,分子相互凝集,形成沉淀。但在碱性溶液中或有尿素、盐酸胍等变性剂存在时,则仍保持溶解状态,透析除去这些变性剂后,又可沉淀出来。球状蛋白质变性后,分子形状也发生改变,蛋白质分子伸展,不对称程度增高,反映为黏度增加、扩散系数降低以及旋光和紫外吸收发生变化等。

4. 生物化学性质的改变

蛋白质变性后,分子结构伸展松散,易被蛋白水解酶分解。变性蛋白质比天然蛋白质更易受蛋白水解酶作用,这就是熟食易于消化的道理。

生物化学家吴宪的蛋白质变性学说认为:变性的实质是蛋白质分子中的次级键被破坏,从而引起天然构象解体。变性不涉及共价键(肽键、二硫键)的破裂,蛋白质一级结构仍保持完好。

变性因素有很多,如物理因素有热、紫外线照射、高压等;化学因素有有机溶剂、脲、胍、酸、碱,如尿素和盐酸胍能与多肽链主链竞争氢键,因此破坏蛋白质的二级结构,可能更重要的原因是尿素或盐酸胍增加非极性侧链在水中的溶解度,因而降低了维持蛋白质三级结构的疏水相互作用。

变性是一个协同过程,它是在所加变性剂的很窄浓度范围内或很窄 pH 或温度间隔内突然发生的,例如,牛胰核糖核酸酶(也称核糖核酸酶 A 或核糖核酸酶)的变性就是如此。

(二)Anfinsen C. 的变性与复性实验

蛋白质的氨基酸序列决定它的三维结构这一结论最直接和最有力的证据来自某些蛋白质的可逆变性实验。20 世纪 60 年代 Anfinsen C. 进行了牛胰核糖核酸酶(RNA 酶)复性的经典实验。当天然的 RNA 酶在 8 mol/L 尿素或 6 mol/L 盐酸胍存在下用 β-巯基乙醇处理后,分子内的 4 个二硫键则被断裂,紧密的球状结构伸展(也称为解折叠)成松散的无规卷曲构象;然而当用透析方法将尿素(或盐酸胍)和巯基乙醇除去后,RNA 酶活性又可恢复,最后达到原来活性的 95%～100%(图 6-20)。他还发现,如果不事先加入尿素或盐酸胍使酶变性,则 RNA 酶很难在 37℃和 pH 7 的条件下被 β-巯基乙醇还原。

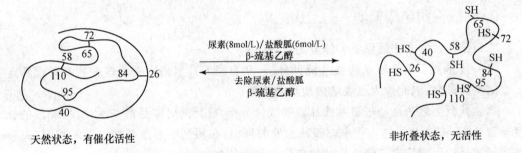

天然状态，有催化活性　　　　　　　　　　　　　　　　　　　非折叠状态，无活性

图 6-20　核糖核酸酶 A 的变性与复性示意图

经多方面的分析表明，复性后的产物与天然的 RNA 酶并无区别，所有正确配对的二硫键都获得重建。值得注意的是，在复性过程中，肽链上的 8 个—SH 借空气中的氧重新氧化成 4 个二硫键时，它们的配对完全与天然的相同，准确无误。如果在随机重组的情况下，8 个—SH 基形成 4 个正确配对的二硫键的概率是 $1/7 \times 1/5 \times 1/3 = 1/105$。因为第一个二硫键的形成有 7 种可能，第二个二硫键有 5 种可能，第三个有 3 种可能，第 4 个只有一种可能。事实上，当还原后的 RNA 酶在 8 mol/L 尿素中被重新氧化时，只恢复原来天然酶活性的 1% 左右。这说明 RNA 酶肽链上的一维信息控制肽链自身折叠成特定的天然构象，并由此确定了 Cys 残基两两相互接近的正确位置。由此看来，二硫键对肽链的正确折叠并不是必要的，但它对稳定折叠态结构作出贡献。

那么这个变性-复性实验说明什么呢？① 蛋白质的变性是可逆的，变性蛋白质在一定条件下是可以恢复活性的；② 恢复的原因是在一定条件下可自身折叠（自我装配）成天然构象；③ 前两项根源是蛋白质之所以能形成复杂的三级结构，所需要的全部信息都包含在一级结构中；④ 一级结构决定它的高级结构。

二、蛋白质结构预测方法

Anfinsen C. 的 RNA 酶重折叠实验为从氨基酸序列预测蛋白质的三维结构提供了实验依据。如果我们掌握了蛋白质折叠规律，那么只要从它的序列知识出发就可以描述任何一种蛋白质的三维结构。虽然今天离这一目标还有相当距离，但是预测工作已有很好的开端。特别是蛋白质结构的预测是全新蛋白质设计和蛋白质工程的重要内容之一，这更促进预测工作的开展。

蛋白质结构预测即是寻找一种从蛋白质的氨基酸线性序列到蛋白质所有原子三维坐标的一种映射。

蛋白质结构预测技术评估（critical assessment of techniques for protein structure prediction，CASP）大赛是一个世界性的蛋白质结构预测技术评比活动。1994 年，第一届 CASP 在美国马里兰大学生物技术研究所的约翰·莫尔特（John Moult）倡议、组织下举行，此后每两年举行一次。

蛋白质结构预测主要有两大类方法：① 理论分析方法，通过理论计算（如分子力学、分子动力学计算）进行结构预测。② 统计的方法，对已知结构的蛋白质进行统计分析，建立序列到结构的映射模型，进而对未知结构的蛋白质根据映射模型直接从氨基酸序列预测结构。这其中包括经验性方法、结构规律提取方法和同源模型化方法。

（一）蛋白质结构预测——二级结构预测

二级结构预测方法的发展大体分为三代：

第一代是基于单个氨基酸残基统计分析，从有限的数据集中提取各种残基形成特定二级结构的倾向，以此作为二级结构预测的依据。

第二代预测方法是基于氨基酸片段的统计分析，统计的对象是氨基酸片段，片段的长度通常为 11～21，片段体现了中心残基所处的环境，在预测中心残基的二级结构时，以残基在特定环境形成特定二级结构的倾向作为预测依据。

第一代和第二代预测方法对三态预测的准确率都小于 70%，而对 β 折叠预测的准确率仅为 28%～48%，其主要原因是只利用了局部信息。

第三代方法（考虑多条序列），运用长程信息和蛋白质序列的进化信息，准确度有了比较大的提高。

1. 经验参数法

经验参数法由 Chou 和 Fasman 在 20 世纪 70 年代提出，是一种基于单个氨基酸残基统计的经验预测方法。它通过统计分析，获得每个残基出现于特定二级结构构象的倾向性因子，进而利用这些倾向性因子预测蛋白质的二级结构。

2. GOR 方法

因其作者 Garnier、Osguthorpe 和 Robson 而得名。GOR 方法不仅考虑被预测位置本身氨基酸残基种类的影响，而且考虑相邻残基种类对该位置构象的影响。GOR 方法的优点是物理意义清楚明确，数学表达严格（图 6-21，参见彩图 6），而且很容易写出相应的计算机程序，但缺点是表达式复杂。

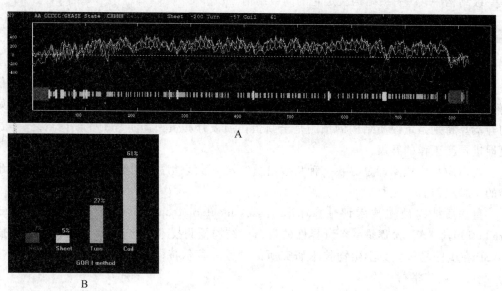

图 6-21　GOR 方法预测结果示例

A. 氨基酸序列位点对应二级结构图；B. 二级结构构象单元所占比例柱形图

3. 基于神经网络的方法

BP(Back-Propagation Network)网络,即反馈式神经网络算法,是目前二级结构预测应用最广的神经网络算法,它通常是由三层相同的神经元构成的层状网络,底层为输入层,中间为隐含层,顶层是输出层,信号在相邻各层间逐层传递,根据输入的一级结构和二级结构的关系的信息不断调整各单元之间的权重,对未知二级结构的蛋白进行预测。神经网络方法的优点是应用方便,获得结果较快较好,主要缺点是没有反映蛋白的物理和化学特性,而且利用大量的可调参数,使结果不易理解。许多预测程序如 PHD、PSIPRED 等均结合利用了神经网络的计算方法(图 6-22)。

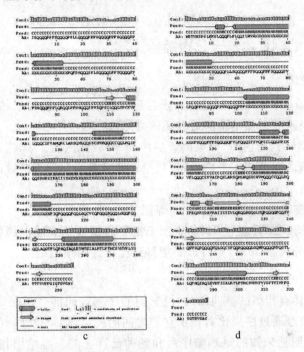

图 6-22　PSIPRED 预测的 LMW-Glutenin 二级结构

(在线提交序列后反馈回的结果,http://bioinf. cs. ucl. ac. uk/psipred/psiform. html.)

4. 基于已有知识的预测方法

Lim 方法是一种物理化学的方法,它根据氨基酸残基的物理化学性质,包括疏水性、亲水性、带电性以及体积大小等,并考虑残基之间的相互作用而制订出的一套预测规则。对于小于 50 个氨基酸残基的肽链,Lim 方法的预测准确率可以达到 73%。

Cohen 方法的提出当时是为了 α/β 蛋白的预测,基本原理是疏水性残基决定了二级结构的相对位置,螺旋亚单元或扩展单元是结构域的核心,α 螺旋和 β 折叠组成了结构域。

5. 同源分析法

将待预测的片段与数据库中已知二级结构的片段进行相似性比较,利用打分矩阵计算出相似性得分,根据相似性得分以及数据库中的构象态,构建出待预测片段的二级结构。

该方法对数据库中同源序列的存在非常敏感,若数据库中有相似性大于 30% 的序列,则预测准确率可大大上升。

6. 综合方法

综合方法不仅包括各种预测方法的综合,而且也包括结构实验结果、序列对比结果、蛋白质结构分类预测结果等信息的综合。以下是常用的预测分析网站或平台。

瑞士 Expasy 数据库中国镜像站 http://cn.expasy.org

欧洲生物信息研究所网站 http://www.ebi.ac.uk

美国国家生物技术信息中心网站 http://ncbi.nlm.nih.gov/

位于伦敦大学计算机科学系的 PSIPRED 蛋白质结构预测服务器 http://bioinf.cs.ucl.ac.uk/psipred/

(二)蛋白质结构预测——三级结构预测

1. 同源性建模法

(1)主要思想:对于一个未知结构的蛋白质,找到一个已知结构的同源蛋白质,以该蛋白质的结构为模板,为未知结构的蛋白质建立结构模型。

(2)依据:任何一对蛋白质,如果两者的序列等同部分超过30%,则它们具有相似的三维结构,即两个蛋白质的基本折叠相同,只是在非螺旋和非折叠区域的一些细节部分有所不同。

(3)预测结果准确率:对于具有60%等同的序列,用上述方法所建立的三维模型非常准确。若序列的等同部分超过60%,则预测结果将接近于实验得到的测试结果。一般如果序列的等同部分大于30%,则可以期望得到比较好的预测结果。

2. 串线法(threading)/折叠识别方法

有很多蛋白质具有相似的空间结构,但它们的序列等同部分小于25%,即远程同源。对于这类蛋白质,很难通过序列比对找出它们之间的关系,必须设计新的分析方法。

串线分析是试图把未知的氨基酸序列和各种已存在的三维结构相匹配,并评估序列折叠成那种结构的合适度。Jones 等首先从蛋白质结构数据库中挑选蛋白质结构建立折叠子数据库,以折叠子数据库中的折叠结构作为模板,将目标序列与这些模板一一匹配,通过计算打分函数值判断匹配程度,根据打分值给模板结构排序,其中打分最高的被认为是目标序列最可能采取的折叠结构。Threading 方法的难点在于序列与折叠结构的匹配技术和打分函数的确定。

3. 从头预测方法

在既没有已知结构的同源蛋白质,也没有已知结构的远程同源蛋白质的情况下,上述两种蛋白质结构预测的方法都不能用,这时只能采用从头预测方法,即(直接)仅仅根据序列本身来预测其结构。

从头预测方法一般由下列三个部分组成:

(1)一种蛋白质几何的表示方法。由于表示和处理所有原子和溶剂环境的计算量非常大,因此需要对蛋白质和溶剂的表示形式作近似处理。

(2)一种势函数及其参数。通过对已知结构的蛋白质进行统计分析,确定势函数中的各个参数。

（3）一种构象空间搜索技术。构象空间搜索和势函数的建立是从头预测方法的关键。

（五）预测方法评价

对各种方法所得到的蛋白质结构预测结果需要进行验证，以确定预测方法是否可行，确定其适应面。

一种验证方法是取已知结构的蛋白质，对这些蛋白质进行模拟结构预测，并将预测结构与真实结构进行比较，分析两者之间的差距，从而评定该预测方法的可靠性与适用性。

最后由权威的评判机构进行评判，并建立公共认可的蛋白质结构测试数据集。设立在马里兰生物技术研究中心的 CASP 就是这样一个系统（http://predictioncenter.llnl.gov/casp4/）。

思考题

（1）～（4）依据所给信息推导蛋白质或小肽氨基酸顺序。

（1）① 酸水解得 Ala, Arg, Leu, Met, Phe, Thr, 2Val；

② Sanger 试剂处理得 DNP-Ala；

③ 胰蛋白酶处理得两个肽段，Ala, Arg, Thr 和 Leu, Met, Phe, 2Val；用 Sanger 试剂处理分别得 DNP-Ala 和 DNP-Val；

④ 以 CNBr 处理，得两个肽段 Ala, Arg, 高丝氨酸内酯, Thr, 2Val 和 Leu, Phe；Sanger 试剂处理分别得到 DNP-Ala 与 DNP-Leu。

（2）① 有一个八肽，经分析它的氨基酸组成是：2Arg, 1Gly, 1Met, 1Trp, 1Tyr, 1Phe, 1Lys；

② 此肽与 DNFB 反应，得 DNP-Gly；

③ 用 CNBr 处理得一个五肽和一个含有 Phe 的三肽；

④ 用胰凝乳蛋白酶处理得一个四肽（C 端氨基酸含吲哚环）和两个二肽；

⑤ 用胰蛋白酶处理，得一个四肽，一个二肽和游离的 Lys 和 Phe；

⑥ Arg 酶处理得一个五肽，一个二肽和游离的 Phe。

（3）① 一个七肽；

② 酸水解得到 Asp, Glu, Leu, Lys, Met, Tyr, Trp, NH_4^+；

③ 胰蛋白酶处理没有结果；

④ Edman 降解可得到 PTH-Tyr；

⑤ 胰凝乳蛋白酶降解产物包括一个二肽和一个四肽，四肽组分为 Glx, Leu, Lys, Met；

⑥ CNBr 处理得一个四肽和一个三肽，pH7 时，四肽带负电荷，三肽带正电荷。

（4）① 从真菌中分离得到一个八肽，氨基酸分析表明由 Lys, Lys, Tyr, Phe, Gly, Ser, Ala, Asp 组成；

② 此肽与 FDNB 作用，得 DNP-Ala；

③ 用胰蛋白酶裂解产生两个三肽（Lys, Ala, Ser）和（Gly, Phe, Lys）以及一个

二肽；

④ 此肽与胰凝乳蛋白酶反应,释放出自由的 Asp,一个四肽(Lys,Ser,Phe,Ala)及一个三肽,此三肽与 FDNB 反应得 DNP-Gly。

（5）为什么说蛋白质的一级结构决定其高级结构？有什么依据？

（6）解析蛋白质高级构象的技术方法有哪些？分别适用的对象是什么？各有何有缺点？

（7）蛋白质高级结构预测的方法和服务平台有哪些？如何对预测结果进行评价？

（张艳贞）

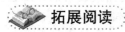 拓展阅读

核磁共振与诺贝尔奖的不解之缘

核磁共振(nuclear magnetic resonance,NMR)是磁矩不为零的原子核,在外磁场作用下自旋能级发生塞曼分裂,共振吸收某一定频率的射频辐射的物理过程,它可用于研究分子结构、动态等。核磁共振作为结构分析的主要手段之一,从核磁现象的发现到磁共振成像(magnetic resonance imaging,MRI)的 70 年时间里其相关的研究领域共有 7 位科学家分别在物理、化学、医学三个领域内五次获得诺贝尔科学奖,足以说明此技术及其衍生技术的重要性。

1930 年代,伊西多·拉比(Isidor Rabi)发现在磁场中的原子核会沿磁场方向呈正向或反向有序平行排列,而施加无线电波之后,原子核的自旋方向发生翻转。这是人类关于原子核与磁场以及外加射频场相互作用的最早认识。由于发明了研究气态原子核磁性的共振方法,拉比于 1944 年获得了诺贝尔物理学奖。

1945 年,哈佛大学的珀塞尔(E. M. Purcell)在石蜡样品中观察到质子的核磁共振吸收信号,同时斯坦福大学的布洛赫(F. Bloch)小组也在水样品中观察到质子的核感应信号。两个研究小组利用不同的方法各自独立地发现宏观的核磁共振现象,也由于他们"提出了精确地测量核磁矩的新方法及有关的一系列发现"同时获得了 1952 年诺贝尔物理学奖。

在此之前,核磁共振这一科学现象及其应用主要局限在物理学领域,但是由于 NMR技术精确度高,尤其适用于微量物质的研究而逐渐为化学界所瞩目,化学家们纷纷尝试将它用于物质的分子结构(特别是处于溶液状态中物质的分子结构)的测定上。1966 年,瑞士化学家恩斯特(R. R. Ernst)通过利用短而强的射频脉冲取代低频率射频波来扫描样品,然后把得到的信号输入电子计算机中,使用数学中的傅里叶变换转化为可见的核磁共振波谱,他的这种改进成为现代核磁共振波谱检测的基础,能够数十倍、数百倍地提高物质结构测定的灵敏度。其次,恩斯特在 1975~1976 年间又解决了二维核磁共振实验中的关键问题,为二维核磁共振的化学应用开辟了全新的前景。自此,核磁共振作为物理学中的一个重要的现象进入了化学领域,恩斯特也由于这两项杰出的贡献荣获了 1991 年诺贝尔化学奖。现在核磁共振谱已与紫外光谱、红外光谱和质谱一起被有机化学家们称为"四大名谱",在有机分子结构测定上扮演着非常重要的角色。

然而恩斯特的方法只能应用于较小的分子,对于大分子就显得无能为力了,因为大分

子中不同原子核的共振是难以鉴别的。20 世纪 80 年代,瑞士科学家维特里希(Kurt Wüthrich)设计了一种方法,可将每个核磁共振信号和生物大分子中向右自旋的氢原子核(中子)配对,并测出其配对距离;然后再结合以几何学为基础的数学方法和这些测定结果计算出该分子的三维结构。1985 年,他用这种方法获得了世界上第一幅蛋白质完全的三维结构图像,也正是由于他在用多维核磁共振技术测定溶液中蛋白质结构的三维构象方面的开创性研究,而获 2002 年诺贝尔化学奖。

美国科学家劳特伯(Paul Lauterbur)于 1973 年发明在静磁场中使用梯度场,获得磁共振信号的位置,从而可以得到物体的二维图像;英国科学家曼斯菲尔德(Peter Mansfield)进一步发展了使用梯度场的方法,指出磁共振信号可以用数学方法精确描述,从而使磁共振成像技术成为可能,他发展的快速成像方法为医学磁共振成像临床诊断打下了基础。他俩因在磁共振成像技术方面的突破性成就,获 2003 年诺贝尔生理学或医学奖。磁共振成像技术由于能精确地观察人体内部器官而又不对其造成伤害被誉为"比发现 X 射线更伟大的医学史上的划时代的进步",现在已经成为普通的医学诊断方式在全世界范围内得到广泛的应用。

(宣劲松)

第七章　蛋白质的结构与功能

第一节　蛋白质结构的价值及其与功能的关系

蛋白质所有的功能都依赖于其以这样或那样的方式与其他分子相互作用,这种相互作用的方式主要依赖于蛋白质分子的三维结构或折叠模式,即蛋白质的整体外形、与特定底物或配基结合的裂缝和孔隙的存在、电荷在内部或表面的分布以及关键氨基酸的位置等。

蛋白质的功能与其结构是密不可分、相互依存的。

一、蛋白质的功能是蛋白质结构的延伸

蛋白质的各级结构层次的形成依赖于蛋白质肽链内部以及肽链间各种基团的相互作用,这种相互作用的基团自始至终都在"寻找"能与其键合的基团和分子,从而表现出它们的功能。

对于小肽而言,可能没有蛋白质那样固有的结构层次,它们的立体结构表现出较大的可变性,但它们在行使功能时,仍然会具有相对固定的立体结构,在某一瞬间以某种构象与其他分子相互作用。

水在蛋白质与其他分子的相互作用中也占有一定的地位。在不少场合中,蛋白质活性部位被水分子占据,当更合适的配体与蛋白质接近时,结合的水分子被配体取代。

二、蛋白质结构是蛋白质功能的基础

不同功能的蛋白质都具有相应的但又不同的结构;蛋白质是较大的分子,一般仅分子中某些局部的区域与蛋白质活性(功能)密切相关。蛋白质结构与功能并不表现为一一对应关系

(一)结构—功能的一致性

肌红蛋白和 α-珠蛋白、β-珠蛋白(组成血红蛋白的两种亚基,又称为 α 链和 β 链)都是最早被测定结构的蛋白之一,而且它们的结构也惊人的相似,尤其是肌红蛋白和 β-珠蛋白之间更是如此,这反映了它们进化上的关系和作为氧携带者的保守功能。这是结构与功能一致性的体现(图 7-1)。

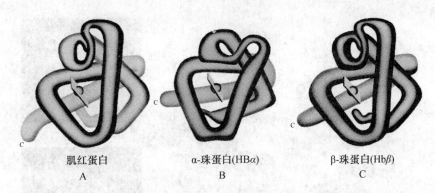

肌红蛋白   α-珠蛋白(HBα)   β-珠蛋白(Hbβ)
A   B   C

图7-1 肌红蛋白(A)、α-珠蛋白(B)、β-珠蛋白(C)的三维结构

需要指出的是β-珠蛋白和肌红蛋白之间氨基酸序列只有26%的一致性、39%的相似性。说明序列一致性低的蛋白也可能具有很相似的结构。可见它们的序列分化得很远以至于不能再用序列分析检测其同源关系,但是从它们的结构依然可以识别出事先未知的同源关系。结构比较反映出的进化关系比序列比较反映出的进化关系更远。结构比较和同源关系的识别可能是蛋白质结构在蛋白质组学中最有价值的用途。此外,直接的结构分析还有其他更多的好处。首先,结构分析可以反映出具有明显功能价值的蛋白质所具有的特性,而这些特性通过研究基本的序列是不能识别的,如蛋白质的整体情况(包括底物结合口袋和活性中心的裂缝)、特定氨基酸侧链的毗邻情况(这些可能反映出潜在的催化中心)、蛋白质表面的静电组成(这些也许能表明与其他分子可能的作用情况)和蛋白质的晶体堆积情况(这能够展示可能的相互作用表面和生物学意义相关的多聚体装配)。另外,配体、辅基或底物在蛋白质结构中未预料到的出现可以为功能假说提供一些基础。最后,结构研究的一个直接应用是药物的合理设计。

(二)结构—功能的非一致性

尽管蛋白质结构对预测功能非常有帮助,但应该强调的是结构和功能之间并不是简单的一对一的关系。蛋白质具有相似的结构但经过进化以后可以执行多种不同的功能。例如,α/β-水解酶折叠模式,除了发现的细胞黏附分子功能外,至少还有6种不同的酶活性。再如,卵清中的溶菌酶含129个残基和人乳中的α-乳清蛋白含123个残基,前者的功能是水解细菌细胞壁的多糖成分,后者是调节乳腺中乳糖的合成。两者除了都在涉及糖的反应中起作用外,它们的功能很少相似,不过它们的三级结构还是十分相似的(图7-2)。另外,蛋白质也可能会没有相似的结构而功能相同或相似。如糖基水解酶(glycosy hydrolase)至少有7种明显不同的结构,如α/α环、纤维素酶样β/α桶、伴刀豆球蛋白A样双层β-夹层、双Ψβ桶、正交α捆、六叶β螺旋桨、TIM桶。

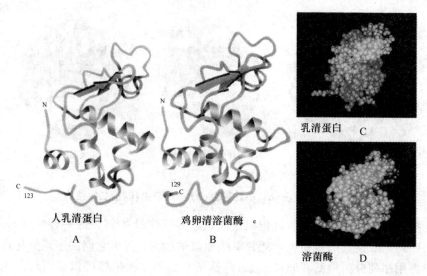

图 7-2　人乳中的 α-乳清蛋白(A 和 C)和卵清中的溶菌酶(B 和 D)的三维构象

三、蛋白质的功能在与其他分子相互作用的互动中实现

蛋白质在行使功能时,不仅是蛋白质对其他分子的作用,期间也有其他分子对行使功能的蛋白质的作用。只有"活的"、自身也在改变结构的分子才能行使其"活性";不变的"死"分子,是没有"活性"可言的。

第二节　蛋白质一级结构与功能的关系

前面已经论述过,蛋白质的一级结构是其高级结构(空间结构)的基础。其实,蛋白质一级结构还是功能的基础,大量研究结果表明,生物体内有很多的蛋白在合成与储存和发挥功能活性时从一级结构组成上就发生了很大的变化,常见的功能表现形式有以下几种。

一、活性蛋白质与前体

生物体内很多活性蛋白都首先以一个无生物活性的前体出现。前体经特定蛋白酶的限制性水解,切去一个或几个肽段之后,转变成了具有生物活性的蛋白质。这种需从前体转化为活性蛋白质的存在形式在体内主要为一些蛋白质类激素和酶。下面我们以胰岛素和凝血因子为例认识这类活性蛋白的作用模式。

(一)胰岛素与胰岛素原

胰岛素(insulin)是机体内唯一降低血糖的激素,也是唯一同时促进糖原、脂肪、蛋白质合成的激素。最早为 Sanger 于 1953 年首次测定了牛胰岛素的一级结构(图 7-3)。胰岛素功能障碍是导致糖尿病的最主要原因。体内胰岛素的前体为胰岛素原(proinsulin),是由胰腺中胰岛 β 细胞合成的。胰岛素原需经类胰蛋白酶和类羧肽酶切割(图 7-4 为胰岛素原的一级结构,白色小球为酶切割处),去除 C 肽,转变为有活性的胰岛素。

需要强调的是,胰岛素原也有其前体形式,称为前胰岛素原。它是在胰岛素原的 N

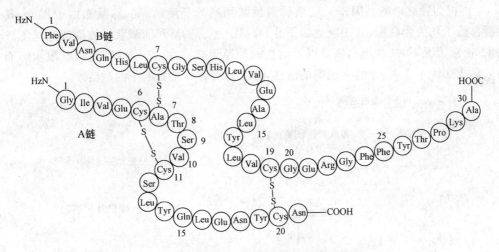

图 7-3 牛胰岛素一级结构中氨基酸排列顺序

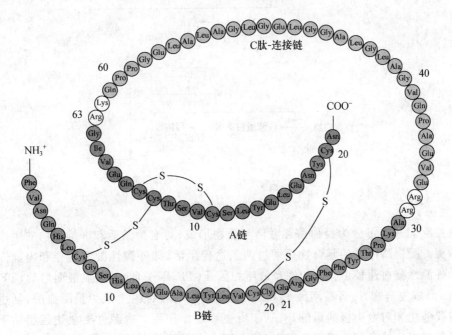

图 7-4 胰岛素原一级结构中氨基酸排列顺序

端多出了一段作为信号肽的序列。所谓信号肽,常指新合成多肽链中用于指导蛋白质的跨膜转移的 N 末端的氨基酸序列(有时不一定在 N 端),长度通常为 15～25 个氨基酸。前胰岛素原中的信号肽在其传送过程中起着识别和导向的作用,经细胞穿膜运输过程中切除信号肽转变为胰岛素原。

(二)凝血与纤溶系统中的酶与酶原

1. 血液凝固

血液凝固是由凝血因子依次激活而生成凝血酶,最终使血液中纤维蛋白原变为纤维蛋白的过程(图 7-5)。目前已知的凝血因子主要有 14 种,即凝血因子Ⅰ～Ⅷ(Ⅵ是活化的

Va,不再视为独立的凝血因子)、前激肽释放酶和高分子激肽原。除凝血因子Ⅳ外,其余的凝血因子均为蛋白质,其中凝血因子Ⅱ、Ⅶ、Ⅸ、Ⅹ、Ⅺ、Ⅻ和前激肽释放酶都是丝氨酸蛋白酶;正常情况下,这些蛋白酶是以无活性的酶原形式存在,必须经特定酶有限水解而暴露或形成活性中心后,才能表现酶的活性,这一过程称为凝血因子的激活。

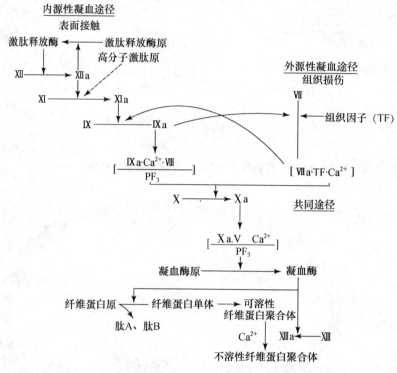

图 7-5 血液凝固的级联激活步骤

血液凝固过程可分为凝血酶原激活复合物形成、凝血酶激活和纤维蛋白的生成三个基本步骤。凝血酶原激活复合物可通过两条途径激活,即外源性凝血途径和内源性凝血途径。外源性凝血途径由损伤组织释放组织因子(TF,因子Ⅲ)进入血液而启动,TF和活化的Ⅶa形成复合物,后者激活因子Ⅹ。此途径可在数秒钟内生成少量凝血酶,利用凝血酶的自我催化和对血小板的影响,有利于凝血和止血作用。内源性凝血途径起始于因子Ⅻ与损伤造成的异常表面或异物表面(如血管内皮下的基底膜、胶原或脂肪酸等)的物理接触,此时因子从内部的 Val-Arg 之间的键发生断裂被激活为Ⅻa。Ⅻa 在高分子激肽原存在下,将前激肽释放酶裂解为有活性的激肽释放酶,后者又加速Ⅻ→Ⅻa 的转化,因子Ⅻ和激肽释放酶之间的作用形成互促循环,极大地增强了它的生物效应。内源性途径和外源性途径在因子Ⅹ处汇合,共同形成凝血酶原激活复合物。然后这一具有酶活性的复合物作用于凝血酶原,裂解为凝血酶,接着血浆中的血纤蛋白原在凝血酶和因子Ⅷ的作用下转变为不溶性的血纤蛋白网状结构,使血液变成固态凝胶。

下面以凝血酶原和纤维蛋白原为例介绍它们从无活性的酶原转变为活性状态的酶。

凝血酶原是一种糖蛋白,相对分子质量 66×10^3,含 582 个氨基酸残基;在其 N 端区含有 5~6 个 γ-羧基谷氨酸残基(图7-6),这些残基与 Ca^{2+} 的结合能促进凝血酶原与受伤部位血小板磷脂膜表面结合,以利于和Ⅹa、Ⅴa 形成复合物。在凝血酶原激酶Ⅹa 的催化下,凝血酶原分子中的两个肽键(Arg274-Thr275 和 Arg323-Ile324)发生断裂,释放出相对分子质量 $32×10^4$ 的 N 端片段(274 个残基),形成有活性的凝血酶。凝血酶,相对分子质量 $34×10^4$,由两条多肽链通过一个二硫键相连,一条多肽链(A 链)含 49 个残基,另一条(B 链)含 259 个残基。凝血酶,很像胰蛋白酶,但它的作用专一性比胰蛋白酶还强,它只断裂某些 Arg-Gly 键,而胰蛋白酶能断裂所有 Arg 和 Lys 的羧基端的肽键。

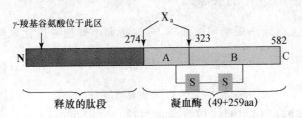

图 7-6　凝血酶原结构示意图

纤维蛋白原是相对分子量约 $340×10^3$ 的一种大分子。就分子形状而言,它属于纤维状蛋白质,长为 46 nm,分子中的 3 个球状区(结构域)由两个棒状区分隔开来。纤维蛋白原由三对非等同的多肽链 Aα 链(约含 600 个残基)、Bβ 链(含 461 个残基)和 γ 链(含 41 个残基)组成,呈两侧对称性排列,多肽链间以二硫键相连。其中 Aα 和 Bβ 的氨基末端断裂下纤维蛋白肽 A(FPA)和纤维蛋白肽 B(FPB)片段,即形成纤维蛋白单体。

凝血酶作用于纤维蛋白原 Aα 和 Bβ 的氨基末端,断裂下纤维蛋白肽 A(FPA,18 个残基)和纤维蛋白肽 B(FPB,20 个残基)片段,即形成纤维蛋白单体。纤维蛋白单体暴露出聚合位点,从而自发地聚集成有序的纤维状排列,即纤维蛋白凝块。电子显微镜和低角 X 射线衍射图案表明,纤维蛋白多聚体具有 23 nm 重复的周期结构。

2. 纤维蛋白溶解系统

血液中还存在着一个所谓纤维蛋白溶解系统,简称纤溶系统。该系统包括纤溶酶原、纤溶酶、纤溶酶原激活物与纤溶抑制物。纤溶酶原在纤溶酶原激活剂(如 t-PA)作用下,断去部分肽链转变为纤溶酶。纤溶酶进一步断裂纤维蛋白棒状连接区中的肽键,此酶能通过水性通道进入血纤蛋白凝块内部,以接近其中的棒状连接区。t-PA 通过环饼区与血纤蛋白凝块结合,并能迅速地激活黏附在这里的纤溶酶原。相反,游离的纤溶酶原被 t-PA 激活的速度则慢得多(图 7-7)。

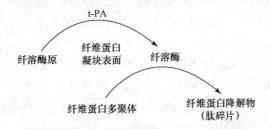

图 7-7　纤溶酶原的激活及血纤蛋白凝块的降解

3. 凝血和纤溶系统各因子以无活性的前体或酶原形式存在的生理学意义

生物体要求血液在血管中能畅流无阻,又要求一旦血管壁破损能及时凝固堵漏。如果凝血因子都处于活性状态,则血液有随时凝固而被阻流的危险(血栓 thrombus);如果血液中无凝血因子存在,机体一旦受到创伤就会流血不止。凝血因子以无活性的前体或酶原形式存在,当机体受伤流血时立即被激活,使伤口血液凝固并把伤口封住,阻止继续出血。凝血形成的血凝块则由纤溶系统发挥作用,及时降解纤维蛋白凝块。凝血系统和纤溶系统共同作用,彼此互相平衡,保证血液畅流。

二、一级结构与物种进化的关系

通过比较同源蛋白质一级结构的差异,可以帮助了解物种进化之间的相互关系。

(一)同源蛋白质

同源蛋白质指在不同生物体中实现相同或相似功能的蛋白质,更多时候指氨基酸序列相同或相似的蛋白质。同源蛋白质的氨基酸序列中有许多位置的氨基酸残基对所有已研究过的物种来说都是相同的,称为不变残基。同源蛋白质的氨基酸序列中一些位置的氨基酸残基对不同的物种有相当大的变化,称为可变残基。

一级结构相似的多肽或蛋白质,其空间构象以及功能也相似,这将有助于我们对同源蛋白质和生命的进化进行研究。如,从细胞色素 c 的一级结构看生物进化,物种进化过程中越接近的生物,细胞色素的一级结构越相似。

(二)细胞色素 c

细胞色素 c 是一种含血红素的电子转运蛋白细胞色素。它存在于所有真核生物的线粒体中,细胞色素 c 序列的研究提供了同源性的最好例证。40 多个物种的细胞色素 c 的分析揭示,多肽链中 28 个位置上的氨基酸残基对所有已分析过的样品都是相同的(见图 2-8 中所示aa)。看来这些不变残基对这种蛋白质的生物学功能是至关重要的,因此这些位置不允许被其他氨基酸取代。细胞色素 c 除第 70 到 80 位之间的不变残基是成串存在的,其他都是不规则地分散在多肽链的各处。所有的细胞色素 c 在第 17 位上含有一个 Cys 残基,并且所有的细胞色素 c 除一个例外,在第 14 位上都含有另一个 Cys 残基。这两个 Cys 残基是细胞色素 c 连接辅基血红素的部位;第 70 到 80 位上的不变残基串可能是细胞色素 c 与酶结合的部位。可变残基可能是一些"填充"或间隔的区域,氨基酸残基的变换不影响蛋白质的功能。

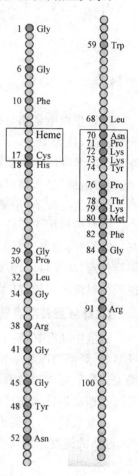

图 7-8　40 个物种中细胞色素 c 中的不变氨基酸残基(28 个)

可变残基提供了另一方面的信息。细胞色素 c 和其他同源蛋白质的序列资料分析结果显示:来自任两个物种的同源蛋白质,其序列间的氨基酸差异数目与这些物种间的系统发生差异是成比例的,即在进化位置上相差愈远,其氨基酸序列之间的差别愈大(表7-1),例如,人和黑猩猩的细胞色素 c 是相同的(差异残基数为零);人和其他哺乳动物(绵羊)的细胞色素 c 相差 10 个残基;人和响尾蛇(爬行类)、鲤鱼(鱼类)、蜗牛(软体动物)、天蛾(昆虫)的分别差 14、18、29 和 31 个残基;与酵母或高等植物的相比,相差数量在 40 个以上。

表 7-1 不同生物体的细胞色素 c 序列间氨基酸差异数目的比较

	黑猩猩	绵羊	响尾蛇	鲤鱼	蜗牛	天蛾	酵母	花椰菜	欧防风
人	0	10	14	18	29	31	44	44	43
黑猩猩		10	14	18	29	31	44	44	43
绵羊			20	11	24	27	44	46	46
响尾蛇				26	28	33	47	45	43
鲤鱼					26	26	44	47	46
花园蜗牛						28	48	51	50
烟草天蛾							44	44	41
啤酒酵母								47	47
花椰菜									13

(三) 系统树

细胞色素 c 的氨基酸序列资料已被用来核对各个物种之间的分类学关系以及绘制系统(发生)树或称进化树(说明物种之间进化关系的图解)(图 7-9)。系统树是用计算机分析细胞色素 c 序列并找出连接分支的最小突变残基数的方法构建起来的。这种系统树与根据经典分类学建立起来的系统树非常一致。根据系统树不仅可以研究从单细胞生物到多细胞生物的生物进化过程,而且可以粗略估计现存的各类物种的分歧时间。例如,人和马的分歧时间是 7000~7500 万年,哺乳类和鸟是 2 亿 8 千万年,脊椎动物和酵母则是 11 亿年。

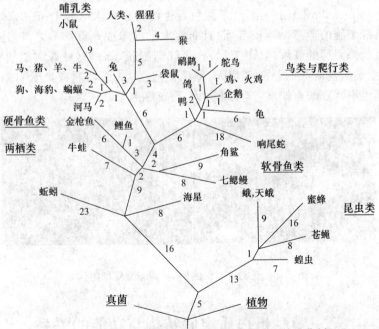

图 7-9 根据细胞色素 c 序列的物种差异建立的进化树

沿分支线的数字表示物种和潜在(假设)的祖先之间的氨基酸变化

(引自赵宝昌. 生物化学[M]. 高等教育出版社,2004.)

三、一级结构改变与分子病

蛋白质一级结构是其空间构象的基础,参与功能活性部位的氨基酸残基或处于特定构象关键部位的氨基酸残基的改变即会引起其功能的改变,人类有很多疾病都与蛋白质异常有关,如镰刀型细胞贫血病(sickle-cell anemia)。

镰刀型细胞贫血主要见于非洲及美洲黑人,这种疾病在非洲的某些地区十分流行(高达 40%),在我国也发现有此类病例。该病是 1904 年芝加哥医生 Herrick 首先发现的,当时他发现一个患有严重贫血的黑人大学生的红细胞是镰刀型;其后,1945 年,Pauling 等人发现镰刀型细胞贫血是组成红细胞的主要蛋白质血红蛋白(hemoglobin, Hb)发生异常所致,究其根本原因是由于遗传基因突变导致血红蛋白分子中氨基酸残基被替换。镰刀型细胞贫血症患者血红细胞合成了一种不正常的血红蛋白(HbS),它与正常血红蛋白(HbA)的区别在于 β 链 N 末端第 6 位氨基酸残基发生了变化,HbA 第 6 位氨基酸残基为极性亲水谷氨酸残基,HbS 第 6 位氨基酸残基为非极性疏水缬氨酸残基,而在基因中表现为 HbA 分子中 β 链 mRNA 第 6 位密码子由编码谷氨酸的 GAA 突变成编码缬氨酸的 GUA。这种由于遗传基因的突变导致蛋白质分子结构和生物活性的改变或由于某种蛋白质缺乏引起的疾病即称为分子病(molecular disease)。

镰刀型细胞贫血病也是最早被认识的一种分子病。

镰刀型细胞贫血病最清楚地反映出蛋白质的氨基酸序列在决定它的二、三、四级结构及其生物功能方面的重大作用。当 HbS 中疏水性缬氨酸取代亲水性谷氨酸后,蛋白分子的疏水性增加,溶解度下降,脱氧 HbS 分子之间易于发生黏合形成溶解度很低的巨大分子而沉淀,这种分子间的相互作用使红细胞聚集扭曲成镰刀型(镰变),镰刀型红细胞比正常红细胞更容易衰老死亡,从而导致贫血。镰刀型细胞贫血病患者的血红蛋白含量仅为正常人(15~16 g/100 mL)的一半,红细胞数目也约为正常人($(4.6\sim6.2)\times10^6$ 个/mL)的一半,而且红细胞的形态也不正常,除有非常大量的未成熟红细胞之外,还有很多长而薄、成新月型或镰刀型的红细胞(图 7-10)。当红细胞脱氧时,这种镰刀型细胞明显增加,异常的镰刀型细胞使血液的黏滞度增大,堵塞微血管,从而切断微血管对附近部位的供血,引起局部组织器官缺血缺氧,产生脾肿大、胸腹疼痛等临床表现。

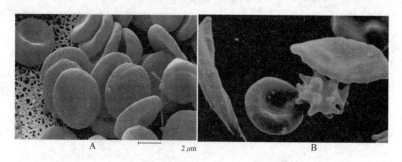

A   2 μm   B

图 7-10　正常的红细胞(A)和镰刀型红细胞(B)

第三节　蛋白质空间结构与功能的关系

蛋白质的功能不仅与一级结构有关,更重要依赖于蛋白质的空间结构。随着地球大气的变化,生物相应进化到以 O_2 为基础的代谢,从而出现两个重要的氧结合蛋白——肌红蛋白(myoglobin, Mb)和血红蛋白(hemoglobin, Hb),这样有氧代谢过程不再受 O_2 在水中溶解度低的限制。肌红蛋白和血红蛋白是蛋白质中首先被阐明结构的蛋白质,是说明蛋白质结构与功能关系的经典范例。

一、血红素辅基的结构

肌红蛋白和血红蛋白都是含有血红素辅基的蛋白质,结合和携带氧的是血红素辅基中的 Fe(Ⅱ)。在肌红蛋白和血红蛋白中,铁原子是由称为原卟啉Ⅸ的有机分子固定的。原卟啉Ⅸ由 4 个吡咯环组成一共轭系统,与之相连的有 4 个甲基、2 个乙烯基和 2 个丙酸基。原卟啉Ⅸ属于卟啉类化合物,这类化合物多存在于叶绿素、细胞色素以及其他一些天然色素中,具有很强的着色能力。

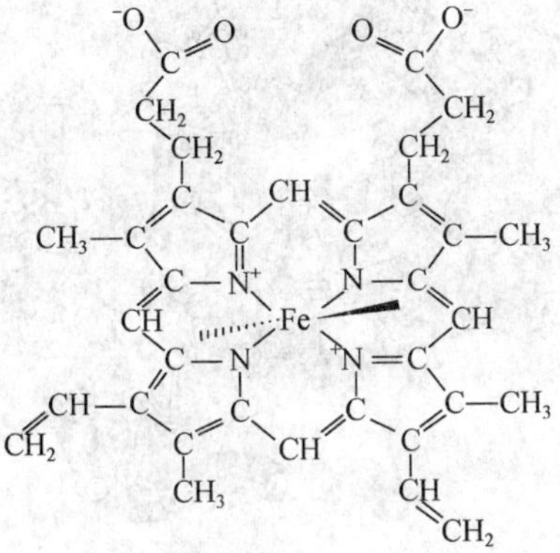

图 7-11　血红素(Fe-原卟啉Ⅸ)结构

卟啉环中心的铁原子通常是八面体配位,应该有 6 个配位键,其中 4 个与四吡咯环的 N 原子相连,另两个沿垂直于卟啉环面的轴分布在环面的上下,这两个键合部位分别称为第五和第六配位(图 7-11)。铁原子可以是亚铁 Fe(Ⅱ)或高铁 Fe(Ⅲ)氧化态,相应的血红素称为亚铁血红素和高铁血红素。相应的肌红蛋白称为亚铁肌红蛋白和高铁肌红蛋白。类似的命名也用于血红蛋白。其中只有亚铁态的蛋白质才能结合 O_2。

二、肌红蛋白和血红蛋白的结构与功能

(一)肌红蛋白的结构

肌红蛋白是哺乳动物心肌和骨骼肌中贮存和分配氧的胞内蛋白质。潜水哺乳类如鲸、海豹和海豚的肌肉中肌红蛋白含量十分丰富,所以它们的肌肉呈棕红色,而且正是由于肌红蛋白的贮氧功能使得这些动物能长时间地潜在水下。

John Kendrew 首次用 X 射线衍射法测定了来自抹香鲸肌红蛋白的三级结构(图7-12)。肌红蛋白由一条多肽链和一个血红素辅基构成,相对分子质量为 16 700,含 153 个氨基酸残基,呈扁平的菱形,大小约为 4.5 nm×3.5 nm×2.5 nm,分子中几乎 80% 的多肽链主链折叠成长短不等的 8 段 α螺旋,最长的螺旋含 23 个残基,最短的含 7 个残基,这 8 段螺旋分别命名为 A,B,C…,H,相应的非螺旋区肽段从 N 末端至 C 末端依次称为

NA、AB、BC、…FG、GH、HC。因此各残基除了有一套从 N 端开始计算的序列号码外，还按在各螺旋段中的位置另外给出编号，如第 93 位 His 又编为 F8，表示该 His 在 F 螺旋的第 8 位置上。8 段螺旋大体上组装成两层，拐弯处 α 螺旋受到破坏，拐弯是由 1～8 个残基组成的无规卷曲，在 C 末端也有一段 5 个残基的松散肽链。肌红蛋白的整个分子显得十分致密结实，分子内部只有一个能容纳 4 个水分子的空间。带电荷的亲水氨基酸残基几乎全部分布在分子的外表面，非极性疏水氨基酸残基几乎全部被埋在分子内部，不与水接触。在分子表面的亲水基团正好与水分子结合，使肌红蛋白成为可溶性蛋白质。一些介于亲水和疏水之间的残基（Pro、Thr、Ser、Cys、Ala、Gly 和 Tyr）可以在球状蛋白质分子的内部和外表面找到。

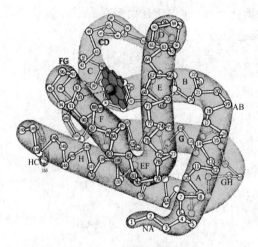

图 7-12　抹香鲸肌红蛋白的三级结构

（根据 0.2 nm 分辨率的 X 射线晶体学资料建立的模型）

血红素辅基位于肌红蛋白分子中 E、F 螺旋之间的疏水空穴（裂缝）中，血红素与蛋白质肽链的稳定结合主要来自两个方面的作用：一是血红素分子中的 2 个丙酸侧链与肽链中氨基酸侧链相连；另一作用是近侧的一个组氨酸残基（F8）直接结合于血红素的铁原子，即铁的第五配位。值得注意的还有第二个或远侧的组氨酸残基（E7），它并不直接与血红素铁原子作用，也就是说铁的第六配位平时呈开放状态，当有 O_2 存在时，远侧组氨酸（E7）辅助稳定 O_2 与 Fe（Ⅱ）的结合。在 O_2 的结合部位，Val（E11）和 Phe（CD1）两个氨基酸残基疏水侧链对血红素位置的稳定也有一定的作用。

（二）血红蛋白的结构

血红蛋白仅存在于血液的红细胞（双凹圆盘状）中。红细胞在成熟期间产生大量的血红蛋白，并失去胞内的细胞器——细胞核、线粒体和内质网，血红蛋白以高浓度（约为质量的 34%）溶解于红细胞溶胶中。

1. 血红蛋白的亚基组成

血红蛋白由四个亚基组成，两个是一种亚基，另外两个是另一种亚基；每个亚基都有一个血红素辅基和一个氧结合部位。两种不同类型的亚基是获得协同性氧结合所必需的。

人在不同的发育阶段血红蛋白亚基的种类是不同的(表 7-2)。血红蛋白 A HbA (Hb，A1)是成人主要的血红蛋白，由两条 α 链和两条 β 链通过非共价键结合在一起 ($α_2β_2$)。在红细胞生活周期中，由于和葡萄糖或其他化合物发生化学反应，还会产生 HbA 的变异形式，如 HbA_{1a}、HbA_{1b} 和 HbA_{1c}。HbA_{1c} 是 HbA 的葡糖基化形式，HbA_{1c} 在总 Hb 中的比例是在红细胞生活周期(约 120 天)内平均葡萄糖浓度的量度，可作糖尿病人在两次就诊之间血糖控制的指标。成人血红蛋白中的次要组分是 HbA_2(约占总 Hb 的 2%)，其亚基组成为 $α_2δ_2$。胎儿血红蛋白(HbF)由两条 γ 链代替 HbA 中的两条 β 链，对氧的亲和力更高，保证独立循环系统的胎儿能有效地通过胎盘从母体的血循环中吸收氧。

表 7-2 人体内有正常功能的血红蛋白

发育阶段	名称	α链/α样链	β链/β样链	亚基组成
胚胎		ξ	ε	$ξ_2ε_2$
胎儿	Hb F	α	γ	$α_2γ_2$
出生到死亡	HbA/HbA₁	α	β	$α_2β_2$
出生到死亡	HbA₂(2%)	α	δ	$α_2δ_2$

2. 血红蛋白的三维结构

与 Kendrew 同一实验室的 Max Peutz 首次阐明由 4 条多肽链(亚基)组成的寡聚蛋白马血红蛋白的三维结构，为此二人共同获得了 1962 年的诺贝尔化学奖。

血红蛋白分子近似球形，4 条多肽链(两条 α 链和两条 β 链)占据相当于四面体的 4 个顶角，α 链含有 141 个氨基酸残基，与肌红蛋白相比，有一个缩短的 H 螺旋，并缺失一个很短的 D 螺旋；β 链含 146 个氨基酸残基，与肌红蛋白相比，末端螺旋段 H 螺旋较短；但每条多肽链的三级结构与肌红蛋白三级结构都极为相似(图 7-1)。4 个血红素辅基分别位于每条多肽链的 E 和 F 螺旋之间的裂隙处，并暴露在分子的表面。两个不同链之间的相互作用最大，如 $α_1$ 链和 $β_1$ 链之间、$α_2$ 链和 $β_2$ 链之间，而两个 α 链之间或两个 β 链之间的相互作用很小，因此血红蛋白分子的四级结构可看作是由两个完全相同的二聚体($αβ_1$)和($αβ_2$)组成。每一个二聚体中的两条多肽链主要通过疏水作用紧密地结合在一起，二聚体之间也可形成离子键(盐桥)等弱相互作用，从而使脱氧血红蛋白处于比较紧张的被束缚状态。

(三)肌红蛋白和血红蛋白氧合时的构象变化

X 射线晶体学分析揭示，肌红蛋白血红素辅基与氧的结合将导致铁原子与卟啉环平面的位置关系发生关键性改变。在去氧肌红蛋白中，Fe(Ⅱ)离子只有 5 个配位键，位于离卟啉环平面上方(His F8 一侧)，卟啉环呈圆顶状或凸形；与 O_2 结合后，Fe(Ⅱ)离子被拉回到卟啉环平面，铁卟啉由圆顶状变成平面状(图7-13)。

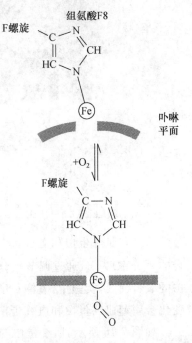

图7-13 肌红蛋白氧合时铁原子的位移

　　这一小小的位移及所引起的构象变化在血红蛋白的某一亚基与氧结合时也会发生，但如前所述，血红蛋白是由4条肽链组成的2个完全相同二聚体的组合体，其中一个亚基因氧合所引起的Fe(Ⅱ)的移动，会拖动His F8残基并进而引起螺旋F和拐弯EF和FG的位移，这些移动传递到亚基界面，亚基之间的相互作用发生变化，2个二聚体半分子彼此滑移约15°，导致维系去氧血红蛋白四级结构的链间盐桥断裂，引起血红蛋白四级结构的改变（图7-14），血红蛋白从脱氧时的紧张态（tense state，T态）变为氧合时的松弛态（relaxed state，R态）（图7-15）。亚基关系上的这些变化是血红蛋白具有别构性质的基本原因。

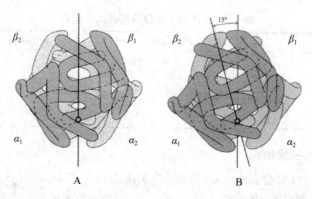

图7-14　血红蛋白由去氧形式转变为氧合形式时亚基的移动
A. 脱氧血红蛋白；B. 氧合血红蛋白

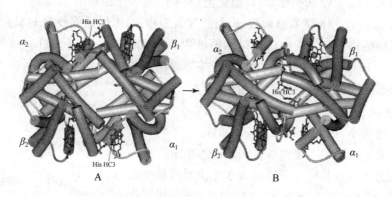

图7-15　血红蛋白的T态和S态
A. T态；B. S态

（四）肌红蛋白和血红蛋白的氧合曲线

　　如果以肌红蛋白和血红蛋白的氧饱和度（即肌红蛋白和血红蛋白氧合部位被O_2所结合的百分率）为Y，通过调节氧分压$p(O_2)$（单位为mmHg）变化可测得肌红蛋白和血红蛋白的氧合曲线，实验中，氧饱和度Y可用分光光度计法测定，因为氧合时共轭卟啉环构象变化会引起肌红蛋白和血红蛋白吸收光谱的改变。Y对$p(O_2)$作图即得氧合曲线。

　　如图7-16所示，肌红蛋白的氧曲线为双曲线，而血红蛋白的氧合曲线为S形曲线，在任一给定的$p(O_2)$下，肌红蛋白的Y值总是比血红蛋白高。大多数情况下肌红蛋白是高度氧合的,是氧的贮库。当 $p(O_2)$ 为 2.8 mmHg 时,肌红蛋白处于半饱和状态,如果用 P_{50} 定义为氧合蛋白被氧半饱和时的氧分压,血红蛋白处于半饱和时的 P_{50} 则为 26 mmHg,可见,肌红蛋白对氧的亲和性远比血红蛋白高。当 $p(O_2)=100$ mmHg 时,如肺泡细胞中,几乎所有肌红蛋白分子和血红蛋白分子的氧结合部位均被氧所占据,$Y\approx100\%$,均被氧完全饱和;而当 $p(O_2)=20$ mmHg 时,如工作肌肉中,肌红蛋白 $Y\geq80\%$,仍有绝大部分氧合部位结合贮存着氧,而血红蛋白 $Y\approx25\%$,大部分氧被释放出来并被肌肉中的肌红蛋白结合。这反映出随着 $p(O_2)$ 的降低,血红蛋白对氧的亲和性也降低,从而保证在氧分压下降的工作肌肉中,形成一个有效地将氧从肺泡组织转运到肌肉组织的氧转运系统。

如果由于肌肉收缩大量消耗能量导致线粒体中氧含量下降时,氧合肌红蛋白可以立即向线粒体转运供应氧,因为这种转运是顺浓度梯度进行的,肌肉细胞内表面 $p(O_2)$ 约为 10 mmHg(肌红蛋白约 70% 饱和),而线粒体约为 1 mmHg(肌红蛋白约 20% 饱和),因此当需要迫切时,氧极易转运到线粒体以便不断进行氧化磷酸化产生能量。因此可知,肌红蛋白的主要功能是结合氧、贮存氧以备肌肉运动时所需,而血红蛋白则主要担负运输氧的职责。

对于具有肺或腮的动物而言,氧从空气到达线粒体的一般步骤是:血液循环中的红细胞(血红蛋白)从肺或腮带走 O_2;经血液流到组织中;在组织中肌红蛋白接纳释放自血红蛋白的 O_2,O_2 因此从红细胞扩散到组织细胞内;当细胞中耗氧的细胞器(线粒体)大量需氧时,肌红蛋白便把贮存的 O_2 分配给它们。

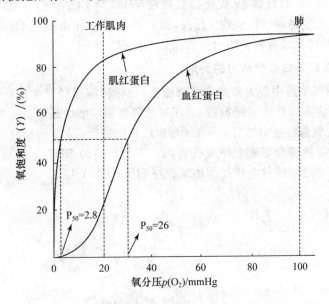

图 7-16　肌红蛋白和血红蛋白的氧结合曲线

从血红蛋白的 S 形曲线还可以看出,当 $p(O_2)$ 很低时,血红蛋白的氧合曲线上升得很慢。可是一旦一个 O_2 与血红蛋白的一个亚基结合时就会引起相邻亚基构象变化从而使它更容易结合下一个 O_2,曲线在 $Y=50\%$ 的附近变得很陡,说明在氧合时,亚基之间存在协同效应,这种相互促进的协同效应称为正协同效应,O_2 即为正协同效应物。像血红蛋白这样,一个配体(在此为 O_2)与蛋白一个部位(或亚基)的结合影响另一配体与该蛋白另一部位(或亚基)结合的作用称为别构作用(或变构作用)。肌红蛋白是只含有一条多肽链和一个氧合部位的单体蛋白,所以肌红蛋白的氧合作用不存在协同效应和别构作用。

(五) H^+、CO 和 BPG 对血红蛋白氧合能力的影响

血红蛋白与氧的结合受机体微环境中其他分子的调节,如 H^+、CO_2、2,3-二磷酸甘油酸(2,3-bisphosphoglycerate,BPG),这些分子与血红蛋白的结合部位实际上离血红素辅基很远,但这些分子的结合却能极大地影响血红蛋白的氧合性质。

1. Bohr(波尔)效应

代谢活跃的组织中会产生很多 CO_2 和酸(质子 H^+),这些组织的毛细血管中高水平的 CO_2 和 H^+ 对血红蛋白在外周组织氧的释放有何影响呢? 20 世纪初,丹麦科学家 C. Bohr 发现:红细胞内 CO_2 分压升高,或 H^+ 浓度增加(即 pH 值降低)时,血红蛋白对氧的结合能力降低,将促进血红蛋白中氧的释放。因此,这种 pH 或 H^+ 浓度和 CO_2 分压的变化对血红蛋白结合氧能力的影响称为 Bohr 效应。实际上,CO_2 分压升高最终也是通过降低 pH 起作用的,在红细胞内,碳酸酐酶催化 CO_2 水化生成碳酸(H_2CO_3),碳酸很容易解离成碳酸氢根离子和 H^+:

$$CO_2 + H_2O \xrightleftharpoons{\text{碳酸酐酶}} H_2CO_3 \rightleftharpoons H^+ + HCO_3^-$$

Bohr 效应具有重要的生理意义。当血液流经组织,特别是代谢旺盛的组织如肌肉时,这里的 pH 较低,CO_2 浓度较高,氧合血红蛋白释放 O_2,使组织能比单纯的 $p(O_2)$ 降低获得更多 O_2,而 O_2 的释放,又促使血红蛋白与 H^+ 与 CO_2 结合,以缓解 pH 降低引起的问题。当血液流经肺时,肺 $p(O_2)$ 升高,因此有利于血红蛋白与 O_2 结合,促进 H^+ 与 CO_2 释放,CO_2 的呼出又有利于氧合血红蛋白的生成。

2. BPG 对血红蛋白氧亲和力的影响

BPG 是血液红细胞中最丰富的有机磷酸盐,是糖酵解途径产生的一个中间产物。因为成熟红细胞不含有线粒体等细胞器,其能量来源是糖酵解途径。

BPG 只与脱氧血红蛋白结合,不与氧合血红蛋白结合,BPG 的结合部位只有一个,位于血红蛋白四个亚基缔合形成的中央孔穴内。高负电荷的 BPG 通过与亚基链上氨基酸残基的荷正电基团之间的静电相互作用结合在 Hb 上(图 7-17)。

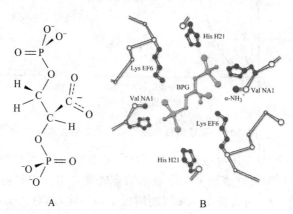

图 7-17　BPG 的分子结构(A)及其与血红蛋白荷正电基团的离子结合(B)

在生理条件下,BPG 带负电荷,可与血红蛋白两条 β 链上带正电荷的碱性氨基酸形成

盐键,加上原来的 8 个盐键,使血红蛋白结构十分稳定,使 O_2 不易冲破阻力结合上去;而在氧合情况下,O_2 的结合打断了盐键,使 β 链相互接近,中央孔穴变小,容纳不了 BPG 分子,因此 BPG 无法结合进入氧合血红蛋白分子内。所以 O_2 和 BPG 与血红蛋白的结合是互相竞争的,也就是说 BPG 的结合降低了血红蛋白对 O_2 的亲和力。

BPG 与血红蛋白结合后,氧合曲线向右移,降低了血红蛋白与 O_2 的结合能力,从而可以促进 O_2 的释放供组织需要。人在某些生理性或病理性缺氧时可以通过红细胞中 BPG 浓度的改变来调节对组织的供氧量。如在空气稀薄的高山,红细胞中的 BPG 浓度几小时后就开始上升,从而降低血红蛋白对氧的亲和力,提高组织中氧的释放能力。

早先存贮血液采用酸性柠檬酸葡萄糖,红细胞 BPG 浓度在 10 min 内从 4.5 mmol/L 下降到 0.5 mmol/L,血红蛋白对氧的亲和力增加,病人输入这种血之后,红细胞能很快恢复到正常水平,但往往不能满足危重病人对氧的急需;而高度荷电的 BPG 分子又不能透过红细胞膜进入红细胞,所以缺少 BPG 的红细胞不能靠加入 BPG 来缓解,而加入肌苷则是一条有效的途径。肌苷能通过红细胞膜并在胞内经一系列反应转变为 BPG,从而防止红细胞中 BPG 浓度的降低。肌苷现已广泛用于血液保存。

血红蛋白 S 型氧合曲线、Bohr 效应和 BPG 效应物的调节使血红蛋白的输氧能力达到了最高效率。血红蛋白能在较窄的氧分压范围内完成输氧功能,因此使机体的氧水平不致有大的起伏。血红蛋白使机体内的 pH 也维持在一个较稳定的水平。这些都充分反映了血红蛋白的生物学适应性。这也是脊椎动物以优胜类群出现在地球上的重要因素之一。

第四节 蛋白质构象病及其治疗策略

蛋白质的合成、加工、成熟是一个非常复杂的过程,其中,多肽链的正确折叠对其正确构象的形成和功能的发挥至关重要。据估计,在正常的细胞内约有三分之一的蛋白质可能会错误折叠,但细胞内有专门的机制来及时发现并处理它们。例如,分子伴侣能够与错误折叠的中间物结合重启折叠过程;另外一种被称为泛素的蛋白质能够将这些错误折叠的蛋白质打上标记并把它们带到细胞内的"垃圾处理站"———一种被称为蛋白酶体的圆筒状细胞器进行水解(见第八章蛋白质的翻译后加工与修饰),以防止它们在细胞内的堆积。因此,细胞内出现少量的折叠异常的蛋白质并不会影响到细胞的正常功能。

然而,如果一个细胞内大量出现一种错误折叠的蛋白质,以至于超过了蛋白酶体处理能力的时候,或者蛋白酶体"罢工"时,危险就逼近了! 例如,衰老的细胞可能没有足够的能量去维持泛素-蛋白酶体降解系统的正常运转;毒素、炎症和创伤导致出现更多错误折叠的蛋白质。此外,某些基因突变也可能导致细胞内大量"涌现"一种蛋白质错误折叠的产物。

正如街上的垃圾如果不及时处理会发臭一样,细胞内错误折叠的蛋白质来不及处理就可能导致机体的病变。蛋白质错误折叠最头痛的问题就是它们可能会聚集在一起,最终形成不溶性的淀粉样纤维损害细胞,严重的可导致细胞死亡。

一、蛋白质构象病的概念

蛋白质错误折叠导致构象异常变化所引起的疾病,称为"蛋白质构象病(protein conformational disease,PCD)",或称"折叠病",1997 年 Robin Carrell 和 David Lomas 在《柳叶刀》上首先提出并详细阐述了构象病的概念。当初,构象病的概念是以细胞的蛋白质组分由于大小和形状变化出现自身交联并在组织中沉积为共同分子基础的。它们具有非常一致的特征,即相关蛋白的 β 折叠结构增多、β 折叠股产生相互作用致使该蛋白在细胞和组织中大量的积聚或沉积。近年来,构象病的概念已被广泛用来描述与蛋白质的构象异常相关的疾病。需要指出的是,构象病的概念并不像国内有些学者认为的那样,仅指一级结构正常的蛋白质出现构象异常并产生了细胞毒性所导致的疾病,事实上,基因突变的蛋白质更容易出现构象异常形成构象病。

目前发现的蛋白质构象病大致可以分为三大类:由朊蛋白构象变化所引起的疾病;与淀粉样蛋白相关的神经退行性疾病;抑丝酶家族构象异常所引起的疾病;其中分别以传染性海绵状脑病(transmissible spongiform encephalopathies,TSEs)、阿尔茨海默氏病、帕金森病(Parkinson's disease,PD)最为典型。

传染性海绵状脑病又称朊蛋白疾病,是一种致命性神经退化性疾病,因受感染的动物的脑部某些部位出现海绵状的空泡而得名,它是由错误折叠蛋白——朊蛋白引发的一大类疾病的统称。它可以感染多种动物,例如,人的克雅氏病(Creutzfeldt-Jakob,CJD,又称人的纹状体脊髓变性病)、格斯特曼综合征(Gerstmann-Straussler-Scheinker,GSS)、库鲁病(Kuru disease)、致死性家族性失眠症(fatal family insomnia,FFI)、山羊和绵羊的羊瘙痒病(scrapie)、鹿和麋的慢性消耗病(chronicwasting disease,CWD)以及牛的海绵状脑病(bovine spongiform encephalopathy,BSE,即疯牛病)。TSEs 的主要症状包括进行性共济失调、震颤、姿势不稳、渐进性痴呆和行为反常等神经症状。

二、构象病的发生、发现及蛋白质构象致病假说

传染性海绵状脑病的研究最早要追溯到羊瘙痒病,它是绵羊和山羊中枢神经系统的慢性传染病,距今已有 200 多年的历史。20 世纪初,曾有人提出羊瘙痒病可能是由肉孢子目寄生虫引起的;1939 年,Cruille 等发现其致病因子能够从病羊传染到其他健康的动物,并且用滤膜过滤后仍然具有传染性,因此提出其致病因子的本质是一种滤过性病毒。

1957 年,加德塞克(Gajdusek)首先发现,在西太平洋的赤道附近被称为世界第二大岛屿的巴布亚新几内亚高地东部的福禄地区有一个叫做弗雷的土著部落,弗雷族人常常会患上一种致命性的神经系统综合病——库鲁病("kuru",当地语言的意思是因害怕而震颤),依病程表现为头痛、关节痛、行走困难、肢体颤抖、丧失记忆和死亡,其病理改变酷似人的克雅氏病,奇怪的是当时发现的病例多发生于生育年龄的妇女和 15 岁以下的儿童,而当时这个部落有一奇特的宗教习俗,即妇女和儿童要食用已故亲人的内脏和脑组织,这种现象正好和发病病例的人群分布相一致。

为确认库鲁病等一大类海绵状脑病的致病因子,科学家进行了大量探索性的研究。1965 年,加德赛克将库鲁病患者的脑组织悬液接种至大猩猩脑内,大约 20 个月之后,大猩猩出现和库鲁病人一样的症状,初步证实库鲁病像羊瘙痒病一样是发生在人身上的传染性脑病。其后,加德塞克又将无菌、无原虫的脑组织悬液注射到黑猩猩脑部,结果黑猩猩也发病,症状与库鲁病非常相似,提示病原体不是细菌或原虫。在进一步的临床、病理及流行病学研究之后,加德塞克发现库鲁病的病原体完全不同于人类以往所知的病原体,它不具有 DNA 和 RNA,即使在电子显微镜下也看不到病毒颗粒,只能见到浆质膜,而且其感染性也与病毒感染存在显著差异,该类感染潜伏期特别长、无炎症反应、任何药物对它都无作用,病程也不能自然缓解,加德塞克以这种病原体发病极慢的特点将其取名为"慢病毒"。

20 世纪 60 年代,英国放射生物学家阿普(T. Alper)采用放射线辐射导致核酸失活的方

法，证明传染性羊瘙痒病的致病因子可能是不含核酸的蛋白质，从而排除了病毒作为致病因子的可能。美国神经学和生化学家普鲁西纳（Prusiner）进一步研究患病羊脑组织的耐受性，发现其对物理因素，如紫外线照射、电离辐射、超声波以及 80～100℃高温，均有相当的耐受能力；对化学试剂与生化试剂，如核酸酶类等表现出强抗性；但是对蛋白酶 K、尿素、苯酚、氯仿等不具抗性。以上实验说明只作用于核酸并使之失活的处理方法不能影响患病脑组织悬液的感染能力，但使蛋白质消化、变性、修饰而失活则可使其失去感染能力，所以真正起致病因子作用的是特殊的蛋白质颗粒。普鲁西纳根据大量的实验结果大胆地提出：人的克雅氏病、库鲁病与羊瘙痒病类似，同属于海绵状脑病，是同一种病原体所致，这种病原体是蛋白质，并把这种具有感染性的蛋白质颗粒称作朊病毒蛋白（prion protein，PrP），以区别于细菌、真菌、病毒及其他已知病原体。这一结果改写了人类疾病病原谱，对分子生物学基因理论和中心法则提出严峻挑战，在当时分子生物学已经深入人心的年代，这个"离经叛道"的假说，无疑引起学术界的极大反响和广泛关注，但这一开拓性的工作，影响或直接带来了一系列理论和实践上的突破，尤其是 20 世纪 90 年代初英国疯牛病的大流行以及与之脱不了干系的人类新型克雅氏病的产生，将此假说的实验验证和机理研究推到了巅峰，因此普鲁西纳毫无争议地独享了 1997 年 750 万瑞典克朗的诺贝尔生理学或医学奖。

越来越多的实验和事实证明，朊蛋白是由人和多种动物高度保守的朊蛋白基因编码的一种糖蛋白，在多种细胞中都有表达，但在神经元细胞中表达量最大。朊蛋白锚定在细胞膜上，可能在神经传导、金属离子转运和调节生理节律上有一定作用。人的 PrP 的基因位于 20 号染色体的短臂上，小鼠的 PrP 的基因位于 2 号染色体的同源区域，牛的 PrP 基因位于第 13 号染色体上，说明 PrP 基因在哺乳动物分化之前已经存在。正常朊蛋白 PrP^c 呈短棒状，其相对分子质量为 33 000～35 000，约含 250 个氨基酸残基，其 N 末端和 C 末端分别有 22 和 23 个氨基酸残基组成的信号肽，成熟蛋白约有 209 个氨基酸残基，并含有两个糖基化位点和两个二硫键。

普鲁西纳的蛋白质构象病假说认为：① 朊病毒蛋白（PrP）有两种构象，正常型 PrP^c 和致病型 PrP^{sc}，两者的主要区别在于其空间构象上的差异，PrP^c 是只含有 4 个 α 螺旋的球形蛋白，对蛋白酶敏感；而 PrP^{sc} 有多个 β 折叠存在，溶解度低，且抗蛋白酶解（图 7-18）。

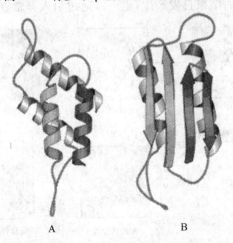

A　　　　　　　　B

图 7-18　正常型(A)和致病型(B)朊蛋白构象
（引自 Prusiner S B, et al. Cell, 1984, 38(1): 127—134)

② PrP^{sc}可胁迫 PrP^c 转化为 PrP^{sc}，实现自我复制，并产生病理效应（图 7-19）。目前，这一假说已经过多个实验室朊蛋白体外重组和疾病模型的成功构建而证实，只是对病毒蛋白的构象细节进行了精确的调整，如原来认为 PrP^c 只含有 α 螺旋，光谱学研究表明 PrP^c 主要为 α 螺旋（42％），β 折叠只占 3％，而 PrP^{sc}含有 43％的 β 折叠；核磁共振分析发现自发折叠的 PrP^c 包含 2 条反平行的 β 折叠片和 3 个 α 螺旋，β 片层结构可能是对 PrP^c 变到 PrP^{sc}起关键作用的结构。目前已提出两种假说来描述 PrP^c 转化为 PrP^{sc}的机制，一种为"种子"模型，PrP^c 的低聚物充当"种子"，"种子"互相粘连而生长，最后碎裂成小的感染单位；另一种为再折叠模型，该模型认为，PrP^{sc}在热力学上比 PrP^c 稳定，PrP^c 变为 PrP^{sc}时需要克服能量障碍，在没有 PrP^{sc}存在时，转变速度很慢，在有 PrP^{sc}存在时，它与 PrP^c 的结合降低了转变所需的活化能，从而使 PrP^{sc}的量迅速增长。在所有已知的 PrP 氨基酸序列中，113-128 位残基是最保守的，有人认为这段残基是在新生 PrP^{sc}产生过程中，PrP^c 和 PrP^{sc}结合的中心区域。

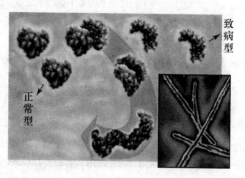

图 7-19 朊蛋白构象改变示意图

（引自 Carrel R W et al. Lancet, 1997, 350: 134—138）

目前普遍认为传染性海绵状脑病源于脑内朊蛋白的构象改变及随后发生的自我联合，此病的关键是正常 PrP^c 错误折叠形成富于 β-片层的 PrP^{sc}（图 7-20）。这种变化可作为朊病毒蛋白基因突变的结果自发产生，也可以通过引入异常变化的朊蛋白，在正常朊蛋

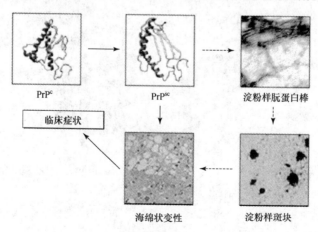

图 7-20 传染性海绵状脑病发病过程模式图

（引自 Soto C, Tren in Mol Med, 2001, 7: 109—114）

白中传播。错误折叠的蛋白有很高的聚集倾向,聚集在一起形成淀粉样朊蛋白棒,这些朊蛋白棒可能是一些 TSEs 病例中淀粉样斑块的前体。目前对引起神经变性的是可溶性 PrP^c 还是聚集的 PrP^{sc} 还有争议,但不管如何,最终引起与 TSEs 有关的临床症状的原因还是海绵状变性。

三、其他的蛋白质构象病

1. 帕金森病

帕金森病(PD)又称震颤麻痹,是中老年人的一种常见疾病。拳王阿里就是其受害者。它的主要表现是震颤、强直、运动缓慢及姿势障碍等。在分子水平上,PD 表现出与 AD 类似的特征。一种被称为 α-突触核蛋白在脑部错误折叠并聚合成斑,形成 Lewy 小体。由 α-突触核蛋白组成的原纤维似乎是有毒的,它损害产生多巴胺的神经细胞。某些基因突变或环境因素(如接触一种被称为鱼藤酮的杀虫剂)可能会增强 α-突触核蛋白的错误折叠过程。

2. 阿尔茨海默氏病(简称 AD)

AD 是常见的老年性痴呆症,它是一种渐进的神经退化性疾病。AD 也许是了解得比较多的蛋白质错误折叠引发的疾病。折叠错误的蛋白质是 β-淀粉样蛋白(Aβ),其正常折叠的形式是可溶性的,当折叠异常后,会聚集起来形成原纤维,并最终发展成为成簇的神经炎斑状结构,堆积在控制记忆、情绪和空间认知的神经元,造成这些神经元的损伤。此外,折叠错误的 Aβ 还可能与病人脑细胞上的一种受体结合,阻断被认为参与学习和记忆的信号传导。

表 7-3　蛋白质构象变异与疾病的关系

涉及的蛋白质	疾病
朊蛋白	人的克雅氏病(CJD) 新型变异性克雅氏病(nvCJD) 牛海绵状脑病(BSE) 致死性家族性失眠症(FFI) 库鲁病
抑丝酶	α1 抗胰蛋白酶缺乏致肺气肿、肝硬化 抗凝血酶缺乏致血栓病 C1 抑制物缺乏致血管性水肿 神经抑丝酶包涵体家族性脑病(FENIB)
β-淀粉样蛋白	阿尔茨海默氏病(AD) 唐氏综合征 家族性阿尔茨海默氏病(FAD) 早老蛋白
谷氨酰胺重复蛋白	遗传性神经变性病 亨廷顿舞蹈病(HD) 脊髓小脑共济失调

四、蛋白质构象病治疗的新思路

既然蛋白质构象病是正常生理性蛋白发生构象改变所致,如果能抑制或逆转此过程,不让病理性蛋白质构象生成，或许能够预防或延缓某些疾病。目前研究的重点集中在分子伴侣和β片层形成阻断肽（β-sheet breaker peptide，又称小分子伴侣 minichaperone）两个方面。

1. β-片层形成阻断肽

一般来说，蛋白质构象病的特征事件是一种正常蛋白质二级和或三级结构的变化，一级结构不变。构象改变可能通过产生毒性，或缺乏相应的天然折叠蛋白质的生物功能来促进疾病的产生。蛋白质构象病涉及的蛋白质都具有至少可以采用两种不同的稳定构象的内在能力。大多数蛋白质构象病中错误折叠的蛋白质富含β片层结构，β片层可以通过在同一蛋白的不同区域间或不同蛋白分子的多肽链间的氢键形成交互的多肽链。β片层构象常常通过蛋白质的寡聚化或聚集达到稳定。实际上，大多蛋白质构象病中，错误折叠的蛋白质自我联合，丧失其生物学功能，引起或随后发生类似淀粉样变性的聚集物，沉积于多种器官，造成组织损伤和器官功能障碍。

瑞士科学家 Soto C. 和 Gabriela P. S. 首先在《分子医学进展》上撰文，提出用逆转蛋白构象的方法治疗朊蛋白病。这一方法还有可能用于治疗由于蛋白构象异常而引起的一大类疾病，包括阿尔茨海默氏病、帕金森病和亨廷顿病。

β片层形成阻断肽被设计用来妨碍 Aβ 和 PrP 的构象改变和聚集。他们曾经报道了针对 Aβ 的 11 或 5 个残基的 β 片层形成阻断肽，在体外实验和 AD 动物模型中具有预期效果。他们还以 $PrP_{114-122}$ 为模板，得到了用于 SE 治疗的 13 个残基的 β 片层形成阻断肽。一些在体外、天然细胞和体内的测定被用来检验多肽活性，结果清楚地表明 β 片层形成阻断肽不但有可能抑制 $PrP^c \rightarrow PrP^{Sc}$ 的转变，而且也可能将有传染性的构象异构体 PrP^{Sc} 逆转为类似于 PrP^c 的生化和结构状态。

2. 分子伴侣

分子伴侣本身不包括控制正确折叠所需的构象信息，而只是阻止非天然态多肽链内部的或相互间的非正确相互作用，或者说它们给处于折叠中间态的多肽链提供了更多的正确折叠的机会，并由此而调节其功能。由此，人们推测，研究和设计特定的分子伴侣或许可以成为一种防治构象病的新途径。

当前研究较多的分子伴侣主要是一些热休克蛋白家族成员，如实验已经发现过量表达热休克蛋白能够减少多聚谷氨酰胺的聚集，降低毒性。

3. 其他探索

迄今为止，还没有基于蛋白的构象转换和聚合以及细胞的反应机制而设计的治疗措施应用于神经变性疾病的临床治疗，但一些实验性研究已经显示了广阔的前景。

除以上研究热点外，人们还从以下几个方面对蛋白质构象病的治疗进行了大量的探索：① 寻找非特异性构象转变抑制剂；② 通过特异性多肽配体的结合方式稳定相关蛋白质的结构；③ 应用单克隆抗体清除低聚蛋白；④ 通过干预内质网的功能寻找新的治疗策略等。可以预见，随着蛋白质构象病分子机制的精确揭示和影响发病因素的深入研究，相信在不久的将来，会有疗效肯定的新型药物或治疗措施问世。

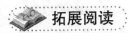

思考题

(1) 蛋白质的空间结构与其生物功能有何关系?

(2) 查阅其他几种所谓血红蛋白"分子病"(如镰刀型贫血病和地中海贫血病等)的病因、特点(血红蛋白结构特点和病理特点)及治疗方法。

(3) 肌红蛋白与血红蛋白的氧合曲线有何不同,为什么?

(4) 以血红蛋白为例,说明蛋白质空间结构和功能的关系,并解释什么是协同效应和变构/别构效应。

(5) 简述蛋白质构象病(折叠病)的产生及其治疗与控制的新思路。

(张艳贞　郭俊霞)

拓展阅读

疯牛病——人类自己制造的疾病?

疯牛病(mad cow disease)全称为牛海绵状脑病(bovine spongiform encephalopathy, BSE),是一种发生在牛身上的进行性中枢神经系统的慢性病变,与脑组织中异常朊病毒蛋白(prion protein)有关,以潜伏期长、病情逐渐加重及中枢神经系统退化,最终死亡为主要特征,是一种慢性、食源性、传染性、致死性的人兽共患病。

朊病毒蛋白存在于人和其他哺乳动物的体内,普通的朊病毒蛋白不会引发疾病,但变异的蛋白质会经过生物体内部的循环逐渐聚集在大脑和脊髓里,破坏神经细胞,并在大脑里产生大量空洞,导致生物死亡。对这些生物解剖后发现,其脑组织已经被破坏成海绵状,因此这种病又被称为"海绵状脑病"。

变异的朊病毒蛋白不会引起生物体内的免疫反应,故患者发病前无异常症状,很难作早期诊断。正因为它具有抗免疫力,所以患者抵抗疾病的免疫系统对它不起作用,一旦发病,只能向死神投降。

1985 年 4 月疯牛病首次在英国南部阿什福镇被发现,医学专家开始对这一世界始发病例进行组织病理学检查,于 1986 年 11 月将该病定名为 BSE。1992 年该病像瘟疫般迅速在英国蔓延,1997 年初,英国有 37 万头牛染上了疯牛病,16.5 万头牛因病死亡;此后疫病逐渐蔓延到其他欧洲国家,爱尔兰、葡萄牙、法国、比利时、丹麦等国相继出现 BSE 病例。进入 21 世纪,BSE 开始蔓延到欧洲以外的地区,亚洲的日本(2001 年)、以色列(2002年)和北美的加拿大(2003 年)和美国(2005 年)相继发现本土 BSE 病例。截止 2011 年 4月,全球共有欧、亚、北美三大洲的 25 个国家发现 BSE 病例,总病例达 187 626 例。科学家认为,疯牛病的引发和传播是因英国 1981 年制定的牛饲料加工工艺允许使用牛羊等动物的内脏和肉做饲料,使得异常的朊病毒蛋白进入牛体内。

医学界很早就发现人也可患有被称为"传染性海绵状脑病"的疾病,便用开始发现该病的两个人的名字 Creutzfeldt 和 Jakob 命名,称之为"克雅氏病"(CJD)。更为可怕的是人类还有可能食用被感染的牛肉产品而感染疯牛病,通过这种途径感染的疯牛病称为新型克雅氏症(vCJD),又叫"人疯牛病"。与传统的 CJD 不同,vCJD 的受害者更加年轻,病程也较长,患者脑部会出现海绵状空洞,先是表现为焦躁不安、共济失调,随后出现记忆丧失,最终精神错乱甚至死亡。

早在牛海绵状脑病出现之前,有关学者便已就用肉制品尤其是来自同种动物的肉制品喂养草食动物可能会引发问题提出警告。在第一批病畜出现后,专家还曾提醒政府注意,但被以对人无害搪塞过去。1996 年 3 月,英国卫生大臣多雷尔在位于伦敦市中心和泰晤士河边的议会大厦神色凝重地向数百名议员地宣读了一份报告,报告中称英国已经发现了 10 例新型克雅氏症患者。当英国政府被迫承认疯牛病时,距英国发现首例疯牛病已经整整 10 年了。

1997 年 3 月 20 日,近二百位疯牛病受害者的亲属、朋友和科学家在英格兰中部的考文垂举行了一个小型纪念会,与会者纷纷谴责政府没有及时采取有效措施,致使势态恶化。1995 年 5 月第一个死于“克雅氏症”的史蒂芬的母亲多特·丘吉尔举着死者的照片对记者愤怒地说,政府一直在说牛肉安全卫生,吃了不会感染疯牛症,以致使她痛失亲人。她觉得这同政府拿枪打死她的儿子没有两样。

如果英国政府在第一批病畜出现时注意到并采纳科学家们的建议,目前发生的绝大部分危机都可能避免。但令人奇怪的是,从 1986 年发现第一例疯牛病到 1996 年 3 月 20 日政府正式承认之前的整整 10 年间,英政府并未采取积极的预防措施,反而多次公开说吃牛肉不会导致疯牛症,以稳定民心。

这还只是问题的一个方面。问题的另一方面是,为了让牲畜多长肉、多产奶,人们不断地增加饲料中的激素含量,并强制性地在草食性动物的饲料中加入各种肉骨粉,从而导致了疯牛病的发生。疯牛病为人类对自然的干涉又一次敲响了警钟,如果人类再如此毫无顾忌地破坏自然规律,人类随时都有可能遭到自然的惩罚。

疯牛病对人类健康的威胁隐患还远远不止这些。首先,要判断流通领域中牛、羊源性食品的安全性相当复杂,不同部位、不同产品的传染强度不同,如,以前认为牛奶不具有感染性,现已证实患病奶牛的牛奶同样可以使健康牛致病;其次,许多药品是以动物为原料制造的,如牛黄解毒丸中的牛黄、六味壮骨颗粒中的牛骨粉等,英国就曾报道一例牛源性药物污染感染新型克雅氏病的案例;再次,动物源性原料在化妆品中应用也十分广泛,尤其那些具有美白、保湿、抗皱、祛斑等效果的化妆品,其原料和添加剂大都从牛、羊的内脏、胎盘等器官中提取,研究人员认为,朊病毒蛋白能够在化妆品中存活,并可能通过黏膜、唇、皮肤等进入肌体;另外,牛、羊源的生物制品如胸腺素、免疫核糖核酸等通过皮下或静脉注射直接进入机体,传播风险更大,目前已经报道有 4 例新型克雅氏病患者是由于输血而感染的。

当前需要马上解决的首要问题是必须找到一个简单而又经济的办法来破坏这种疾病的致病因子,使将来不再有致病因子从被毁坏的尸体复生并感染牲畜和人类。

从英国发生疯牛病以来,我国针对此开展了许多工作,包括多次通知禁止从疫区国家进口牛、牛胚胎、牛肉及其制品、肉骨粉等动物饲料及其他措施。我国目前还未出现疯牛病,但不可否认,仍有从境外传入的可能。在我国周边的众多邻国,如韩国、日本已相继出现了疯牛病疫情。为此,我国要加强口岸检疫和邮检工作,并建立、健全疯牛病监测系统,一旦发现可疑病例,必须立即处理。

(张艳贞)

第八章 蛋白质的翻译后加工与修饰

几乎所有的蛋白质在合成过程中或者合成后都要经过某些形式的加工和修饰,有的是某些肽链骨架的剪接,有的是特异氨基酸侧链的化学修饰,这种现象称为翻译后修饰(post translational modification,PTM)。翻译后修饰可以直接调控蛋白质的活性,同时也使蛋白质的化学结构远远超过遗传密码子所编码的 20 种氨基酸可提供的组合数,从而增加了蛋白质结构和功能的多样性。迄今为止,发现的蛋白质修饰形式已有几百种,有些修饰会使蛋白质的化学结构改变,有些修饰是蛋白质与配基或者是蛋白质间相互作用所需的,也有一些修饰会直接影响蛋白质的生化活性,还有一些可帮助蛋白质定位于细胞的不同部位。一般讲,蛋白质的修饰是不可逆的,但也有一些修饰是可逆的(如磷酸化修饰),从而使蛋白质的活性随细胞内外信号的变化而变化。因此,翻译后修饰也变成了一种动态现象,在许多生物学过程中扮演着重要角色。更重要的是,一些不合适的修饰常常与疾病相关,某些特定的翻译后修饰还可以作为疾病的生物标志或者治疗的靶标。上述的修饰都是典型的生理过程中的蛋白质修饰,但也有一些修饰来自于用特定缓冲液提取蛋白质时对蛋白质的损伤、老化及人为修饰。

真核生物中,许多蛋白质是以不同修饰形式的混合体存在的。而且,每种蛋白质都可能存在上百种不同的修饰形式,多种修饰靶标位点的存在使不同修饰形式以单个或者组合的方式出现成为可能。到目前为止,大多数的翻译后修饰依然是在研究单个蛋白质、蛋白质复合体或某个通路蛋白质的过程中偶然发现的。翻译后修饰也不可能通过基因组序列准确地预测,因为即使有一个明确的修饰基序,其对应的修饰也不一定存在。

第一节 蛋白质的翻译后加工

一、氨基端的加工

在原核生物中,fMet 从未保留作为 N 端氨基酸。有大约 1/2 的蛋白质,其甲酰基由脱甲酰酶(deformylase)移去,因此留下甲硫氨酸作为 N 端氨基酸。在原核生物及真核生物中,fMet 或 Met 及可能少许其他氨基酸经常被移去,此种反应是由水解酶即氨肽酶(amino peptidase)催化的。此种水解作用可能有时在肽链正被合成时发生,有时在肽链从核糖体释放之后发生。至于脱甲酰还是除去 fMet 常与邻接的氨基酸有关,如第二氨基酸是 Arg,Asn,Asp,Glu 或 Lys 时,以脱甲酰基为主;如邻接的氨基酸是 Ala,Gly,Pro,Thr 或 Val 则常除去 fMet。

蜂毒蛋白的加工方式也很特殊,蜂毒蛋白只有经蛋白酶水解切除 N 端的 22 个氨基酸以后才有生物活性,该胞外蛋白酶只能特异切割,形成 X-Y 二肽。其中 X 是 Ala,Asp 和 Glu;Y 是 Ala 或 Pro(图 8-1)。

图 8-1　蜂毒蛋白的 N 端加工

二、蛋白质肽链的加工

很多的前体蛋白要经过剪切后方可成为成熟的蛋白。在原核生物中常常产生一种多蛋白的前体,要经剪切后才能成为成熟的蛋白,如反转录病毒中有三个基因 *gag*,*pol* 和 *env*,其中 *pol* 基因长约 2900nt,其产物经剪切后产生反转录酶、内切酶和蛋白酶三种蛋白。其他两个基因的产物也要经过加工才能产生核心蛋白和外壳蛋白。

在真核生物中有些蛋白要经过切除才能成为有活性的成熟蛋白,最有名的例子是高等生物的胰岛素,它是一种分泌蛋白,具有信号肽。新合成的前胰岛素原(preproinsulin),在内质网(endoplasmic reticulum,ER)中切除信号肽变成了胰岛素原(proinsulin,86aa),它是单链的多肽,由 3 个二硫键将主链连在一起,弯曲成复杂的环形结构。分子由 A 链(21aa)、B 链(31aa)和 C 链(33aa)三个连续的片段构成。当转运到胰岛细胞的囊胞中,C 链被切除,成为由 A、B 两条分开的链,并由 3 个二硫键连接成的成熟的胰岛素。

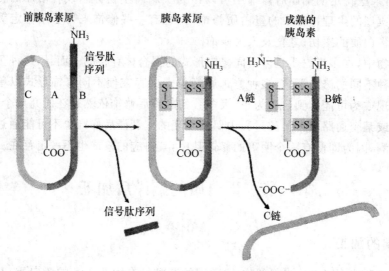

图 8-2　胰岛素的成熟过程图解

蛋白质内含子又称为内蛋白子(intein),是近年来发现的一种新的翻译后加工的产物,它是 1994 年由 Perler 等首先提出的。蛋白外显子又称为外蛋白子(extein),内蛋白子的基因不是单独的开放阅读框(ORF),它是插入在外蛋白子的基因中,和内含子的区别在于它可以和外蛋白子的基因一起表达,其 mRNA 不被切除,产生前体蛋白以后再从前体中被切除掉,余下的外蛋白子连接在一起成为成熟的蛋白(图 8-3),它与胰岛素不同,胰岛素的 A、B 链本身是不相连接的,由二硫键相连。

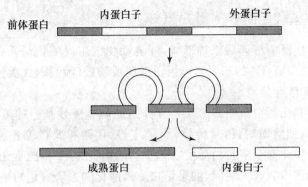

前体蛋白　　内蛋白子　　　　外蛋白子

成熟蛋白　　　　　　内蛋白子

图 8-3　内蛋白子的剪切

第二节　蛋白质的翻译后修饰

化学修饰是蛋白质加工的重头戏,是指在 mRNA 被翻译成蛋白质后,对蛋白质上个别氨基酸残基进行共价修饰的过程。修饰的类型很多,包括磷酸化、糖基化、泛素化、甲基化、乙酰化、烷基化、甲酰化、硝化等。

一、蛋白质的磷酸化修饰

磷酸化修饰是指蛋白质某个(些)氨基酸侧链与强负电的磷酸基团共价结合的一种修饰形式。使蛋白质磷酸化的酶称为蛋白激酶(kinase),而去除蛋白质中磷酸基团的酶称为蛋白磷酸酶(phosphatase)。

(一)磷酸化蛋白质的发现和研究历史

磷酸基团与氨基酸侧链共价结合是在约 90 多年前被发现的。

1933 年才报道了丝氨酸和苏氨酸磷酸酯的存在。

1959 年首次发现了磷酸激酶活性,kinase 一词来自于希腊词汇 kinein,意思是 move (驱动)。

1968 年 cAMP-依赖的蛋白激酶被发现,使人们首次意识到蛋白磷酸化可被细胞外的刺激调节。

美国华盛顿大学 Edmond H. Fischer 和 Edwin G. Krebs 因发现可逆性蛋白质磷酸化是一种生物的调节机制而共获 1992 年诺贝尔生理学或医学奖。二人的发现,开创了当今最活跃、最广泛的研究领域之一。近年来,人们已经普遍意识到蛋白质磷酸化是最常见、最重要的一种蛋白质共价修饰方式。

瑞典加特伯格大学 Arvid Carlsson 发现多巴胺是一种递质,美国洛克菲勒大学 Paul Greengard 发现多巴胺和其他慢递质通过蛋白质磷酸化起作用,美国哥伦比亚大学 Eric R. Kandel 发现蛋白磷酸化对于短期记忆和长期记忆都是必不可少的。三人共享 2000 年诺贝尔生理学或医学奖。目前市场上用以治疗帕金森病、忧郁症和其他一些精神疾病的药物,大多是在研究慢速突触传递的基础上发展起来的。

（二）蛋白质磷酸化研究的重要意义

磷酸化是一种广泛的翻译后修饰形式，哺乳动物细胞内的蛋白质有 1/3 以上可以被磷酸化，而人基因组中有 2% 的基因编码蛋白激酶或磷酸（酯）酶，人类蛋白质组中含有大约 10 万个潜在的磷酸化位点。

真核生物主要利用蛋白质中 Ser、Thr、Tyr 三个氨基酸残基上的可逆磷酸化（图 8-4）调控诸如细胞发育、细胞周期、信号传导、病理应答、代谢和凋亡等各种细胞生命活动过程。蛋白质可逆磷酸化对众多蛋白质生物化学功能担负开/关调控责任，参与了众多重要的细胞生理活动的调节。毫无疑问，如果蛋白质磷酸化和去磷酸化的平衡被打破，细胞正常生理功能就会发生紊乱以致病变，甚至是癌变。

蛋白质的磷酸化，几乎无法从基因组中获得确切的信息，而完全依靠对蛋白质本身的分析，磷酸化蛋白质组研究是功能蛋白质组的一个重要任务。

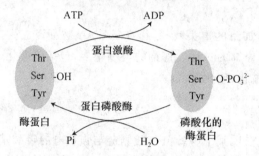

图 8-4　蛋白质的可逆磷酸化途径

（三）蛋白质磷酸化的种类

（1）O-磷酸。通过 Ser，Thr，Tyr 羟基的磷酸化形成的（图 8-5），主要存在于真核细胞中，这种类型最为常见，大约占全部磷酸化修饰的 99.9%。

（2）N-磷酸。通过 Arg，Lys 或 His 中的氨基的磷酸化形成的。

（3）乙酰磷酸。通过 Asp 或 Glu 羧基的磷酸化形成的。

（4）S-磷酸。通过 Cys 巯基的磷酸化形成的。

其中，（2）～（3）一般存在于原核细胞中。

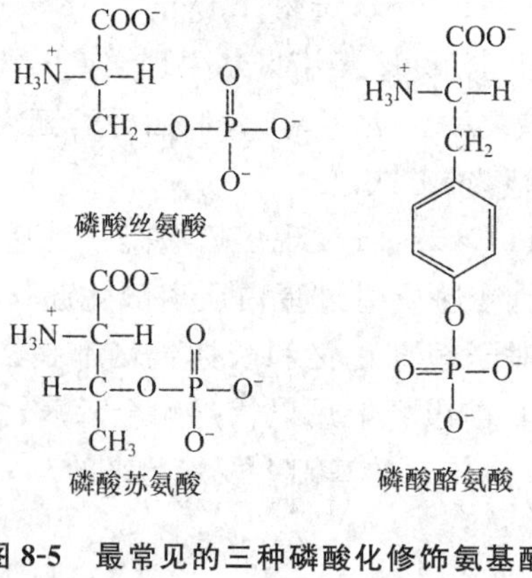

图 8-5　最常见的三种磷酸化修饰氨基酸

（四）分析磷酸化蛋白质的困难

（1）蛋白质的磷酸化和去磷酸化是一种可逆的过程，而且是动态变化的。

（2）磷酸化可逆修饰常用于调节信号转导蛋白和调控分子的活性，相对丰度往往很低，而且一种蛋白质可能只有少部分在特定的时期被修饰，因而被修饰的靶蛋白的数量很有限。

（3）样品处理过程中，可能会引入人工修饰，如去磷酸化。

（4）尽管生物质谱技术比较适合鉴定化学基团的插入和置换，但磷酸化肽段因其质子化困难而限制了质谱技术的应用。

（5）还有很多其他的干扰因素。

（五）磷酸化蛋白质组研究策略

磷酸化蛋白的研究需根据其复杂情况采取相应技术措施从以下几个方面进行深入研究和综合分析。

1. 磷酸化蛋白质的检测

（1）同位素标记法。使放射性^{32}P渗入磷酸化蛋白质，再用双向电泳分离，自显影检测。该法经常有放射性污染，中间洗涤环节不恰当会导致背景比较脏，不易辨认。

（2）免疫印迹法。用抗磷酸氨基酸抗体与磷酸化蛋白质发生免疫结合的性质，先将蛋白分离（通常用双向电泳的方法），然后转移到 PVDF 膜上，再采用 Western blotting 的方法进行免疫印迹，即可探测到磷酸化蛋白。这种方法的缺点是不够灵敏，因为有的磷酸化的位点可能没有暴露出来，会影响其与抗体的结合。

（3）荧光染色的方法。如分子探针公司（Molecular Probes）开发的 SYPRO 染料，这些染料可以与蛋白质非共价结合，通常在水溶液中显示微弱荧光，一旦与 SDS-蛋白复合物结合，便显示出强的荧光，生成背景很弱的染色凝胶。该公司的蛋白质磷酸化修饰的染色试剂盒（Pro-Q Diamond），可使磷酸化蛋白激发蓝色荧光从而判断磷酸化修饰的有无。缺点是该试剂盒价格昂贵，而且需要检测不同波长荧光的专门仪器。

（4）磷酸（酯）酶法。该法依据的原理是被磷酸根基团修饰的蛋白质可被磷酸（酯）酶处理去除磷酸根基团，那么比较处理前后蛋白质双向电泳凝胶即可鉴定磷酸化蛋白在胶中的位置。图 8-6 是采用磷酸（酯）酶酶解结合双向电泳（IEF×SDS-PAGE）进行某组织总蛋白磷酸化修饰鉴定的结果。A、B 分别为不经磷酸（酯）酶处理、经磷酸（酯）酶彻底酶解后的电泳图谱，C、D 则分别为 A、B 中方框部分的放大效果图，分析可知图中箭头所指示的蛋白点发生了磷酸化修饰。因为磷酸化蛋白在磷酸（酯）酶作用下可去除磷酸根基团，这样一来，去磷酸化的蛋白与原来的磷酸化蛋白相比较，在其等电点和 M_r 都会发生些许的改变，改变的幅度由原来键合的磷酸基团的数目所决定，反映在双向电泳图上就是蛋白点在磷酸（酯）酶处理前后迁移位置的改变（等电点向增大的方向、M_r 向减小的方向改变），比较磷酸（酯）酶处理前（A、C）和处理后（B、D），箭头所指蛋白点迁移位置的变化与理论推测完全一致，肯定该蛋白发生了磷酸化修饰。磷酸（酯）酶法价格低廉，灵活方便，缺点是对丰度比较低的蛋白质经常检测不到。

以上检测方法各有优缺点，可根据研究对象和实验室条件灵活选择或综合使用。

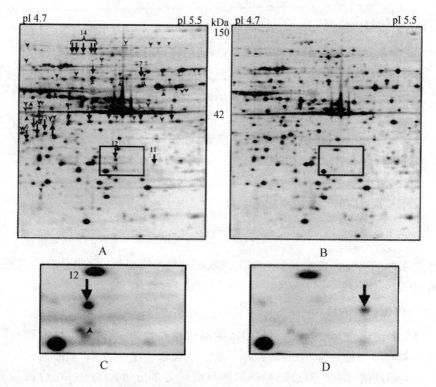

图 8-6　磷酸化蛋白用磷酸(酯)酶处理前后双向电泳图谱

(引自 Yamagata A, et al. Proteomics,2002,2:1267—1276)

2. 磷酸化蛋白质或磷酸化肽的富集

磷蛋白的分析材料通常包括磷蛋白和非磷蛋白的混合物,如细胞裂解物或血清样品。由于许多磷蛋白的丰度很低,分析之前对其进行富集常常很有必要。富集的方法有:

(1) 免疫沉淀法。最简单的方法是利用与磷蛋白特异结合的抗体。一些公司出售抗磷酸酪氨酸抗体,它可以通过免疫共沉淀分离纯化酪氨酸残基磷酸化的蛋白质,针对其他磷酸化(如 Ser 和 Thr)残基的抗体,在市场上也有相应的产品,但由于在免疫共沉淀时效果不是很理想,因而还没有广泛应用,这意味着通过抗体途径对磷蛋白的富集主要局限于酪氨酸残基磷酸化的蛋白质。另一个缺点是抗体与磷酸肽的结合并不是非常强。

(2) 固相金属亲和色谱(IMAC)。这种方法被广泛用于从预先消化样品中分离磷酸肽。其原理是阳性金属离子与带负电荷的磷酸基团之间的相互吸引,这种方法的优势在于它易于与下游的质谱分析相结合,缺点是 IMAC 柱还会与其他带负电的氨基酸相结合,从而影响分析,进行色谱分离之前对蛋白质样品中所有的羧基基团进行甲酯化修饰可以克服这一问题。

(3) 化学修饰法。对化学修饰的磷酸基团的亲和纯化需要较多的起始材料,因而应用受到了一定的限制,但有两种方法对于较高丰度的磷蛋白或磷酸肽的分离应该还是很有用的。第一种方法是基于 β 消除的化学修饰,在强碱性环境中加入乙二硫醇,替换 Ser 和 Thr 残基上的磷酸基团,使巯基暴露并与生物素亲和标签相结合,然后通过链霉亲和素包被的磁珠将磷蛋白或磷酸肽从复合体中分离出来(图 8-7)。Cys 和 Met 也可用这种方

法衍生,所以在反应之前需用蚁酸处理将其氧化。这种方法的缺点是它不能与磷酸化的

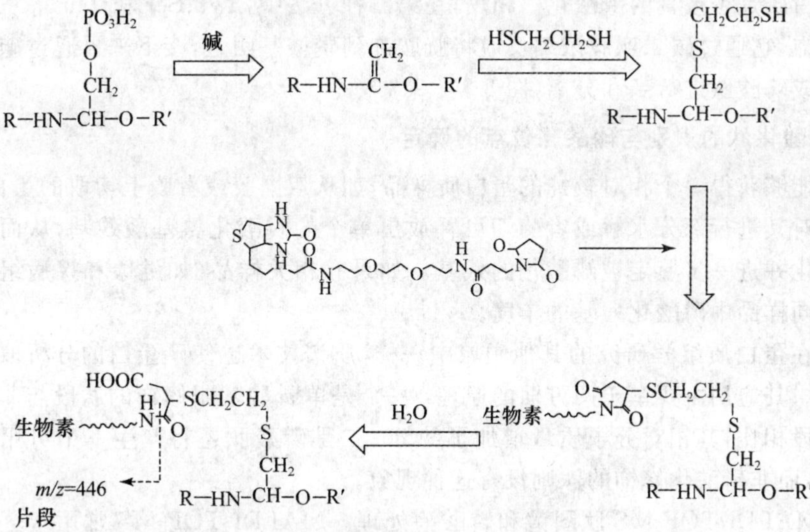

图 8-7 基于 β 消除的化学修饰

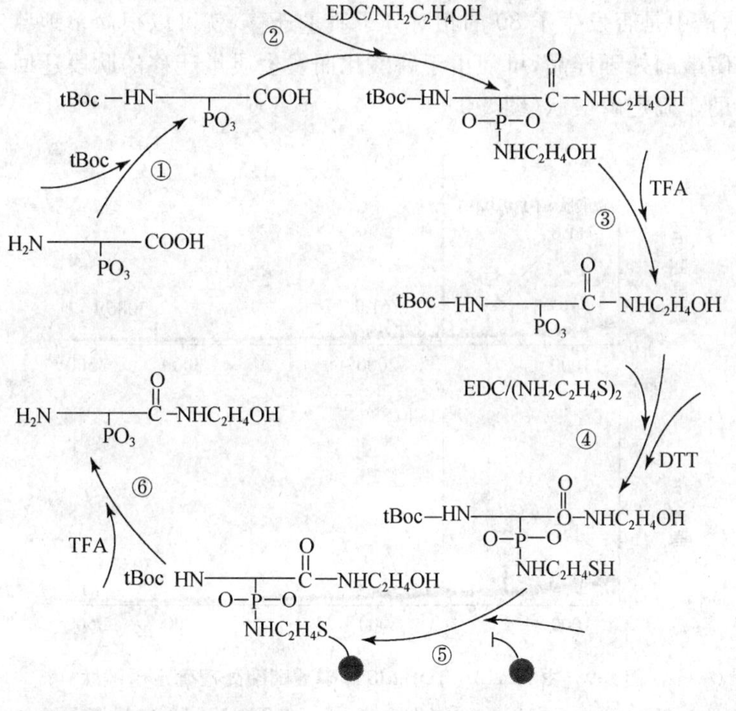

图8-8 基于碳二亚胺缩合反应的化学修饰(引自 Zhou H, et al, Nat Biotechnol. 2001,19(4):375—378)

①多肽和树顶氧羟基(tBoc)反应以保护氨基端。②加入过量乙醇胺,在 N,N-二甲氨基丙基乙基碳二亚胺(EDC)盐酸盐催化下,羧基和磷酸键分别和乙醇胺缩合形成酰胺键和磷酸酰胺键。③磷酸基团用酸快速水化而再生,反相介质脱盐。④EDC 催化,DTT 还原,与过量胱胺反应,胱胺的二硫键转化为巯基基团,从而标记磷酸根。⑤反相介质再次脱盐后,标记的多肽被捕获在包含有巯基基团反应的碘乙酰胺基团的玻璃珠上。⑥强酸水解,磷酸酰胺键及 tBoc 保护基团断裂,分别再生形成磷酸根和 N 端。

Tyr 反应,此外,O-糖基化的 Ser 和 Thr 也可由这种方法衍生,因此还需要进一步的实验来确认蛋白质是否被真的磷酸化。相反,在第二种方法中,Tyr、Ser 和 Thr 等三种氨基酸均可被修饰,它通过碳二亚胺浓缩反应将胱胺加到磷酸基团上,接下来再通过碘乙酰磁珠对磷蛋白或磷酸肽进行亲和分离(图 8-8)。

3. 磷酸化肽的识别与磷酸化位点的确定

如果能够获得一个相对较纯的蛋白质样品,如从双向胶或者膜上切取的蛋白点,在碱性条件下对其进行部分水解或者酶切可释放出单个的磷酸化氨基酸残基,从而确认蛋白质被磷酸化并进一步鉴定被磷酸化的残基。如果有相关样品(如健康和疾病组织),还可以比较不同样品中磷酸化残基的丰度。

正如在蛋白质组学研究的其他领域中一样,质谱技术也使磷蛋白的分析取得了革命性的突破。其应用主要基于两方面的原理:一个是单磷酸基团修饰的肽段与非磷酸基团修饰的肽段相比,其相对分子质量增加了约 80;二是磷酸肽还将产生一个可用于诊断的片段离子,而非磷酸化修饰的肽则没有这种现象。

(1) MALDI-TOF-MS 肽图谱和磷酸酶处理。MALDI-TOF-MS 常用于分析完整的肽,并通过所得到的肽谱与数据库已知蛋白质的理论肽谱进行比对而实现对蛋白质的鉴定。因此,如果一个已知蛋白质或者通过肽谱匹配得到鉴定的蛋白质,那么通过检测所得肽谱与理论肽谱中是否发生了 80 的相对分子质量迁移,就可以很简单地鉴定磷酸肽。此外,通过碱性磷酸酶处理样品,可使由于磷酸化而发生质量迁移的肽段迁回至理论预测位置,这样就有助于确定磷酸肽(图 8-9)。

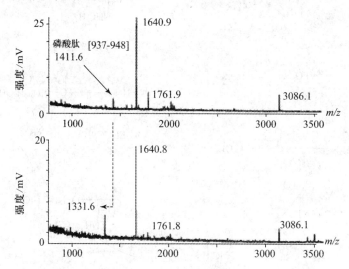

图 8-9　由 MALDI-TOF-MS 和磷酸酯酶处理确定磷酸肽

(引自王京兰等. 分析化学,2005,33(7):1029—1035.)

(2) 碎片离子分析。在磷蛋白质组研究中,碎片离子的分析可用于两个方面:首先,磷酸肽会产生可诊断的、磷酸特异的碎片离子(如 $H_3PO_4^-$、PO_3^-、PO_2^-),它们各自的相对分子质量分别为 98、79 和 63。因此,在不同的扫描模式的质谱中,相应离子的出现表明样品中含有磷酸肽。其次,多肽骨架碎片化技术使对肽链序列重构成为可能,如果序列中包含磷酸化残基,则可以对其明确定位。

需要说明的是,在实际应用中,磷蛋白的质谱分析常常会遇到很大的麻烦,因为与其非磷酸化形式相比,磷酸肽所占的比例太低。而且,许多影响因素不是很清楚,等物质的量混合的肽段可能会产生不同强度的信号,有时肽段甚至可能检测不到,因而所得的肽谱是不完全的。这种现象对于磷蛋白更为严重,因为磷酸肽更难离子化,而且非磷酸化肽段还可能抑制磷酸化肽段的信号。利用之前已介绍的一些方法对磷酸肽进行富集,并在质谱分析之前通过 HPLC 初步分离肽可在一定程度上提高分析的成功率。

4. 蛋白质磷酸化的定量研究

一个磷酸化蛋白在不同的信号刺激下可能参与不同的信号传导途径,磷酸化的状况也不尽相同;当对细胞进行不同处理时,细胞蛋白磷酸化水平的差异可能对它的功能极为重要。通过 HPLC 分离磷酸肽及其对应的非磷酸肽,再进行氨基酸定量分析或者峰值比较,可以分析单个样品的磷酸化程度以及不同样品中磷酸化修饰的差异,通过 2D 胶上信号强度的比较也可以进行粗略的定量分析。但是,由于检测过程的误差以及不同批次抑制程度的差异,想简单地通过比较质谱分析所得到的磷酸肽和非磷酸肽的信号强度来决定修饰程度是不太可能的。取而代之的是化学基团(如稳定同位素或质量标签)插入的定量研究,这样可以得到两个非常相似的化合物,它们可以同等地被检测到。当这两种样品混合在一起分析时,可以通过质量上的差异对它们进行分离及定量。

5. 磷酸化蛋白质组的生物信息学

现有的许多蛋白质数据库都含有蛋白质磷酸化修饰的信息,如 SWISS-PROT(http://www. expasy. ch)、Human Protein Reference Database(hppt://www. hprd. org)等。目前已经有专门的磷酸化蛋白质数据库和预测程序出现,但各种磷酸化蛋白质数据库储存的磷酸化蛋白质种类有限,在实际应用中还有很多的困难和限制。因此,大力补充数据库中的磷酸化信息和创建更为有效的搜索预测工具,是磷酸化蛋白质组学今后面临的一个重要任务。

磷酸化蛋白质组研究的最终目的是通过绘制各种磷酸化蛋白质参与的信号传导图,解释一系列信号传递过程中的现象本质,包括不同信号通路间的相互对话、内源性或外源性共同作用因子对特定信号途径的激活或失活作用、甚至揭示"瀑布式"级联信号途径中特定的遗传规律,以期获得更为接近细胞活动的分子信息,更好地理解生命现象及其本质规律。

二、蛋白质的糖基化修饰

糖基化修饰指在蛋白质肽链上加上短链的碳水化合物残基(寡糖或聚糖)的修饰。糖基化修饰在原核生物中少一些,但是在真核生物中非常普遍,约有 50% 以上的蛋白质是糖基化的,这些蛋白常和细胞信号的识别有关,如受体蛋白等。并且大部分糖基化蛋白或糖蛋白都经过分泌通路,但实际上并不是所有的都分泌,其中一些会阻滞在内质网或高尔基体中,一些会导向溶酶体,也有不少会插入胞质膜中。

1. 糖基化形式

哺乳动物分泌通路中有三种主要的糖基化形式。

(1) N-糖链结构:N-糖链只发生在真核生物的内质网中,识别天冬酰胺序列子:Asn-X(除 Pro)-Thr/Ser,称为糖基化位点,由 β-构型 N-乙酰葡糖胺(β-GlcNAc)与天冬酰胺

（Asn）的酰胺氮形成 N-糖苷键。它开始于一个分支的 14 残基寡糖——Glc-NAc$_2$Man$_9$Glc$_3$ 的附着。催化该附着反应的酶定位在内质网上。这个 14 残基寡糖再经过糖苷酶的剪切去除某些残基，然后部分糖基化的蛋白转移至高尔基体，发生进一步的修饰，包括某些残基的替换和降解，可以有 30 多种不同种类糖分子的加入，因而聚糖链的结构与构造变化很大。加工过程中可产生三种主要的聚糖结构，即高甘露糖型、杂合型以及这两种的混合型。这三种结构的共同点是核心五糖结构（图 8-10）。

Man
　　　　↘
　　　　　Man —→ GlcNAc —→ GlcNAc —→ Asn
　　　　↗
Man

图 8-10　核心五糖结构

　　N-聚糖修饰通常会产生一定程度的修饰异质性，因而得到的每一个蛋白质并不是一个确定的分子，而是该蛋白不同糖型的集合。蛋白质可能含有一个以上的 N-连接糖基化位点，或者不同蛋白在同一位点含有不同的聚糖链，或者同样的糖基化出现在不同的位点。

　　（2）O-糖链结构：许多 N-糖链结构的糖蛋白在高尔基体中还存在 O-连接糖基化。由 N-乙酰半乳糖胺（N-GalNAc）与 Ser/Thr 中的羟基缩水形成，偶尔，糖基也会加在 Lys 和 Hpro 上。比较常见的形式是由比较简单的核心结构作为基础，如 N-乙酰半乳糖胺与半乳糖构成的核心二糖，核心二糖可重复延长及分支，再接上岩藻糖、N-乙酰葡萄糖胺等单糖。这种糖链的加入没有明显的共同序列，它识别的可能是蛋白质的二级结构或三级结构。不过在富含脯氨酸的区域该类糖基化修饰很少出现。其他的 O-连接聚糖（包括单个的葡糖胺残基、岩藻糖残基、半乳糖残基等）都识别特异的共同序列。

　　（3）GPI-Anchor（糖基磷脂酰肌醇结构）：蛋白质通过肽链的 C 端共价连接的糖基磷脂酰肌醇（GPI）锚定在质膜上。被 GPI 锚定的蛋白通过含有磷酸乙醇胺的磷酸二酯键将其 C 端连接到三甘露酰-非乙酰化葡糖胺（Man$_3$-GlcN）的核上。在某些细胞类型中，该类糖蛋白还可能被进一步修饰。

　　以上三种连接结构可参见图 8-11。

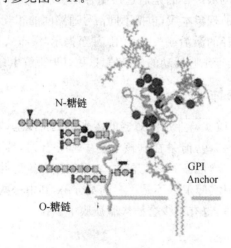

图 8-11　蛋白质糖基化的三种主要形式

2. 糖蛋白在细胞中的作用

糖基化修饰影响着蛋白质多方面的功能,主要体现在:

(1) 对糖蛋白新生肽链的影响。参与新生肽链的折叠并维持蛋白质正确的空间构象;影响亚基聚合;影响糖蛋白在细胞内的分拣和投送。

(2) 对糖蛋白的生物活性的影响。保护糖蛋白不受蛋白酶的水解,延长其半衰期。

(3) 参与分子识别的作用。控制蛋白质之间及其与配体之间的相互作用。

因此,蛋白质中的聚糖链对于细胞的信号转导、受精过程的细胞识别、免疫系统发育与调控等方面发挥着非常重要的作用。一些蛋白质中聚糖链组成的丢失或改变可能会导致某些疾病(表 8-1)。

表 8-1 糖基化类型变化与人类疾病的关系

疾病	糖蛋白	组织	变化
碳水化合物缺乏症	转铁蛋白、抗凝血酶,α-酸性蛋白	血清	N-连接糖蛋白形式改变
肝癌	α-胎球蛋白,结合珠蛋白	血清	N-连接糖蛋白形式改变,核心岩藻糖基化及其他糖链结构改变
炎症,癌,艾滋病	α₁-酸性糖蛋白	血清	N-连接糖蛋白形式改变
免疫紊乱	CD43	T 细胞	O-连接糖蛋白形式改变
类风湿关节炎	IgG	血清	N-连接端基半乳糖降低
血吸虫病	循环阴/阳抗原	血清、尿	O-连接糖蛋白形式改变
糖尿病妊娠、绒毛膜癌	HCG	尿	N-及 O-连接糖链过多分支
酗酒	转铁蛋白	血清	脱唾液酸
癌症	黏蛋白	肿瘤	特殊短 O-连接多糖的过表达或暴露
绝经	FSH,LH	血清	酸性增加,复杂性降低

3. 糖蛋白的分析

常规的糖蛋白分析技术步骤繁杂,费时费力,而且还得不到完整的数据。糖蛋白完整的分析必须包括多肽和成分两方面的特性研究,目前通常采用对非糖基化肽和释放的聚糖进行平行分析(图 8-12)。如上述讨论的磷蛋白一样,糖蛋白的分析也需要选择性检测技术、糖蛋白分离及糖基化位点见顶技术等。但是,对糖蛋白来说,还需要对聚糖链进行结构和组成分析,因而使糖蛋白的分析比磷蛋白分析更加复杂。

(1) 糖蛋白的检测。分子探针公司还开发了糖蛋白的 Pro-Q Emerald 染色试剂盒,与 SYPRO 染色结合,判断糖基化蛋白。

(2) 糖蛋白的富集。经常采用凝集素亲和纯化技术,凝集素是一种可以和碳水化合物结合的蛋白质,许多凝集素都有非常特异的配基,如伴刀豆蛋白 A 是一种典型的对于一系列高甘露糖型的 N-连接糖链具有高亲和性的植物凝集素,同时也能结合复杂型的 N-连接糖链及双分支的复杂型的 N-连接糖链。

(3) 糖蛋白的高通量鉴定和特性。糖蛋白质组学所涉及的相关技术还处于早期发展

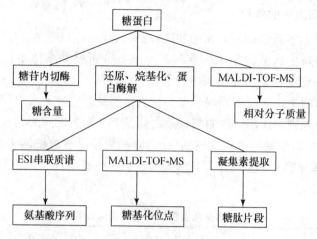

图 8-12　糖蛋白结构分析示意图

阶段。就目前来说,除非其中的糖链非常简单,否则想要同时对糖蛋白的蛋白质和糖成分进行鉴定很难。最近,有一些探索性的研究策略报道出来。其中一个例子是"糖基捕获"方法,首先用凝集素亲和色谱结合蛋白酶消化分离、纯化聚糖肽,再经 HPLC 和质谱测序分析。另外一个新的进展是通过凝集素芯片来探测糖蛋白中的聚糖谱,这种技术是非破坏性的,还可进一步鉴定分析不同的糖型和在一个混合物中每个糖型的比例。

　　由于糖蛋白本身的复杂性,蛋白质糖基化的研究必须采取多元化的研究策略和技术,而各种新的检测方法也不断地被采用。随着各种分离技术的不断发展,研究方法也不断翻新。蛋白质糖基化研究已经成为蛋白质翻译后修饰研究的新热点。

三、蛋白质的泛素化修饰

(一)泛素与泛素化

　　泛素化修饰几乎是每一种蛋白所经历的最后一种修饰。泛素(ubiquitin)是一个 M_r 为 8500 大小的蛋白质分子,其功能是标记旧的、被破坏的或者有缺陷的蛋白质,继而使其降解;降解的真正场所在蛋白酶体内,又称为泛酰化。

　　泛素广泛存在于古细菌和所有的真核生物中,但不存在于真细菌中。它由 76 个氨基酸残基组成,是一种高度保守性的蛋白质,酵母与人的泛素在一级结构上只差 3 个氨基酸残基。泛素是一个结构紧密的球蛋白,其结构紧密是因为分子内部形成丰富的氢键,但其 C 端四肽序列(Leu-Arg-Gly-Gly)离开蛋白主体伸向水相,这有助于它与其他蛋白质形成异肽键(图 8-13)。性质上它极为稳定,通常能抵抗极端的 pH、温度和水解。然而,它的 C 端尾巴对蛋白酶的水解较为敏感,当 C 端的两个氨基酸残基被去除以后,泛素即失活。

　　泛素的功能是参与蛋白质的泛酰化反应。泛酰化由三步反应组成,依次由泛素活化酶(E1)、泛素结合酶(E2)和泛素连接酶(E3)催化。首先,Ub 以依赖于 ATP 的方式被 E1 激活(反应机理类似于脂肪酸的活化和氨基酸的活化),然后,E2 和 E3 一起识别靶蛋白并催化泛素 C 端的 Gly76 羧基与靶蛋白上的赖氨酸残基上的 ε-NH₂ 形成异肽键,导致靶蛋

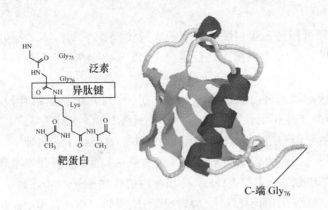

图 8-13　泛素及其与靶蛋白的连接

白的泛酰化。达到要求的泛酰化的蛋白被蛋白酶体识别并降解(图 8-14)。

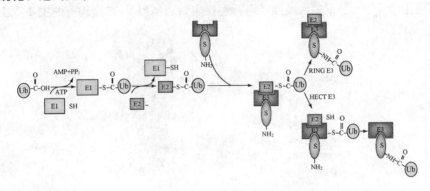

图 8-14　泛酰化过程

　　蛋白质在降解之前,细胞中应该存在某种识别机制,以区分哪些蛋白质需要水解、哪些蛋白质不需要水解。而通过泛酰化介导的蛋白酶体降解途径降解的蛋白质首先需要被打上泛素标记,那么是什么因素决定一个蛋白质是否会打上"该死"的泛素标记呢?已发现的因素有:Alexander Varshavsky 在 1986 年发现的 N 端规则(表 8-2)揭示的一些因素;某些特殊的氨基酸序列被用作降解信号;还有一些信号隐藏在疏水核心之中。

表 8-2　N-氨基酸残基与蛋白质的寿命

	N 端残基	半衰期
稳定性氨基酸残基	Met,Gly,Ala,Ser,Thr,Val	>20 h
	Ile,Gln	约 30 min
	Tyr,Glu	约 10 min
去稳定性氨基酸残基	Pro	约 7 min
	Leu,Phe,Asp,Lys	约 3 min
	Arg	约 2 min

(二) 蛋白酶体的结构与功能

　　蛋白酶体是由多种蛋白质组成的中空的、圆柱状复合体(图 8-15),真核生物蛋白酶体总的大小约为 100 000,以 20S 蛋白酶体作为核心颗粒(CP),两端外加 19S 的两个帽状调节颗粒(RP)。

泛素标记的靶蛋白进入蛋白酶体降解的大致步骤:

(1)达到临界长度(4个或更多的泛素分子)以 K48-连接的多聚泛酰化蛋白质被蛋白酶体识别;

(2)K48-连接的泛素链与蛋白酶体 RP 上的一个或几个亚基结合;

(3)RP 的拟分子伴侣活性对靶蛋白进行去折叠;

(4)去折叠的靶蛋白通过入口进入 CP 活性中心被切成若干小肽;

(5)带有靶蛋白残体的多聚泛素链离开蛋白酶体,在异肽酶 T 催化下,各个泛素分子被释放。同时,被切成的小肽也被释放,被细胞内的蛋白酶进一步水解。

泛素化对于细胞分化、细胞器的生物合成、细胞凋亡、DNA 修复、细胞增殖调控等生理过程都起到很重要的作用。由于泛素介导的蛋白质水解在调节细胞活动中具有重要意义,因此引起蛋白聚集的潜在机制将导致细胞的紊乱和细胞凋亡。神经元包涵体中含有泛素化的纤维状蛋白沉积物,是很多人类神经退行性疾病如老年痴呆、帕金森病的主要特征。

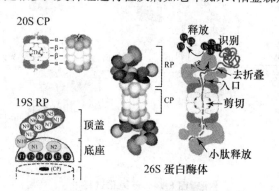

图 8-15　蛋白酶体的结构组成及作用过程图解

四、蛋白质的乙酰化修饰

蛋白质的乙酰化是蛋白质 N 端氨基酸游离氨基与乙酰基酯化形成的一种修饰形式,与基因的转录活性有关。组蛋白等许多蛋白都可以发生乙酰化。近年来,对于组蛋白乙酰化的研究开展较多,可逆的组蛋白乙酰化修饰已发现 40 多年。

真核细胞细胞核中的染色质是一动态大分子聚合体。核小体为其基本结构,由核心颗粒与连接区两部分组成:核心颗粒为 146 bp 长的 DNA 缠绕组蛋白八聚体(H2A、H2B、H3、H4 各两分子组成)1.75 圈而成;连接区由组蛋白 H1 和 20~80 bp 长的 DNA 链构成。染色质在转录时可连续不断地改变其组成和构象以调节基因活性。它不同于转录因子参与的精细调节,属于转录调节中的粗调,在细胞生长、分化、衰老中的作用可能比精细调节更重要。

组蛋白乙酰化反应多发生在核心组蛋白 N 端碱性氨基酸集中区的特定 Lys 残基上,由组蛋白乙酰转移酶催化将乙酰辅酶 A 的乙酰基转移到 Lys 的 $\varepsilon\text{-NH}_3^+$,中和掉一个正电荷。这样可减弱 DNA 与组蛋白的相互作用,导致染色质构象松散,有利于转录调节因子的接近。乙酰化增强转录,而去乙酰化抑制转录活性。作为分子开关,动态调节酶活性及蛋白-蛋白相互作用,它广泛存在于组蛋白及各种转录因子的调节途径中,与染色体结构和基因转录活性密切相关(图 8-16)。

乙酰化在生物体生长、发育、衰老的分子机理及其调节中具有重要意义。正常被抑制的区域高乙酰化或正常具有转录活性的区域去乙酰化,都可以导致各种紊乱,诱发与发育、增殖相关的疾病,如白血病、皮肤癌等。

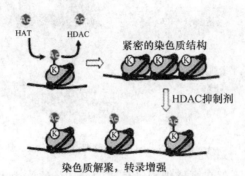

紧密的染色质结构

HDAC抑制剂

染色质解聚,转录增强

图 8-16 蛋白质的可逆乙酰化过程参与调解基因转录的增强与抑制
HAT:组蛋白乙酰基转移酶;HDAC:组蛋白脱乙酰基转移酶

五、蛋白质的甲基化修饰

蛋白质的甲基化同其他翻译后修饰过程一样,机理复杂,在生命调控过程中地位重要。蛋白质的甲基化修饰是在甲基转移酶催化下,在 Lys 或 Arg 侧链胍基或氨基上进行的甲基化。另外也有对 Asp 或 Glu 侧链羧基进行甲基化形成甲酯的形式。甲基化增加了立体阻力,并且取代了氨基的氢,影响了氢键的形成。因此,甲基化可以调控分子间和分子与目标蛋白的相互作用。

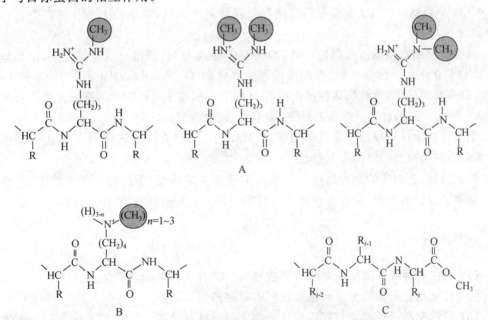

图 8-17 蛋白质的甲基化修饰

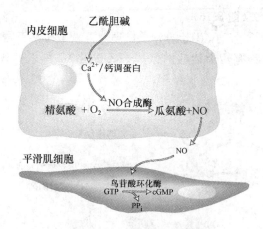

图 8-18　NO 细胞信号通路

组蛋白上的甲基化,不仅在真核细胞染色质的遗传外修饰中占有中心地位,对细胞分化、发育、基因表达、基因组稳定性及癌症研究均有深远的影响。组蛋白甲基化修饰可以是转录增强或转录抑制。其他类型的甲基化及甲基化酶在生命体中也有十分重要的作用。蛋白质甲基化异常或甲基化酶的突变常会导致疾病的发生。如:单甲基化的 Arg 和不对称甲基化的 Arg 是 NO 细胞信号通路中氧氮合成酶(NOS)抑制剂,许多患有心血管疾病的人体内已发现异于常人的这种氨基酸。

NO 是一种可进入细胞内部的信号分子,能快速透过细胞膜,作用于邻近细胞。R. Furchgott 等三位美国科学家因发现 NO 作为信号分子而获得 1998 年诺贝尔生理学或医学奖。

血管内皮细胞和神经细胞是 NO 的生成细胞,NO 的生成由一氧化氮合成酶(nitric oxide synthase,NOS)催化,以 L-Arg 为底物,以还原型辅酶Ⅱ(NADPH)作为电子供体,生成 NO 和 L-瓜氨酸。NO 没有专门的储存及释放调节机制,靶细胞上 NO 的多少直接与 NO 的合成有关。

血管内皮细胞接受乙酰胆碱,引起胞内 Ca^{2+} 浓度升高,激活一氧化氮合酶,细胞释放 NO,NO 扩散进入平滑肌细胞,与胞质鸟苷酸环化酶(GTP-cyclase,GC)活性中心的 Fe^{2+} 结合,改变酶的构象,导致酶活性的增强和 cGMP 合成增多。cGMP 可降低血管平滑肌中的 Ca^{2+} 浓度。引起血管平滑肌的舒张,血管扩张、血流通畅(图 8-18)。

硝酸甘油治疗心绞痛具有百年的历史,其作用机理是在体内转化为 NO,进而舒张血管,减轻心脏负荷和心肌的需氧量。

综上所述,蛋白质的翻译后修饰是蛋白活性调节的需要,蛋白相互作用的需要,也是亚细胞水平定位的需要,所以表现出了丰富的修饰形式和功能特点。

思考题

(1) 蛋白质翻译后加工与修饰有哪些形式?各有什么生物学意义?

(2) 什么是蛋白质磷酸化和糖基化?有哪些鉴定方法?

(3) 蛋白质翻译后修饰与基因表达调控之间有什么关系?这种关系对我们理解物种内部的个体差异具有什么样的启示?

(张艳贞　宣劲松)

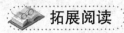拓展阅读

"死亡之吻"——蛋白质的泛素化降解途径

蛋白质是构成包括人类在内的一切生物的基础,几乎参与了生命过程中所有的环节。在细胞内,蛋白质始终处于合成和降解的动态平衡中。在生物化学发展的前期,科学家们一直致力于探索细胞是如何产生各种各样的蛋白质的,并取得了巨大的进展,至少有5次诺贝尔奖授予了研究蛋白质是如何"诞生"的科学家。直到2004年,诺贝尔化学奖表彰了研究蛋白质"死亡"的三位科学家,他们是以色列科学家切哈诺沃(Aaron Ciechanover)、赫什科(Avram Hershko)和美国科学家罗斯(Irwin Rose),他们于20世纪80年代初发现了人类细胞如何消灭一些无用或致病的"蛋白质",揭示了人体蛋白质的死亡形式,帮助人们解释人体免疫系统的化学工作原理,为某些癌症的根治提供了可能。

大多数蛋白质酶降解底物时不需要ATP提供能量,如胃蛋白酶、胰蛋白酶等。20世纪50年代,科学家的研究表明要降解细胞内部的蛋白质是需要能量的。到70年代末80年代初,切哈诺沃和赫什科在罗斯主持的福克斯·蔡斯癌症研究中心做访问学者时进行的一系列生物化学研究成功地揭开了细胞内蛋白质的降解之谜。他们认为是一种叫做泛素的物质在这个过程中起了关键性的作用。泛素是一个由76个氨基酸组成的高度保守的多肽链,因其广泛分布于各类细胞而得名。

决定性的研究突破是1979年12月10日,三位科学家在《美国科学院院报》上连续发表的两项工作:第一项工作表明泛素能与细胞提取液中的多种蛋白质以共价键相连;第二项工作进一步揭示,许多泛素分子可以结合到同一靶蛋白上,这种现象被称为多聚泛素化。这个反应为待降解的蛋白质打上了标记,也被诺贝尔化学家评委会称为"死亡之吻"。

三位科学家的进一步研究发现,蛋白质在细胞内进行降解的过程中,有三种酶E1、E2、E3参加了反应,它们各有分工:E1负责激活泛素分子,该过程需要ATP提供能量,激活后的泛素分子被运送到E2上。E3酶具有识别待降解蛋白质的功能,在E3酶的指引下,E2酶携带着泛素分子接近指定的蛋白质,并把泛素分子转移到待降解的蛋白质上。这一过程重复进行,直到被指定的蛋白质上结合有足够多的泛素分子后,该蛋白被送到细胞内的蛋白酶体中进行降解处理。

泛素调节的蛋白质降解系统控制很多的细胞活动,如细胞分裂、细胞分化、细胞复制及细胞质量管理等。这一系统的成分中包含了6%～7%人类基因组中的基因,已经远远高于人们最初所认为的"蛋白质清除系统",这一系统的畸变与某些疾病的发病也密不可分,目前这一降解过程的研究也催生了大量基础药物的开发,为人类攻克癌症和其他疾病带来了一抹曙光。

(宣劲松)

第九章　蛋白质的理化性质与分离鉴定

第一节　理 化 性 质

一、蛋白质的酸碱性

蛋白质分子除两端的氨基和羧基可解离外,氨基酸残基侧链中某些基团在一定的溶液 pH 条件下都可解离成带负电荷或正电荷的基团。像氨基酸一样,其带电情况与所处溶液的 pH 有关,在等电点的时候所带净电荷为零,此时蛋白质的溶解度也最低。

当环境的 pH 大于某蛋白质的 pI(图 9-1)(某蛋白质的 pI＝6,环境 pH＝9),则此蛋白质的净电荷为负;反之则为正值。另外,环境的 pH 离其 pI 越远,则其所带的净电荷数目将会越大;越接近 pI 时,所带净电荷变小,最后在其 pI 处净电荷为零。因此,蛋白质溶液的 pH 要很小心地选择,以便使该蛋白质带有我们所需要的净电荷,或者不带有净电荷。

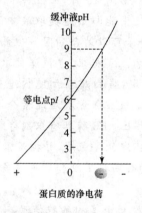

图 9-1　蛋白质电荷性与溶液 pH 的关系

图中纵坐标表示某蛋白所在的缓冲液的 pH,即环境 pH;横坐标表示该蛋白所荷的净电荷的类型,零点左侧为正电荷,右侧为负电荷。当环境 pH＝6 时,该蛋白净电荷为 0,即 pH6 为该蛋白的等电点(pI)。当环境 pH＞6 时,该蛋白带负电荷,并且环境 pH 偏离 6 越多,该蛋白所带负电荷越多。反之亦然,当环境 pH＜6 时,该蛋白带正电荷,并且环境 pH 偏离 6 越多,该蛋白所带正电荷越多。

二、蛋白质的胶体性质

1. 蛋白质胶体溶液

蛋白质分子很大,在水溶液中形成 1～100 nm 的颗粒,处于胶体质点范围内,因而具有胶体溶液的特征。可溶性蛋白质分子表面分布着大量极性氨基酸残基,对水有很高的亲和性,在水溶液中能与水分子起作用,在蛋白质颗粒外面形成一层水化层,同时这些蛋白质颗粒又带有相同的净电荷,能与其周围的反离子构成稳定的双电层,因而蛋白质溶液是相当稳定的亲水胶体(图 9-2)。

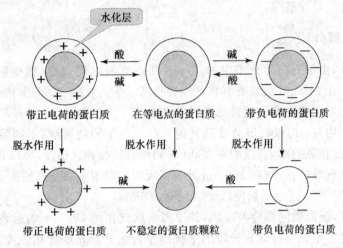

图 9-2　蛋白质胶体性质图解

2. 蛋白质胶体性质的应用

(1) 透析法:利用蛋白质不能透过半透膜的性质,将含有小分子杂质的蛋白质溶液放入透析袋再置于缓冲溶液中,小分子杂质(无机盐、单糖等)可以自由通过透析膜进入到透析液中,而大分子蛋白质留在袋中,这种方法称为透析(dialysis)。在实验室分离纯化蛋白质的过程中,常利用透析的方法除去蛋白质溶液中的小分子物质。

透析时一般用低离子强度的中性缓冲液。对含有辅基的酶透析时,在透析液中宜加入适量的辅基或保护辅基的试剂。为防止微生物的生长,透析应在 4℃进行或在透析液中加入 0.02% 的 NaN_3。透析需要在搅拌下进行,样品液与透析液体积之比以 1∶10 较好,一般 3h 可达平衡;若过夜,应扩大到 1∶20 以上。脱盐是否彻底要经常检查,可用 $BaCl_2$ 或 $AgNO_3$ 检查。

(2) 盐析法:在蛋白质溶液中加入高浓度的(NH_4)$_2$$SO_4$ 或 NaCl 等中性盐,可有效地破坏蛋白质颗粒的水化层。同时又中和了蛋白质表面的电荷,从而使蛋白质颗粒聚集而生成沉淀,这种现象称为盐析(salting out)。

三、蛋白质的变性、沉淀和凝固

在一定条件下,蛋白质疏水侧链暴露在外,肽链会相互缠绕,继而聚集,从溶液中析出。变性的蛋白质易于沉淀,有时蛋白质发生沉淀,但并不变性。沉淀可分为可逆性沉淀和不可逆性沉淀作用。蛋白质发生沉淀后,用透析等方法除去沉淀剂,可使蛋白质重新溶于原来的溶液中的属于可逆性沉淀。蛋白质发生沉淀后,用透析等方法不能除去沉淀剂,蛋白质不能重新溶于原来的溶液中的属于不可逆性沉淀。

主要的沉淀因素及机理:

无机盐类:如(NH_4)$_2$$SO_4$,破坏其双电层,使蛋白质失去电荷而析出。

重金属盐类：在碱性条件下，蛋白质带负电荷，可以与重金属离子结合，形成不溶性重金属蛋白盐沉淀，如 PbAc、$CuSO_4$ 等。

有机溶剂：破坏水化层，使蛋白质分子间静电作用增加而聚焦沉淀，如乙醇、丙酮等。

生物碱试剂：在酸性条件下，蛋白质带正电荷，与生物碱试剂结合形成溶解度极小的盐类，如三氯乙酸、单宁酸等。

四、蛋白质的紫外吸收

在近紫外区，由于蛋白质分子中的 Tyr 和 Trp 含有共轭双键（很少的因素来自 Phe 和二硫键），因此在 280 nm 波长处有特征性吸收峰。蛋白质的 A_{280} 与其浓度呈正比关系，因此可用于蛋白质定量测定。这种方法的优点在于：方法简单，并且样品可以回收。但是它的缺点也很明显：即吸收值会受到其他一些生色基团的影响；不同蛋白质之间的变化较大；还会受到核酸的影响（核酸在 280 nm 同样有吸收并且很强，可以是蛋白质光吸收的 10 倍左右）。核酸的存在（在 260 nm 处有强吸收），可用下列公式校正：

$$蛋白质浓度(mg/mL) = 1.55A_{280} - 0.76A_{260}$$

在远紫外区，蛋白质同样会有吸收，其原理是肽键在约 190 nm 的远紫外区具有很强的光吸收。但是由于氧气在该波长段的干扰以及传统分光光度计在该波长的灵敏度低，所以测量通常选择 205 nm，蛋白质在 205 nm 处的吸收将是在 190 nm 处的 1/2。同时含有不同侧链的氨基酸，如，Trp、Phe、Tyr、His、Cys、Met、Arg，它们的侧链对于 A_{205} 均有贡献（递减的顺序）。该方法的优点在于：方法简单而且灵敏；样品可以回收利用；不同蛋白质之间的变化较小。它的缺点在于：因为干扰因素较多，需要对分光光度计远紫外区的精确度进行校准；很多缓冲液和化合物，如亚铁血红素或吡哆醛基团在该波长段均有强烈的光吸收。

第二节　蛋白质的分离和纯化

一、蛋白质分离提纯的一般步骤

蛋白质在组织或细胞中一般都是以复杂的混合物形式存在，所以蛋白质的分离和提纯工作是生物化学中一项艰巨而繁重的工作。到目前为止，还没有一个单独的或一套现成的方法能把任何一种蛋白质从复杂的混合蛋白质中提取出来。但是尽管对于不同的蛋白质，提取纯化方法各不相同，但在方法上可以说是大同小异。大同是指各种方法都遵循为数不多的几种基本理论（主要是利用蛋白之间各种特性的差异，包括分子的大小和形状、酸碱性质、溶解度、吸附性质和对其他分子的生物学亲和力），建立起来的实验方法也只有几种。不同之处主要在于针对不同蛋白质的理化性质和分离纯化的目的，需要从这些方法中选择更适合于分离目标蛋白质的方法并进行有机地组合。蛋白质分离提纯的总目标是增加制品的纯度或比活性，因此对于不同的蛋白质都有可能选择一组不同的分离纯化程序以获得高纯度的制品。分离提纯某一特定蛋白质的一般程序可以分为：前处理、提取、分离、纯化、含量测定、浓缩等步骤。

二、蛋白质分离、纯化的方法

（一）前处理

前处理包括了生物材料的选择和细胞的破碎。

蛋白质的纯化首先要选择适当的生物材料。材料的来源无非是动物、植物和微生物及其代谢产物。在动物、植物和微生物材料中，目的蛋白的含量一般较少，而且稳定性较差，大多数对酸、碱、高温和高浓度有机溶剂等因子较敏感，易被微生物分解变质。因此，提取有效成分的成功与否，与选用的材料关系密切。

材料选择的原则：目的蛋白的含量高、稳定性好、来源丰富、制备工艺简单、成本低，尽可能保持新鲜，尽快加工处理。

得到生物材料后，通常要对材料进行一些预处理：动物组织要先除去结缔组织、脂肪等非活性部分，绞碎后在适当的溶剂中提取，如果所要求的成分在细胞内，则要先破碎细胞；植物要先去壳、除脂；微生物材料要及时将菌体与发酵液分开。生物材料如暂不提取，应冰冻保存。动物材料则需深度冷冻保存。

选择好适当的生物材料后，则开始对目的蛋白进行分离提纯。首先要求蛋白质从原来的组织或细胞中以溶解的状态释放出来，并保有原来的天然状态，不丢失生物活性。由于不同的生物体或同一生物体的不同部位的组织，其细胞破碎的难易不一，因此需要根据不同的情况，选择适当的方法将组织和细胞破碎。一般情况下会用到以下几种细胞破碎方法：

1. 机械法

（1）研磨：将剪碎的动物组织置于研钵或匀浆器中进行研磨或匀浆，可以加入少量石英砂提高研磨效果。此法较温和，适合实验室应用。

（2）组织捣碎器：这是一种较剧烈的破碎细胞的方法，通常可先用家用食品加工机将组织打碎，然后再用内刀式组织捣碎机（即高速分散器）将组织的细胞打碎。在捣碎期间必须保持低温，以防温度升高引起有效成分变性。

2. 物理法

（1）反复冻融法：将待破碎的细胞冷至 $-15 \sim 20$℃，然后放于室温（或 40℃）迅速融化，如此反复冻融多次，由于细胞内形成冰粒使剩余胞液的盐浓度增高而引起细胞溶胀破碎。

（2）超声波处理法：此法是借助超声波的振动力破碎细胞壁和细胞器。破碎微生物细菌和酵母菌时，时间要长一些。为防止电器长时间运转产生过多的热量，常采用间歇处理和降低温度的方法进行。

（3）压榨法：这是一种温和的、彻底破碎细胞的方法。在 $1.77 \times 10^8 \sim 3.54 \times 10^8 \, \mathrm{Pa}$ 的高压下使细胞悬液通过一个小孔突然释放至常压，由于所受压力骤然变化，细胞将彻底破碎。

样本加压快速通过 Sealed plug 与 Release valve 之间的细孔，以剪切力破坏细胞；一般建议细胞体以 $20\% \sim 30\%$ 的比例与悬浮缓冲液充分混合后并于上机前充分排出样本室内的空气便可以达到最佳的打破效果。和常用的超声破碎法相比较，压榨法可以一次处理最大量的样本,并更方便于全程保持低温以确保样本品质。

3. 化学与生物化学方法

(1) 自溶法:将新鲜的生物材料存放于一定的 pH 和适当的温度下,细胞结构在自身所具有的各种水解酶(如蛋白酶和酯酶等)的作用下发生溶解,使细胞内含物释放出来。但要注意某些有效成分可能会在自溶时分解。

(2) 溶胀法:细胞膜为天然的半透膜,在低渗溶液如低浓度的稀盐溶液中,由于存在渗透压差,溶剂分子大量进入细胞,引起细胞膜发生胀破,从而释放出细胞内含物。

(3) 酶解法:利用各种可以降解细胞壁的生物酶,如溶菌酶、纤维素酶、蜗牛酶和酯酶等,于 37℃、pH8.0 处理,可以专一性地将细胞壁分解,随之而来的是因渗透压差引起的细胞膜破裂,最后导致细胞完全破碎。

(4) 有机溶剂处理法:利用氯仿、甲苯、丙酮等脂溶性溶剂或 SDS(十二烷基硫酸钠)等表面活性剂处理细胞,可将细胞膜溶解,从而使细胞破裂,此法也可以与研磨法联合使用。

总之,常用的细胞破碎方法,如超声破碎、低温冻融、渗透压溶胀、加压、酶解、清洁剂裂解及其他机械匀浆器等,不论利用哪种方法都必须避免以下几种情况:局部产生高温;污染物的引入;操作时间过长;发生氧化反应等。

如果所需蛋白质主要集中在某一细胞组分中,则可进一步利用差速离心法将细胞各组分分开,这样可以一下除去大部分杂质,收集该细胞组分作为下一步提纯的材料,简化提纯工作。如果所需蛋白质与细胞膜或膜质细胞器相结合,则必须利用超声波或去污剂使膜结构解聚,然后再用适当的介质提取。

提取是指将经过预处理的样本置于一定条件下并用适当溶剂处理,使被提取的生物活性物质以溶解状态充分地释放出来,并尽可能保持其原来的天然状态,不丢失生物活性。

影响提取得率的主要因素包括提取物质在提取所用溶剂中溶解度的大小、由固相扩散到液相的难易、溶剂的 pH 和提取时间等。

组织或细胞破碎以后,选择适当的介质(一般用缓冲液)把需要的蛋白质提取出来。选用何种提取介质,与所要提取的蛋白质性质有关。各类蛋白质中,大部分蛋白质可溶于水、稀酸、稀碱或稀盐溶液,少数与脂类结合的蛋白质则溶于乙醇、丙酮、丁醇等有机溶剂。因此蛋白质的提取方法一般有以下两类:

水溶液提取:凡能溶于水、稀酸、稀碱或稀盐溶液的蛋白质都能用稀盐溶液或缓冲液进行提取。稀盐溶液或缓冲液有利于稳定蛋白质结构和增加蛋白质溶解度。加入提取液的量一般为原料体积的 3~6 倍,过少将导致提取不完全,过多则不利于成品的浓缩。提取时应综合考虑以下因素:① 盐浓度:提取蛋白质的盐浓度,一般在 0.02~0.2 mol/L 的范围内。② pH:蛋白质提取液的 pH 一般选在被提取的蛋白质等电点两侧的稳定区内。③ 温度:蛋白质一般都不耐热,所以提取时通常要求低温操作。

有机溶剂提取:一些和脂质结合比较牢固或分子中非极性侧链较多的蛋白质,难溶于水溶液,常用有机溶剂提取,如丙酮、异丙醇、乙醇、正丁醇等。

(二) 粗分离

获得蛋白质混合物提取液后,选用一套适当方法,将所要的蛋白质与其他蛋白质分离开来。一般这一步的分离用盐析、等电点沉淀或有机溶剂分级分离等方法。这些方法的特点是简便、处理量大，可以除去大量杂质，同时又能浓缩蛋白质溶液。通常采用沉淀法。沉淀是溶液中的溶质由液相变成固相析出的过程。沉淀法的基本原理：根据不同物质在溶剂中的溶解度不同而达到分离的目的。不同溶解度的产生是由于溶质分子之间及溶质与溶剂分子之间亲和力的差异而引起的。溶解度的大小与溶质和溶剂的化学性质及结构有关，因此根据各种物质的结构差异（如，蛋白质分子表面疏水基团和亲水基团之间比例的差异）、改变溶剂组分或加入某些沉淀剂（如，金属离子）以及改变溶液的性质（如，pH、离子强度和极性）会使溶质的溶解度产生明显的改变。

沉淀法（即溶解度法）是纯化生物大分子物质常用的一种经典方法。它操作简便，成本低廉，不仅用于实验室中，也用于某些生产目的的制备过程。通过沉淀，将目的生物大分子转入固相沉淀或留在液相，使之与杂质得到初步的分离。在生物大分子制备中最常用的沉淀方法有：中性盐沉淀（盐析法）、有机溶剂沉淀、选择性沉淀（热变性沉淀和酸碱变性沉淀）、等电点沉淀和有机聚合物沉淀等。

1. 中性盐沉淀（盐析法）

在溶液中加入中性盐使生物大分子沉淀析出的过程称为"盐析"。多用于蛋白质和酶的分离纯化，还可以用于多肽、多糖和核酸等的沉淀分离。

盐析法应用很广，已有八十多年的历史，其突出的优点是：成本低，不需要特别昂贵的设备；操作简单、安全；对许多生物活性物质具有稳定作用。

（1）中性盐沉淀蛋白质的基本原理：蛋白质易溶于水，这是因为蛋白质分子的—COOH、—NH_2 和—OH 都是亲水基团，这些基团与极性水分子相互作用形成水化层，包围于蛋白质分子周围，形成 $1\sim100$ nm 颗粒大小的亲水胶体，削弱了蛋白质分子之间的作用力，蛋白质分子表面极性基团越多，水化层越厚，蛋白质分子与溶剂分子之间的亲和力越大，因而溶解度也越大。

亲水胶体在水中的稳定因素有两个：即电荷和水膜。因为中性盐的亲水性大于蛋白质和酶分子的亲水性，所以加入大量中性盐后，夺走了水分子，破坏了水膜，暴露出疏水区域，同时又中和了电荷，破坏了亲水胶体，蛋白质分子即形成沉淀。

在蛋白质水溶液中，加入少量的中性盐，如 $(NH_4)_2SO_4$、Na_2SO_4、NaCl 等，则会增加蛋白质分子表面的电荷，增强蛋白质分子与水分子的作用，从而使蛋白质在水溶液中的溶解度增大，这种现象称为盐溶。

（2）中性盐的选择。常用的中性盐中最重要的是 $(NH_4)_2SO_4$，因为它与其他常用盐类相比有十分突出的优点：

① 溶解度大：尤其是在低温时仍有相当高的溶解度，这是其他盐类所不具备的。由于酶和各种蛋白质通常是在低温下稳定，因而盐析操作也要求在低温下（$0\sim4$℃）进行。由表 9-1 可以看到硫酸铵在 0℃时的溶解度，远远高于其他盐类。

② 分离效果好：有的提取液加入适量硫酸铵盐析，一步就可以除去 75% 的杂蛋白，纯度提高了 4 倍。

③ 不易引起变性，有稳定酶与蛋白质结构的作用，有的酶或蛋白质用 $2\sim3$ mol/L 浓度的 $(NH_4)_2SO_4$ 保存可达数年之久。

④ 价格便宜，废液不污染环境。

利用盐类进行分离沉淀都有一个共同的缺点：即得到的样品欲继续纯化时，需花一定的时间脱盐。

(3)盐析的操作方法。最常用的是固体$(NH_4)_2SO_4$加入法。将其研成细粉,在搅拌下缓慢均匀少量多次地加入,接近计划饱和度时,加盐的速度更要慢一些,尽量避免局部$(NH_4)_2SO_4$浓度过大而造成不应有的蛋白质沉淀。盐析后要在冰浴中放置一段时间,待沉淀完全后再离心或过滤。在低浓度$(NH_4)_2SO_4$中盐析可采用离心分离;高浓度$(NH_4)_2SO_4$常用过滤方法,因为高浓度时,溶液密度较大,不利于离心分离获得沉淀。

各种饱和度下添加固体$(NH_4)_2SO_4$的量可由表9-1查出。

表9-1 调整硫酸铵溶液饱和度计算表(25℃)

	硫酸铵终浓度,%饱和度																
	10	20	25	30	33	35	40	45	50	55	60	65	70	75	80	90	100
硫酸铵初浓度,%饱和度	每1升溶液加固体硫酸铵的克数①																
0	56	114	114	176	196	209	243	277	313	351	390	430	472	516	561	662	767
10		57	86	118	137	150	183	216	251	288	326	365	406	449	494	592	694
20			29	59	78	91	123	155	190	225	262	300	340	382	424	520	619
25				30	49	61	93	125	158	193	230	267	307	348	390	485	583
30					19	30	62	94	127	162	198	235	273	314	356	449	546
33						12	43	74	107	142	177	214	252	292	333	426	522
35							31	63	94	129	164	200	238	178	319	411	506
40								31	63	97	132	168	205	245	285	378	469
45									32	65	99	134	171	210	250	339	431
50										33	66	101	137	176	215	302	392
55											33	67	103	141	179	264	353
60												34	69	105	143	227	314
65													34	70	107	190	275
70														35	72	153	237
75															36	115	198
80																77	157
90																	79

① 25℃下,硫酸铵溶液由初浓度调到终浓度时,每升溶液所加固体硫酸铵的克数。

(4)盐析曲线的制作。如果要分离一种新的蛋白质和酶,没有文献数据可以借鉴,则应先确定沉淀该物质的$(NH_4)_2SO_4$饱和度。

具体操作方法如下:

取已定量测定蛋白质的活性与浓度的待分离样品溶液,冷至$0\sim5$℃,调至该蛋白质稳定的pH,分10次分别加入不同量的$(NH_4)_2SO_4$,第一次加$(NH_4)_2SO_4$至饱和度为10%,此时开始有沉淀产生,因此这是盐析曲线的起点。第二次继续加$(NH_4)_2SO_4$至饱和度为20%,静止一段时间,离心得到第一个沉淀级分;同时取上清再加$(NH_4)_2SO_4$至饱和度为30%,离心得到第二个级分,如此连续可得到9个级分,将每一级分沉淀物分别溶解在一定体积的适宜的pH缓冲液中,测定其蛋白质含量和酶活力,并用矩形的面积进行表示,由此可得到该蛋白质的盐析曲线,如图9-3所示。

分析图9-3的蛋白质盐析曲线可以了解到该蛋白在$(NH_4)_2SO_4$饱和度为40%~90%的区间内,可以获得较大量的蛋白质。考虑到与其他杂蛋白的共沉淀的影响,因此可

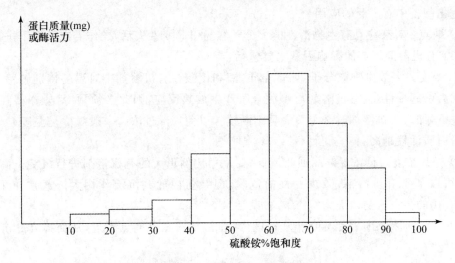

图 9-3　蛋白质的盐析曲线

以先用 40% 的 $(NH_4)_2SO_4$ 饱和度去除部分杂蛋白,然后再用 90% 的 $(NH_4)_2SO_4$ 饱和度获得主要成分为目的蛋白的蛋白质沉淀,从而完成利用 $(NH_4)_2SO_4$ 对目的蛋白进行的粗分离。

(5) 盐析的影响因素。

① 蛋白质的浓度:高浓度的蛋白质用稍低的 $(NH_4)_2SO_4$ 饱和度沉淀,若蛋白质浓度过高,易产生各种蛋白质的共沉淀作用。低浓度的蛋白质,共沉淀作用小,但回收率降低。较适中的蛋白质浓度是 $2.5\%\sim3.0\%$,相当于 $25\ mg/mL\sim30\ mg/mL$。

② pH 对盐析的影响:在等电点处溶解度小,pH 常选在该蛋白质的等电点附近。

③ 温度的影响:对于蛋白质、酶和多肽等生物大分子,在高离子强度溶液中,温度升高,它们的溶解度反而减小。在低离子强度溶液或纯水中,蛋白质的溶解度大多数还是随浓度升高而增加的。一般情况下,沉淀可在室温下进行。但对于某些对温度敏感的酶,要求沉淀在 $0\sim4℃$ 下操作,以避免活力丧失。

(6) 脱盐。常用的脱盐方法是凝胶过滤法和透析法。

2. 有机溶剂沉淀法

(1) 基本原理:有机溶剂对于许多蛋白质(酶)、核酸、多糖和小分子生化物质都能发生沉淀作用,是较早使用的沉淀方法之一。其原理主要是:

① 降低水溶液的介电常数。向溶液中加入有机溶剂能降低溶液的介电常数,减小溶剂的极性,从而削弱溶剂分子与蛋白质分子间的相互作用力,导致蛋白质溶解度降低而沉淀。

② 脱水作用。由于使用的有机溶剂与水互溶,它们在溶解于水的同时从蛋白质分子周围的水化层中夺走了水分子,破坏了蛋白质分子的水膜,因而发生沉淀作用。

常用的有机试剂有:甲醇、乙醇和丙酮。

(2) 有机溶剂沉淀的优缺点有以下几方面。

① 优点:分辨能力比盐析法高,即一种蛋白质或其他溶质只在一个比较窄的有机溶剂浓度范围内沉淀;沉淀不用脱盐,过滤比较容易(如有必要,可用透析袋脱有机溶剂),因

而在生化制备中有广泛的应用。

② 缺点：对某些具有生物活性的大分子容易引起变性失活，操作需在低温下进行。

（3）有机溶剂沉淀的影响因素主要包括：

① 温度。多数生物大分子，如蛋白质、酶和核酸在有机溶剂中对温度特别敏感，温度稍高就会引起变性，且有机溶剂与水混合时产生放热反应，因此必须预冷，操作要在冰盐浴中进行，加入有机溶剂时必须缓慢且不断搅拌以免局部过浓。一般规律是温度越低，得到的蛋白质活性越高。

② 样品浓度。低浓度样品回收率低，要使用比例更大的有机溶剂进行沉淀。高浓度样品，可以节省有机溶剂，减少变性的危险，但杂蛋白的共沉淀作用大。通常使用 5～20 mg/mL 的蛋白质初浓度为宜。

③ pH。选择在样品稳定的 pH 范围内，通常是选在等电点附近，从而提高此沉淀法的分辨能力。

④ 离子强度。加入适量的中性盐能增加蛋白质在有机试剂中的溶解度，可降低有机试剂对蛋白质的变性作用，同时还可提高分级效果。但盐浓度太大或太小都有不利影响，通常盐浓度以不超过 5% 为宜，使用乙醇的量也以不超过原蛋白质水溶液的 2 倍体积为宜。因此，用有机试剂沉淀蛋白质时，宜在稀盐溶液或低浓度缓冲液中进行。

⑤ 多价阳离子作用。有些蛋白质和多价阳离子（如 Zn^{2+}、Cu^{2+} 等）能结合形成复合物，致使蛋白质在有机试剂中的溶解度降低，这对于在高浓度溶剂中才能沉淀的蛋白质特别有益。如：在有些蛋白质溶液中只要加入 0.005～0.02 mmol/L Zn^{2+} 就可大大减少有机溶剂的用量，将蛋白质沉淀出来。

沉淀所得的固体样品，如果不是立即溶解进行下一步的分离，则应尽可能将沉淀抽干，减少其中有机溶剂的含量，如若必要可以用透析袋透析除去有机溶剂，以免影响样品的生物活性。

3. 选择性变性沉淀法

这一方法是利用各种蛋白质在不同物理化学因子（如温度、酸碱度和有机试剂等）作用下稳定性不同的特点，选择一定的条件使杂蛋白等非目的物变性沉淀，而欲分离的有效成分存在于溶液中，从而得到分离提纯。这种方法用于除去某些不耐热的和在一定 pH 下易变性的杂蛋白。

（1）热变性：利用生物大分子对热的稳定性不同，加热升高温度使非目的生物大分子变性沉淀而保留目的物在溶液中。

（2）表面活性剂和有机溶剂变性：使那些对表面活性剂和有机溶剂敏感性强的杂蛋白变性沉淀。通常在冰浴或冷室中进行。

（3）选择性酸碱变性：利用对 pH 的稳定性不同而使杂蛋白变性沉淀。通常是在分离纯化流程中附带进行的分离纯化步骤。

4. 等电点沉淀法

利用具有不同等电点的两性电解质，在达到电中性时溶解度最低，易发生沉淀，从而实现分离的方法。氨基酸、蛋白质、酶都是两性电解质，可以利用此法进行初步的沉淀分离。

由于许多蛋白质的等电点十分接近，而且带有水膜的蛋白质等生物大分子仍有一定的溶解度,不能完全沉淀析出,因此,单独使用此法分辨率较低,因而此法常与盐析法、有机溶剂沉淀法或其他沉淀剂一起配合使用,以提高沉淀能力和分离效果。

此法主要用于在分离纯化流程中去除杂蛋白,而不用于沉淀目的物。

5. 有机聚合物沉淀法

有机聚合物是 20 世纪 60 年代发展起来的一类重要的沉淀剂,最早应用于提纯免疫球蛋白和沉淀一些细菌和病毒。近年来广泛用于核酸和酶的纯化。

其中应用最多的是"聚乙二醇":$HOCH_2(CH_2OCH_2)_nCH_2OH(n>4)$,它的亲水性强,溶于水和许多有机溶剂,对热稳定,相对分子质量范围广,在生物大分子制备中,用得较多的是相对分子质量为 6000~20 000 的 PEG。

聚乙二醇(polyethylene glycol,PEG)是一种无电荷的直链大分子多糖,可非特异性地引起蛋白质沉淀。沉淀具有可逆性,被沉淀的蛋白质生物活性亦不受影响。不同浓度的 PEG 可沉淀分子大小不同的蛋白质,在 pH、离子浓度等条件固定时,蛋白质分子越大,所需的用以沉淀的 PEG 浓度越小。

PEG 的沉淀效果主要与其本身的浓度和相对分子质量有关,同时还受离子强度、溶液 pH 和温度等因素的影响。在一定的 pH 下,盐浓度越高,所需 PEG 的浓度越低;溶液的 pH 越接近目的物的等电点,沉淀所需 PEG 的浓度越低。在一定范围内,相对分子质量较高和浓度较高的 PEG 沉淀的效率高。以上这些现象的理论解释还都仅仅是假设,未得到充分的证实,其解释主要有:① 认为沉淀作用是聚合物与生物大分子发生共沉淀作用。② 由于聚合物有较强的亲水性,使生物大分子脱水而发生沉淀。③ 聚合物与生物大分子之间以氢键相互作用形成复合物,在重力作用下形成沉淀析出。④ 通过空间位置排斥,使液体中生物大分子被迫挤聚在一起而发生沉淀。

使用 PEG 的优点主要体现在:① 操作条件温和,不易引起生物大分子变性。② 沉淀效能高,使用很少量的 PEG 即可以沉淀相当多的生物大分子。③ 沉淀后有机聚合物容易去除,一般可以利用凝胶过滤、酚:氯仿:异戊醇抽提等方法去除 PEG。

(三) 细分离

细分离就是样品的进一步提纯。样品经粗提纯以后,一般体积较小,杂蛋白大部分已被除去;进一步提纯一般会使用层析法,包括凝胶过滤、离子交换层析、亲和层析等;必要时还可选择电泳法,包括区带电泳、等电聚焦等作为最后的提纯步骤。用于细分离的方法一般规模较小,但分辨率高。

在分离分析特别是蛋白质分离分析中,层析是相当重要且相当常见的一种技术。近40 年来,随着层析的基质和仪器等的不断更新,层析方法已由过去的几种发展到今天名目繁杂的很多种;层析操作越来越简便、快速和自动化;层析效果越来越灵敏、精确。

层析方法可根据不同的标准分成若干类型:按流动相分类,有液相层析和气相层析;按固定相"床"的形式分类,有柱层析、薄板(层)层析、薄膜层析等。

下面将介绍几种在蛋白质分离纯化中常用到的层析方法。

1. 亲和层析

亲和层析(affinity chromatography)一般用于纯化蛋白质等大分子物质,方法的主要依据是各种大分子物质之间理化特性的差异性。由于物质间的这种理化差异性较小，因此要得到一种纯度稍高的物质，常常需要烦琐的操作，经历较长的时间，但最终回收率却很低。随着生化技术的发展，人们找到了一个有效的分离方法，即亲和层析法。

虽然在 20 世纪 60 年代以前就有人应用此法，但是由于固相载体的缺乏，使之发展缓慢。1967 年 Axen 等人发明了用溴化氰活化多糖凝胶偶联肽和蛋白质的方法，并成功地制备了固定化酶。不久，这一固定化方法便在亲和层析中得到采用，从而解决了固相载体的制备问题，这就使得酶类等大分子物质的纯化过程变得较简单、迅速和高效。这种利用大分子物质具有的特异的生物学性质进行纯化的方法于 20 世纪 70 年代就有了惊人的发展，并逐步得到了广泛的应用。

亲和层析的原理是：欲分离的大分子物质 S 和相对应的专一物质 L（配体）以次级键结合，能生成一种可解离的络合物 L-S，其中的 L 又能与活化的基质 M 以共价键首先结合，而形成复合物 M-L-S（S：substrate；L：ligand；M：medium），根据 L-S 之间能可逆地结合与解离的原理发展起来的层析方法称为亲和层析法。亲和层析的原理与众所周知的抗原-抗体、激素-受体、酶-底物等特异性反应机理类似，每对反应物之间都有一定的亲和力；只是前者进行反应时配体（类似底物）呈固相存在，而后者进行反应时底物呈液相存在。

根据亲和层析的原理，不难总结出这种层析方法的优缺点。

优点：亲和层析的分辨率比较高；用亲和层析法纯化样品时，上样量大、洗脱流速快、操作步骤少、活力不易丧失。

缺点：要分离一种物质必须找到适宜的配体，并将其制成固相载体后方可进行。

由于亲和层析介质的分离效率与层析所用的基质和所选择的配体均有关系，因而理想的基质和配体都应满足一定的条件：① 惰性物质，极低的非特异吸附性。② 不溶于水，但具有高度的亲水性，亲和吸附剂要易与水溶液中的生命大分子物质接近。③ 较好的理化稳定性，当配体固化和各种因素（如 pH、离子强度、温度和变性剂等）变化时，基质很少甚至不受影响。④ 机械性能好，具有一定的颗粒形式以保持一定的流速。⑤ 大量的化学基团能被有效地活化，而且容易和配体结合。⑥ 通透性好，使大分子能自由通过，适当的多孔性（即孔径大小和筛孔大小），可以提高结合容量。具体要求须根据分离物的性质而定。当分离物与配体亲和力弱时，选用多孔性好的基质可提高结合容量；当分离物呈颗粒状或碎片状时，则选用多孔性差的基质对改善分离效果有利。⑦ 能抵抗微生物和醇的作用。

一般亲和吸附剂采用的基质有纤维素、聚丙烯酰胺凝胶、交联葡聚糖、琼脂糖、交联琼脂糖以及多孔玻璃珠。实践中应用较多的基质是：聚丙烯酰胺凝胶（Bio-300）、多孔玻璃珠、琼脂糖珠（Sepharose 4B），而在这三种基质中，目前应用最多的是 Sepharose 4B。Sepharose 是由 D-半乳糖和 3,6-脱水-L-半乳糖结合成的链状多糖，它基本符合理想基质的要求，同时 Sepharose 极易用溴化氰活化，并易于引入不同的基团。它在温和的条件下可以连接较多的配体，容易吸附大分子物质，而且吸附容量也较大。Sepharose 4B 的结构比 Sepharose 6B 疏松，机械强度比 Sepharose 2B 好，成为亲和层析中广泛使用的一种基质。

优良的配体应具备两个条件：① 与纯化的物质有较强亲和力。从抑制剂对酶的抑制常数（K_i）或从某一配体与对应大分子物质形成络合物的解离常数（K_a）的大小，可以衡量配体是否适用。一般地，配体对大分子物质的亲和力越高（即 K_i 或 K_a 较小），在亲和层析中的应用价值就越大。但亲和力太大,对于大分子的分离纯化也是有害的,会引起酶活性的不可逆丧失。② 具有与基质共价结合的基团。该基团和基质结合后,对配体与互补蛋白的亲和力没有影响或影响不明显,即基质不应是底物的竞争性抑制剂。这点对小分子的配体尤为重要,因为一个配体的解离常数即使很小,在其偶联到基质后,也可能由于结构改变,导致对大分子物质的亲和力大大降低,甚至完全丧失。实际操作中,为了能给配体和底物的结合提供足够的空间,减少空间位阻效应,增加配体的活动度及伸入溶液的深度,提高配体的操作容量,通常会在基质与配体间引入臂(arm),使配体离开基质的骨架。

在蛋白质的分离纯化中,可以通过分子生物学的方法将目的蛋白与通用生化标签进行融合表达,由于这些生化标签可以与某些小分子配体进行可逆地结合与解离,所以可以利用亲和层析对不同的目的蛋白进行分离纯化。所有的生化标签均可以放在目的蛋白的N 端或 C 端,至于放在哪一端主要取决于这些标签在哪一端比较容易被载体识别(换而言之,标签会不会被蛋白质的高级结构所包埋)。如果目的蛋白的三维结构已知,则可以根据其结构来加以判断;若结构未知,则需要通过预实验来确定标签的最佳位置。下面将介绍两种最为常用的亲和层析纯化标签:

(1) 谷胱甘肽-S-转移酶(glutathione-S-transferase,GST)标签:带有此标签的重组蛋白可用交联谷胱甘肽的层析介质纯化,应用本方法时应注意以下几点:① 蛋白上的 GST必须能合适地折叠,形成与谷胱甘肽结合的空间结构才能用此方法纯化。② GST 融合蛋白与还原型谷胱甘肽的结合比较缓慢,为获得最大结合量,需要保证足够的相互作用时间。③ GST 标签多达 220 个氨基酸(M_r 为 26 000),目的蛋白纯化后需要酶切除去。酶切时可以在目的蛋白挂在层析柱上时进行酶切,也可以将融合蛋白从层析柱上洗脱下来后再进行酶切(图 9-4)。④ GST 标签比较大,可能会影响目的蛋白的可溶性,形成包涵体,这会破坏蛋白的天然结构,难于进行结构分析,有时即便纯化后再酶切去除 GST 标签也不一定能解决问题。

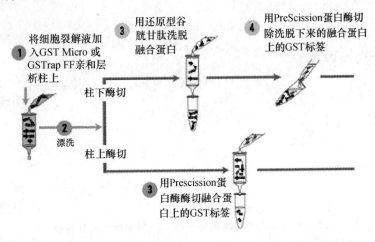

图 9-4　利用 PreScission 蛋白酶分别在层析柱上和层析柱下对融合蛋白进行酶切

(引自 GE Healthcare 手册系列之 GST 基因融合系统手册,https://www.gelifesciences.com/gehcls_images/GELS/Related%20Content/Files/1314807262343/litdoc18115758AB_20110831220904.pdf)

① 上柱:将含有 GST 标签的目的蛋白的细胞裂解液加入可以与 GST 标签进行相互作用的 GST Micro 或 GSTrap FF 亲和层析柱上。

② 洗柱：利用缓冲液对亲和层析柱进行漂洗，将不能挂柱的杂蛋白从层析柱上清洗下来。

③ 柱下酶切：先利用还原型谷胱甘肽将挂在层析柱上的含有 GST 标签的目的蛋白竞争性地洗脱下来，再利用 PreScission 蛋白酶在液态环境下将融合蛋白上的 GST 标签切除。

柱上酶切：直接将含有 PreScission 蛋白酶的缓冲液加入层析柱中，同时将层析柱与蠕动泵形成闭合回路，让 PreScission 蛋白酶循环往复地通过层析柱对挂在柱上的融合蛋白进行酶切，酶切时间通常为 8～10 h。经过酶切后，利用缓冲液对层析柱进行淋洗，将不含 GST 标签的目的蛋白从层析柱上冲洗下来进行收集，而 GST 标签依然会留在层析柱上。

④ 在洗脱下来的含有 GST 标签的目的蛋白溶液中加入 PreScission 蛋白酶，在液体环境下将 GST 标签从融合蛋白上切除。

(2) 6His 标签：His 的咪唑侧链可亲和结合镍、锌和钴等金属离子，在中性和弱碱性条件下带组氨酸标签的目的蛋白与镍柱结合，在低 pH 下用咪唑竞争洗脱。Ni^{2+} 不是以共价键与树脂相连，而是以配位键相连，在上样前螯合在树脂上的反应性基团上，最常用的反应性基团为氮川乙酸(NTA)，具有四个与金属离子相互作用的位点(图 9-5)。样品洗脱后，利用 EDTA 螯合除去 Ni^{2+} 和其上尚残存的蛋白质杂质分子，然后再进行层析柱的再生。

6His 标签与 GST 相比有许多优点：首先，由于只有 6 个氨基酸，相对分子质量很小，一般不需要酶切去除；其次，可以在变性条件下纯化蛋白，在高浓度的尿素和胍中仍能保持结合力(图 9-6，参见彩图 8)；再次，6His 标签无免疫原性，重组蛋白可直接用来注射动物，也不影响免疫学分析。

虽然有这么多的优点，但此标签仍有不足，如目的蛋白易形成包涵体、难以溶解、稳定性差及错误折叠等。镍柱纯化时金属镍离子容易脱落混入蛋白溶液，不但会通过氧化破坏目的蛋白的氨基酸侧链，而且柱子也会非特异吸附蛋白质，影响纯化效果。

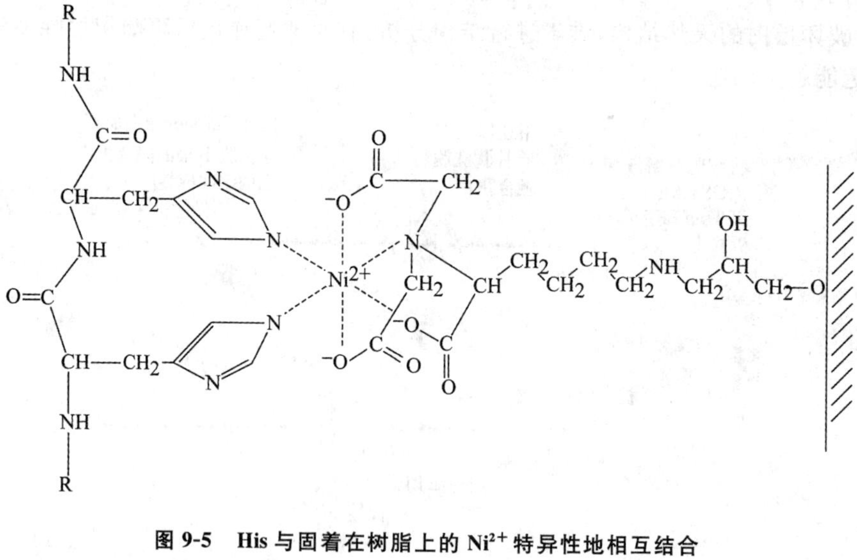

图 9-5　His 与固着在树脂上的 Ni^{2+} 特异性地相互结合

(引自 Qiagen 手册系列之 The QIA*expressionist*™，http://www.qiagen.com/literature/handbooks/literature.aspx? id=1000137)

NTA 通过共价键固着在树脂上，金属离子 Ni^{2+} 通过与 NTA 形成 4 个配位键螯合在固相支持物上，含有组氨酸标签的融合蛋白通过组氨酸上的咪唑基特异性与 Ni^{2+} 形成 2 个配位键，从而被固着在固相支持物上。

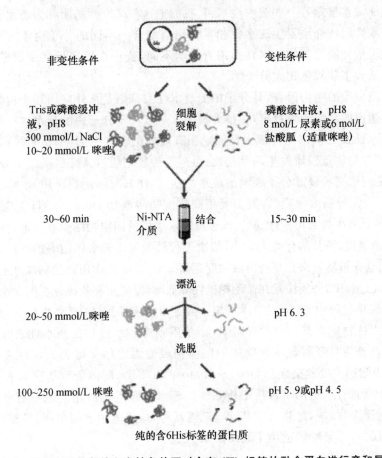

图 9-6　分别在天然条件和变性条件下对含有 6His 标签的融合蛋白进行亲和层析

（引自 Qiagen 手册系列之 The QIA*expressionist*™，http://www.qiagen.com/literature/handbooks/literature.aspx?id＝1000137）

含有 6His 标签的融合蛋白可以根据该蛋白是否可溶表达来决定在不同的条件下对其进行纯化，图中多肽链上深色部分表示的是融合蛋白中的 6His 标签。

若目的蛋白是可溶表达的，则可利用图中左侧的非变性条件对蛋白进行纯化：融合蛋白通过宿主菌表达后，在适当的缓冲液条件（pH8 的 Tris 或磷酸缓冲液，300 mmol/L NaCl，10～20 mmol/L 咪唑）下裂解细胞释放出融合蛋白；将细胞裂解液与 Ni-NTA 介质充分接触后（30～60 min），目的蛋白利用 6His 固着在树脂上；利用 20～50 mmol/L 咪唑冲洗亲和层析柱，去除非特异吸附的杂蛋白；最后利用 100～250 mmol/L 咪唑从亲和层析柱上将纯的含有 6His 标签的目的蛋白洗脱下来。

若目的蛋白是不可溶表达的，则可利用图中右侧的变性条件对蛋白进行纯化：融合蛋白通过宿主菌表达后，在适当的缓冲液条件（pH8 的磷酸缓冲液，8 mol/L 尿素或 6 mol/L 盐酸胍，适量咪唑）下裂解细胞释放出融合蛋白；将细胞裂解液与 Ni-NTA 介质充分接触后（15～30 min），目的蛋白利用 6His 固着在树脂上；将缓冲液的 pH 改变为 pH6.3 后冲洗亲和层析柱，去除非特异吸附的杂蛋白；最后缓冲液的 pH 改变为 pH5.9 或 pH4.5 后从亲和层析柱上将纯的含有 6His 标签的目的蛋白洗脱下来。

2. 疏水作用层析

疏水作用层析（hydrophobic interaction chromatography，HIC）是根据分子表面疏水性差别来分离蛋白质和多肽等生物大分子的一种较为常用的方法。蛋白质和多肽等生物大分子的表面常常暴露着一些疏水性基团,我们把这些疏水性基团称为疏水补丁,疏水补丁可以与疏水性层析介质发生疏水性相互作用而结合。不同的分子由于疏水性不同,它们与疏水性层析介质之间的疏水性作用力强弱不同,疏水作用层析就是依据这一原理分离纯化蛋白质和多肽等生物大分子的。

就球形蛋白质的结构而言,其分子中的疏水性残基数是从外向内逐步增加的,一般球形蛋白和膜蛋白的结构较为稳定,在很大程度上是取决于分子中的疏水性作用。

欲让亲水性强的蛋白质与疏水性固定相有效地结合在一起,一是靠蛋白质表面的一些疏水补丁;二是使蛋白质发生局部变性(可逆变性较理想),暴露出掩藏于分子内的疏水性残基;三是利用高盐暴露分子表面的疏水性残基,使其与固定相作用。

因此,亲水性较强的物质,一般需要用高浓度盐溶液如 $1mol/L(NH_4)_2SO_4$ 或 $2mol/L$ NaCl 处理,使之发生局部可逆性变性,能够与疏水层析的固定相结合在一起,然后通过降低流动相的离子强度,按其结合能力大小,依次进行解吸附。疏水作用弱的物质,用高浓度盐溶液洗脱时,会先被洗下来。当盐溶液浓度逐渐降低时,疏水作用强的物质才能达到解吸附的目的。在此过程中,必须注意在流动相极性降低时,要防止有效成分发生变性。

在疏水层析过程中,所使用的固定相一般是由基质和配体(疏水性基团)两部分构成,其配体对疏水性物质具有一定的吸附力,而基质则有亲水性和非亲水性之分。通常由亲水性或疏水性基质与吸附疏水性物质的配体构成的固定相又称为亲水性或疏水性吸附剂:亲水性吸附剂主要是交联琼脂糖(Sepharose CL-4B),配体是苯基或辛基化合物,这类吸附剂基本不耐高压,适用于常压层析系统。疏水性吸附剂所用的基质有硅胶、树脂(苯乙烯、二乙烯聚合物)等,配基为苯基、辛基、烷基等,这类吸附剂能耐压、机械性能好,不仅适用于常压层析,而且特别适用于高压层析。

3. 离子交换层析

离子交换层析(ion-change chromatography)是分析性和制备性的分离、纯化混合物的液-固相层析方法,是目前蛋白质分离纯化的重要手段之一。它基于固定相所偶联的离子交换剂和流动相解离的离子化合物之间发生可逆的离子交换反应而进行分离。离子交换剂是由电荷基团(或功能基团)和反离子构成的,它在水中呈不溶解状态,能释放出反离子;并且它与溶液中的其他离子或离子化合物相互结合,本身的理化性质仍保持不变。

离子交换剂与水溶液中离子或离子化合物的反应主要以离子交换方式进行,或者借助离子交换剂上电荷基团对溶液中离子或离子化合物的吸附作用进行。这些过程都是可逆的,假设以 RA 代表阳离子交换剂,它在溶液中解离出来的阳离子 A^+ 与溶液中的阳离子 B^+ 能发生可逆的交换反应:

$$RA+B^+ \rightleftharpoons RB+A^+$$

在一定的 pH 环境中,不同物质的解离度不同,分子或离子带电性的强弱就不一样,与离子交换基团的交换能力也不同,通过改变洗脱液离子强度和(或)pH 梯度有效控制这种交换能力,就可使这些物质按亲和力大小顺序依次从层析柱中洗脱下来。

对于呈两性离子的蛋白质、酶类、多肽和核苷酸等物质与离子交换剂的结合力,主要取决于它们的物理化学性质和在特定 pH 条件下呈现的离子状态。当 pH 低于 pI 时,它们能被阳离子交换剂吸附;反之,pH 高于 pI 时,它们能被阴离子交换剂吸附。若在相同的 pH 条件下,且 pI>pH 时,pI 越高,碱性越强就越容易被阳离子交换剂吸附。离子交换剂对各种离子或离子化合物有不同的结合力,从而能够成功地把各种无机离子、有机离子或生命大分子物质分开。

实用的离子交换剂应满足下列要求:有高度的不溶性,即在各种试剂中进行交换时,交换剂不发生溶解;有疏松的多孔结构或巨大的表面积,使交换离子能在交换剂中进行自由扩散和交换;有较多的交换基团;有稳定的物化性质,在使用过程中,交换剂不能因物理或化学因子的变化而发生分解和变形等现象。

根据离子交换剂中基质的组成和性质,可以分成疏水性离子交换剂和亲水性离子交换剂。疏水性离子交换剂的基质是一种人工合成的、与水结合力较小的树脂物质,常用的一类树脂是由苯乙烯和二乙烯苯合成的聚合物,并以共价键方式引入不同的电荷基团,如,MonoQ、MonoS。而亲水性离子交换剂的基质是一类天然的或人工合成的、与水结合力大的物质,常用的有纤维素、交联葡聚糖(G25、G50)和交联琼脂糖(Sepharose CL-6B)等,这类离子交换剂按引入电荷基团的性质可分为强酸性、弱酸性、强碱性、弱碱性离子交换剂,如阳离子交换剂有 CM-纤维素、CM-Sephadex C25、CM-Sephadex C50、CM-Sepharose 等,其中 CM 为羟甲基;阴离子交换剂有 DEAE-纤维素、DEAE-Sephadex A25、DEAE-Sephadex A50、QAE- Sephadex A25、QAE- Sephadex A50、DEAE-Sepharose 等,其中 DEAE 为二乙基氨基乙基,QAE 为 2-羟丙基二乙基氨基乙基。

任何一种离子交换剂都不可能适用于分离所有的样品物质。因此,选择理想的离子交换剂是提高有效成分的得率和分辨率的重要环节。首先,阴阳离子交换剂的选择取决于被分离物质所带的电荷,如果被分离物质带正电荷,则选择阳离子交换剂;如果被分离物质带负电荷,则选择阴离子交换剂(图 9-7);如果被分离物质为两性离子,则应根据其在稳定的 pH 范围内所带电荷来选择交换剂。其次,强弱离子交换剂的选择,强离子交换剂适用的 pH 范围很广,常用来制备无离子水和分离一些在极端 pH 溶液中解离且较稳定的物质;弱离子交换剂适用的 pH 范围较窄,在中性溶液中交换容量也高,用它分离生命大分子物质时,其活性不易丧失。因此分离生物样品习惯采用弱离子交换剂。

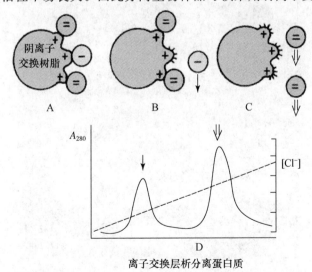

图 9-7　离子交换层析分离蛋白质示意图

A. 样品全部交换并吸附到树脂上;B. 负电荷较少的分子用较稀的 Cl⁻ 或其他负离子溶液洗脱;C. 电荷多的分子随 Cl⁻ 浓度增加依次洗脱;D. 洗脱图;A_{280} 表示 280nm 的吸光度

离子交换层析包括离子交换剂平衡、样品物质加入和结合、改变条件以产生选择性吸附、取代、洗脱以及离子交换剂再生等步骤。

4. 凝胶过滤层析

详见第四章第二节。

5. 电泳

蛋白质在高于或低于其 pI 的溶液中为带电的颗粒，在电场中能向正极或负极移动。这种通过蛋白质在电场中泳动而达到分离各种蛋白质的技术，称为电泳（elctrophoresis）。根据支撑物的不同，电泳可分为薄膜电泳、凝胶电泳等。最常用的是聚丙烯酰胺凝胶电泳。聚丙烯酰胺是一种人工合成的凝胶，由单体丙烯酰胺和交联剂甲叉双丙烯酰胺在催化剂过硫酸铵和加速剂 TEMED 作用下聚合成网状。其网状的大小决定于单体丙烯酰胺和交联剂甲叉双丙烯酰胺的浓度及两者的比例。

（1）SDS-聚丙烯酰胺凝胶电泳

SDS-聚丙烯酰胺凝胶电泳，也称为十二烷基磺酸钠-聚丙烯酰胺凝胶电泳，主要用于蛋白质亚基相对分子质量的测定。

（2）聚丙烯酰胺等电聚焦电泳法（isoelectrofocusing polyacrylamide gel electrophoresis，IEF-PAGE）

在 IEF 技术中，载体两性电解质能够提供稳定的、连续的、线性的 pH 梯度，当带电的蛋白质分子进入此体系时便移动，并聚焦于相当于其等电点的位置，这样可测得该蛋白质的等电点。（详见第四章第四节）

（3）双向凝胶电泳（two-dimensional gel electrophoresis，2-DE）

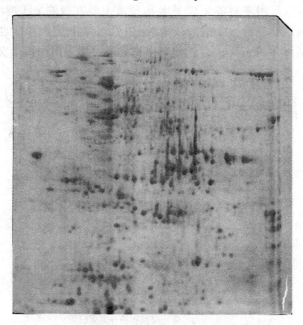

图 9-8 萌发 2h 小麦胚总蛋白双向电泳凝胶图
（引自首都师范大学硕士学位论文，2011）

双向电泳由 O'Farrell 于 1975 年首次建立，并被用于成功地分离约 1000 个 *E. coli*

蛋白。双向凝胶电泳原理简明,第一向进行等电聚焦(isoelectric focusing,IEF),蛋白质沿 pH 梯度分离至各自的等电点;随后,再沿垂直的方向进行相对分子质量的分离。等电聚焦双向聚丙烯酰胺凝胶电泳(IEF×SDS-PAGE)是分离蛋白质混合物所要选择的核心技术之一,IEF 和 SDS-PAGE 的结合形成了根据两个独立参数(电荷和分子质量大小)来分离蛋白质的二维方法,可以分离数千个蛋白质点和进行蛋白质差异显示(图 9-8)。2-DE是所有电泳技术中分辨率最高、信息量最多的方法。

6. 超速离心

离心是利用旋转运动的离心力以及物质的沉降系数或浮力密度的差异进行分离、浓缩和提纯的一种方法。颗粒的沉降速度取决于离心机的转速及其自身与中心轴的距离。不同大小、形状和密度的颗粒会以不同的速度沉降。

蛋白质在离心场中的行为可以用沉降系数(sedimentation coefficient,S)表示,沉降系数是生物大分子的特征常数,它除了与颗粒的密度、形状和大小有关以外,还与介质的密度、黏度有关。为了纪念斯维德伯格(Svedberg)(瑞典化学家 Theodor Svedberg,1926年由于其在胶体化学方面的贡献获得了诺贝尔化学奖,并发明了超速离心器),人们把沉降系数的单位确定为 S,$1S = 10^{-13}$ 秒。

超速离心法(ultracentrifugation)既可以用来分离纯化蛋白质,也可以用作测定蛋白质的相对分子质量。因为沉降系数 S 大体上与相对分子质量成正比关系,但对分子形状的高度不对称的大多数纤维状蛋白质不适用。

思考题

(1)凝胶过滤和 SDS-聚丙烯酰胺凝胶电泳两种方法都是根据分子大小对蛋白质进行分离的,并且都使用交联聚合物作为支持介质,为什么在前者是小分子比大分子跑得慢,而在后者则恰恰相反?

(2)试述利用 GST 融合蛋白表达系统分离纯化目的蛋白的原理。在分离纯化的过程中,如何获得含有 GST 标签的目的蛋白?又如何获得不含有 GST 标签的目的蛋白?

(3)现有一项蛋白质纯化方面的工作,需要纯化并鉴定野生型的 NOPBCase。在你得到粗提液后(CL),你决定用硫酸铵沉淀 NOPBCase。

① 简单描述硫酸铵沉淀蛋白质的原理。

② 和你一起工作的同事已经对 NOPBCase 做了一些原始的工作,她发现在40%饱和度的硫酸铵中,这个酶会完全沉淀。不幸的是,在计算应该加入多少硫酸铵时你因为犯了个错误,配成了60%饱和度的硫酸铵溶液!你估计这个错误会对硫酸铵沉淀后得到的样品 NOPBCase 的总活力产生什么影响,升高,降低,还是不变?为什么?

③ 这个错误会怎样影响 NOPBCase 的比活(升高,降低,还是不变)?并给出理由。

(4)在某实验的最后,你决定鉴定某一提取蛋白的大小和结构。你发现在凝胶过滤层析中,该蛋白在 120 000 的标准蛋白的流出位置处流出,接下来你和你的同伴决定分别用纯化的样品做蛋白质印迹实验。先跑 SDS-PAGE 电泳,然后再用该蛋白抗体做 Western-blotting,两人得到的结果如下,试分析结果为什么不相同?

(宣劲松　张艳贞)

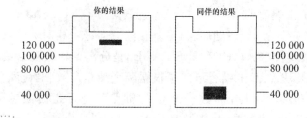

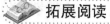

糖尿病的克星——胰岛素的发现

1921 年 8 月，在加拿大多伦多医学院一个简陋的小实验室里，班廷等完成了一项划时代的重大发现：人工提取胰岛素用来治疗糖尿病。胰岛素发现的重要历史地位和深远影响力在于，胰岛素发明以前，糖尿病无法得到有效控制，几乎是一种绝症，而今胰岛素已经成为治疗糖尿病最有效的方法之一。1923 年，加拿大科学家弗雷德里克·格兰特·班廷(Frederick Grant Banting)和英国科学家麦克劳德(John James Richard Macleod)因发现胰岛素获得了诺贝尔生理学或医学奖。

班廷曾是一名外科医生，并在医学院做兼职教师。在工作中班廷了解了糖尿病和胰腺之间的关系。陆续有报道指出胰脏的萃取物具有降血糖的作用，并且不断有人尝试分离胰脏的神秘内分泌物质，但都未能成功。1920 年，《外科与妇产科》上巴伦的一篇关于糖尿病与胰腺之间联系的文章引起了他极大的兴趣，报道结扎胰导管可以使分泌胰酶的细胞萎缩，而胰岛细胞却不受影响。这篇文章给了班廷很大启发，他在笔记本上写道："结扎狗的胰导管。6 到 8 个星期后使胰腺萎缩。然后切下胰腺进行抽提。"他决心大胆尝试。当时加拿大只有多伦多大学的生理系有条件做这样的实验。于是他两次到那里，向生理系的麦克劳德教授请求允许他在那里做这个实验。但是两次都被拒之门外。一直到第三次，麦克劳德教授才勉强同意给他几只狗，允许他在暑假期间借用一间简陋的实验室工作八个星期。班廷本人缺乏化学方面的训练，教授为班廷配备了一位助手，即将毕业的医学院学生查尔斯·贝斯特。麦克劳德教授本人就到苏格兰度假去了。

1921 年 5 月 17 日，29 岁的班廷和 22 岁的贝斯特开始工作。班廷先给一条狗做了结扎胰管手术，几周后从狗已经萎缩的胰脏中提取了他们感兴趣的东西——胰岛细胞中的物质，然后他将这种物质注入得了糖尿病快要死去的狗颈静脉中，观察狗的情况。一条狗死去了，又一条狗死去了……一次次地失败，他们吸取教训，重新再来。他们一直奋战了两个多月，由于贝斯特的报酬没人支付了，只好算班廷向贝斯特借钱。直到 7 月 30 日，他们给一只患糖尿病的狗注射了 5 毫升从狗的胰腺里提取出来的宝贵的胰腺抽提液，奇迹出现了——这只狗的血糖浓度迅速下降，他们终于救活了一条狗，这使班廷欣喜若狂！一项伟大的发现完成了。

经过反复实验，班廷和贝斯特终于发现胰岛提取物具有维持糖尿病狗生命的作用，他们给它取名为"岛素"。然而，为了维持 1 条狗的性命，却用了 5 条狗的胰脏，这就等于杀死 5 条狗使 1 条狗活命，简直太荒唐，太胡闹了。那么怎样才能得到更多的岛素而又不杀死狗呢？班廷想到了屠宰场。不久，他和贝斯特从屠宰场带回了 9 只牛的胰脏。从中提取到了可贵的岛素。最后，两人先后在自己身上做了人体实验，证明了这种能救活狗的东西对人体是无害的。他们决定把这种胰脏提取物——岛素用在病人身上。

一直在幕后的麦克劳德教授意识到了这两个毛头小伙子的研究成果在医学上的价值。他暂时丢下手头的研究，带领全体助手，投入了班廷和贝斯特的工作。他做的第一件事就是将岛素改名为胰岛素，它的拉丁文为 insulin。他们分几路人马，使胰岛素的研究速度加快了。

然而他们这种方法能得到的胰岛素太少了。大量制取胰岛素，成为多伦多大学医学系全体人员的共同愿望。期间麦克洛德教授在最权威的机构——美国医师协会的会议上报告特大喜讯：找到了医治糖尿病的一种方法。这一喜讯为班廷和他的同事们呼唤来了一大批同盟军，全世界许多医学实验室都投入到了制取胰岛素的工作中。以后很多年，胰岛素一直是从猪胰腺里提取。后来又做出了牛胰岛素。中国很早就人工合成了结晶牛胰岛素，但在产业化上一直没有大的发展。以后动物胰岛素的纯度越来越好，到 90 年代，礼来和诺和诺德相继推出了基因重组的人胰岛素，彻底解决了动物胰岛素容易使人体产生抗体的问题。现在国内也可以生产基因重组的人胰岛素了。

班廷由于这一伟大贡献获得了一半诺贝尔奖金，另一半由麦克洛德教授获得。但是做出重要贡献的贝斯特却被排除在外，不能不令人感到遗憾。

（郭俊霞）

第十章　蛋白质组学

蛋白质组学(proteomics)，这个词汇被使用刚刚十余年，现在则代表着一个迅速成长和成熟的学科，代表着一个蓬勃发展的产业。蛋白质组学是基于蛋白质组(proteome)的概念而建立起来的，蛋白质组是在一定条件下由一个特定细胞或生物体产生的所有蛋白质，蛋白质组是一个复杂而动态的统一体。蛋白质组学主张对蛋白质进行系统的和大规模的分析，从而获得一个综合的观点：即为了建立和维持一个正常运行的生物系统，蛋白质是如何行使功能和协同作用的。

第一节　蛋白质组学产生的历史背景

人类对自身生命的追问以及对其所生存的环境中各种生命现象的探索从未停止过，基因组研究形成了 20 世纪生命科学研究一道亮丽的风景线，取得了巨大的成就。随着全球性基因组计划，尤其是人类基因组计划的不断深入推进和逐步完成，研究重心已经从揭示生命的所有遗传信息转移到在分子整体水平对功能的研究上，蛋白质组研究成为其中一个很重要的核心的内容。

一、大规模生物学的兴起

分子生物学研究的总目标是确定基因及其产物的功能，并将它们与代谢途径和调控网络联系起来，最终深入理解一个生物系统是如何工作的。自 20 世纪 50 年代 DNA 双螺旋结构模型创立以来大约半个世纪的时间里，分子生物学研究主要集中在对个别基因和蛋白质的分离、鉴定上，研究者们通过归纳他们新发现的单个基因或蛋白质序列，缓慢地积累基因和蛋白质数据。到了 20 世纪 90 年代，由于工厂化自动化 DNA 测序技术的出现，有效地打破了技术瓶颈，开始产生大量的序列数据，为启动全球性基因组计划奠定了基础，其后短短几年里，研究者们完成了对 100 多个基因组序列的测定，其中包括人类自身的基因组测序在 2003 年也基本完成。

大规模测序迎来了基因组学时代的新纪元，人们认识到无论多么复杂的生物系统，其遗传信息最终也是有限的，如果能收集和分析足够的信息数据，就有可能在整体上研究生物系统。实际上，自人类基因组计划启动以来，公共媒体也是如此向大众勾画美丽图景的。但不幸的是，尽管基因组测序技术发展很快，基因功能研究的技术却远远落后，因此基因组序列数据库里充斥了大量的无名序列和基因片段，而在那些已完成功能鉴定的物种基因组内也发现了很多与以前鉴定的序列无关的新基因。基因功能的研究呼唤新的方法，也受制于研究技术的局限，无论如何，全面、系统是其必然的趋势。

系统生物学应运而生。系统生物学将在基因组序列的基础上完成由生命密码到生命过程的研究，这是一个逐步整合的过程，由生物体内各种分子的鉴别及其相互作用的研究到途径、网络、模块，最终完成整个生命活动的路线图。系统生物学是研究复杂生命体系的一种方法学，通过采集生物系统中多个层次、多方面信息的复杂的相互作用，以了解它们在一个整体中是如何协调工作的，最终期望能提供这个系统的准确而全面的知识。

二、从基因组、转录物组到蛋白质组

人类基因组计划和随后发展的各种组学技术开启了系统生物学的时代，所以有必要重新评价分子生物学的中心法则，即基因先转录成 mRNA，再由 mRNA 翻译成蛋白质。新的模式是基因组（genome）产生转录物组（transcriptome），再由转录物组翻译产生蛋白质组（proteome）。

细胞或生物体内一套完整单倍体的遗传物质的总和称为基因组，是由基因和基因外的核苷酸序列组成的。基因组是一个静态的信息源，即无论细胞类型或环境条件如何，除极少数情况以外，它总是维持不变。2001 年人类基因组框架图的发表使大众对科学家将揭示人类的遗传奥秘充满了幻想和信心。但是，即使完整的基因目录充其量也只是提供了一张组分表，它对生物系统是如何工作的解释并不比零件表对一部机器如何工作的解释多，尤其是人类基因组结构的复杂性以及高等真核生物基因组中开放阅读框（open reading frame，ORF）的确定和判读仍是悬而未决的问题，因而要从分子水平进行实质性的功能分析尚不成熟。

转录物组和蛋白质组是动态的，它们的含量随条件不同而波动，这是由于转录调节、RNA 加工、蛋白质合成和蛋白质修饰造成的。基因组计划经历了大规模克隆和测序方法的巨大发展，将这些新技术用于基因的功能分析是顺理成章的。因而最初的功能基因组研究技术是在高通量 DNA 克隆和测序的基础上建立起来的，如大规模突变技术、序列取样技术和 RNA 干扰技术等，被广泛用于在全局水平上对基因进行分析或对 mRNA 表达谱进行分析。然而，蛋白质才是细胞的实际功能分子，这些对于基因功能的大规模分析，典型的策略：一是失活每一个基因，导致蛋白质不能表达；二是使基因过表达，导致丰度过高或异位活性，这些情况产生的表型可能不提供任何信息。例如，许多蛋白质的丢失是致死的，虽然这告诉我们该蛋白质是必需的，但它并没有告诉我们该蛋白质实际上是干什么的。其次，一个转录物的丰度可能并不反映相应蛋白质的丰度，这一点也已被很多实验所证明。更何况许多功能蛋白还有翻译后修饰、剪接和加工等过程，这无法从相应的基因水平和转录水平预测到。再次，蛋白质的功能还常常依赖于它在细胞中的位置，许多蛋白质都能在胞浆和胞核间穿梭，并以此作为一种调控形式，某些情况下，重要的是一个蛋白的分布而不是其绝对丰度。还有，有些生物样品不含有核酸，如大部分体液（包括血清、脑脊液和尿液）就不含核酸，但这些体液内的蛋白质水平常作为疾病进展的重要指标；最后，蛋白质之间还存在复杂的相互作用，生命现象的发生往往是多个蛋白以不同形式、不同状态参与的结果。因此，要对生命的复杂活动有全面和深入的认识，从整体、动态、网络的水平上进行蛋白质层次的研究是必不可少和不能替代的。

三、蛋白质组学的基本概念及意义

鉴于基因组研究的局限性，澳大利亚 Macquaie 大学的 Wilkins 和 Williams 最先提出蛋白质组的概念。蛋白质组的概念自提出以来，也在不断演化和深化，这本身也显示了人们对蛋白质认识的不断发展。蛋白质组概念源于蛋白质(protein)与基因组(genome)两个词的杂合,意指"一种基因组所表达的全套蛋白质",即包括一种细胞乃至一种生物所表达的全部蛋白质。随后在1996年,他们进一步完善了这个定义,指的是在一定条件下,在某一个生命体系中由基因组编码的全部蛋白质,即某一物种、个体、器官、组织乃至细胞的全部蛋白质,此概念则比较注重强调蛋白质类型与数量在不同种类、不同时间和条件下的动态本质。

2005年,Englbrecht等认为蛋白质组学(proteomics)就是理解和鉴定研究对象中全部蛋白质的结构、功能和相互作用;Pennington S. R.则认为蛋白质组学是在基因组学的基础上研究蛋白质的表达与功能的科学,是建立在从cDNA阵列、mRNA表达谱的基因功能分析,基因组范围的酵母双杂交,蛋白质与蛋白质相互作用分析到蛋白质表达、测序和结构分析等诸多不同实验方法相互融合基础上的科学。多伦多大学的Mike Tyers则认为,蛋白质组学就是以前所未有的、高通量、规模进行的蛋白质化学,是后基因组学时代所有研究的总和。

从以上概念的发展中可以发现:① 蛋白质组与基因组不同,蛋白质组是动态的过程,基因组是相对恒定的,基因组内各个基因的表达随着机体内外环境的变化呈现不同的表达模式,它不仅在同一机体的不同发育阶段有明显的差异,在机体的不同组织和不同细胞中以及生理状态与疾病阶段也各不相同;② 蛋白质组学与传统的蛋白质化学的研究不同,蛋白质组学研究的对象不是单一或少数的蛋白质,它着重的是全面性和整体性,需要获得体系内所有蛋白质组分的物理、化学及生物学参数,如相对分子质量、等电点等。它是动态的,有它的时间性、空间性、可调节性。

因此,蛋白质组学研究是基因组学研究的重要补充和延伸,蛋白质组学通过研究细胞或组织内、特定的时间和空间内全部蛋白质的组成、结构及其相互作用活动规律,最终目标是阐明生命细胞进行代谢、信号传导和调控网络的组织结构和动力学,并理解这些网络如何在病理中失去功能,又如何通过干预(如药物和基因)改变它们的功能。蛋白质组学研究对揭示生命活动规律、探讨重大疾病机制、疾病诊断和防治以及新药开发具有重要的理论指导意义;蛋白质组学研究不仅是探索生命奥秘的必需工作,也能为人类健康事业带来巨大的利益。

第二节　蛋白质组学的研究范畴

随着学科的发展,蛋白质组学的研究范畴也在不断完善和扩充。从研究对象看,已涵盖了原核生物、真核生物、动物、植物,也涵盖了各种组织、器官、细胞乃至各种细胞器;从研究内容看,不仅包括对各种蛋白质的识别和定量化,还包括确定它们在细胞内外的定位、修饰、相互作用网络、活性并最终确定它们的功能以及蛋白质高级结构的解析;从研究策略看,主要分为两种类型:一是着眼于细胞或组织的全部蛋白质即整个蛋白质组;二是着眼于与一个特定的生物学机制或机制相关的全部蛋白质。因此蛋白质组学按照不同的分类依据可分成不同的但又彼此交叉的分支,它们包括了上述各个领域,把来自各方面的信息综合起来,即可全面理解生物系统。

（一）以蛋白质组学研究策略为依据

从蛋白质组学研究策略的角度，可将蛋白质组学分为表达蛋白质组学、比较蛋白质组学和临床蛋白质组学。

表达蛋白质组学又称为组成蛋白质组学（constitution proteomics），即采用高通量的蛋白质分离、鉴定技术尽可能"查清"正常生理条件下机体、组织或细胞的全部蛋白质，建立蛋白质组数据库，这种研究从大规模、系统性的角度看待蛋白质组学，也更符合蛋白质组学的本质。

比较蛋白质组学又称为功能蛋白质组学（functional proteomics），它着重于寻找和筛选引起2个或多个样本之间的差异蛋白质谱产生的任何有意义的因素，即研究不同时期蛋白质组成的变化，或蛋白质在不同环境下的差异表达。这种研究更倾向于把蛋白质组学作为研究生命现象的手段和方法。

临床蛋白质组学（clinical proteomics）就是系统地运用蛋白质组学方法研究和发现参与疾病发生发展过程中的所有蛋白质，理解疾病如何改变这些蛋白质的表达，以加速发现潜在的药物靶标、诊断和预后标记物等，从而为疾病诊断、药物开发和疾病治疗提供依据。它又可细分为疾病诊断、预后、治疗等蛋白质组学。

（二）以人体组织与器官来源为依据

根据人体组织与器官来源的不同，可将蛋白质组学分为肝脏蛋白质组学、肾脏蛋白质组学、脑蛋白质组学、肺蛋白质组学、胰腺蛋白质组学、心蛋白质组学、神经蛋白质组学、体液蛋白质组学等。体液蛋白质组学又可分为血浆蛋白质组学、血清蛋白质组学，以及脑脊髓液、生理滑液、乳头吸取液、唾液、尿液和肿瘤间质液等体液蛋白质组学。

相对而言，体液易于收集，监测体液中某些蛋白质波动与疾病的关系，非常有助于疾病的诊断，这是目前研究的热点和重点。

肝脏是人体最大的器官，而且是蛋白质合成与物质代谢的中心，很多疾病与肝脏功能和状态存在着密切的关系。我国是乙型肝炎病毒（hepatitis B virus，HBV）感染大国，因此，肝脏蛋白质组学、肝病蛋白质组学、肝癌蛋白质组学是我国疾病蛋白质组学的主要方向。

（三）以不同亚细胞器或细胞成分为研究对象

以细胞中的不同亚细胞器为研究对象，有相应的细胞器蛋白质组学（organellar proteomics）之分。细胞器是指在细胞中一些具有一定的形态和功能、具有相对完整结构的一些细胞内组分。如经典的被膜包被的线粒体、高尔基体、过氧化物酶体、溶酶体、细胞核；没有膜结构的，如细胞核骨架；具有特殊形态和（或）功能的，如转录复合体、起始复合体等。以细胞成分来分类，提出了成分蛋白质组学的新名词，如膜蛋白质组学（membrane proteomics），主要研究膜的蛋白质组成、翻译后修饰、蛋白质与蛋白质的相互作用和动态变化。但是由于大部分膜蛋白为不溶性蛋白，其表达丰度相对较低，分子质量差异巨大，因而其研究相对而言困难较大。

（四）蛋白质组学的其他分支

根据组织中细胞的不同分化程度，可分为分化细胞和干细胞蛋白质组学。干细胞蛋白质组学是目前研究的又一个热点，有胚胎细胞来源的，有骨髓细胞来源的，最新的关注点是来自体细胞的干细胞。以细胞的特殊功能为依据，有功能蛋白质组学等新名词，如氧化蛋白质组学（oxidative proteomics），就是研究体内外活性氧对机体蛋白质功能与结构的影响及所产生的细胞效应。发现其中的蛋白质的变化将对衰老、恶性化等疾病的诊断和治疗有一定的启示作用。此外，根据蛋白质的不同家族，有蛋白质家族蛋白质组学；根据参与重要生命活动的分子机制，有信号途径蛋白质组学；根据蛋白质组学的目的的不同，有靶分子蛋白质组学、药物蛋白质组学、毒物蛋白质组学和化合物蛋白质组学等。

第三节　蛋白质组学研究的技术策略与技术平台

蛋白质组学的兴起对技术有了新的需求和挑战，从某种意义上说，蛋白质组学研究成功与否，很大程度上取决于其技术方法水平的高低。当前，蛋白质组学研究已有的技术与自动化、高通量的基因测序相比还相差甚远，蛋白质组学研究的难度远比一般人想象的大。其原因在于：① 蛋白质分子只能在相对严格的 pH、温度等理化条件下保持结构和功能的稳定，所以其分离、纯化及鉴定所需实验条件要求较高；② 蛋白质不能像核酸 PCR（polymerase chain reaction，聚合酶链式反应）扩增那样通过表达载体进行方便的体外扩增和纯化，所以难以检测到低丰度的蛋白质；③ 如何有效地将蛋白质组相关数据库和工具软件相结合挖掘其中重要信息也有很大难度；此外，对于不溶性蛋白、膜蛋白和极酸或极碱蛋白，目前还没有理想的检测方法。因此，发展高通量、高灵敏度、高准确性的研究技术平台仍将是今后相当长一段时间内蛋白质组学研究中的主要任务。本节就当前蛋白质组学研究技术做一简介。

一、蛋白质组分离鉴定方法的发展

尽管困难重重，近些年蛋白质组研究的技术方法还是取得了突飞猛进的发展。当前蛋白质组研究技术主要有电泳技术、色谱技术、质谱技术以及以上技术的联用技术，另外还有蛋白质芯片技术、酵母双杂交技术、生物信息学技术等。

（一）电泳技术

150 多年前已发现电泳现象，1937 年 Tiselius 建立"自由电泳/移动界面电泳法（moving boundary EP）"，并将它用于血清蛋白的研究，将血清蛋白按迁移率分为：清蛋白、α1-、α2-、β-和 γ-球蛋白。50 年代后发展了支持物电泳——区带电泳（zone EP，ZEP），根据所用支持物的不同，分为滤纸电泳、醋酸纤维素薄膜电泳、粉末（淀粉）电泳、细丝电泳和凝胶电泳，其中发展最快、最成熟的是聚丙烯酰胺凝胶电泳，通过改变凝胶和缓冲液的组成成分，可按照不同的分离机制对蛋白质进行分离分析。

双向/二维凝胶电泳的思路最早是由 Smithies 和 Poulik 提出的，20 世纪 70 年代初发明了二维电泳技术，经过几十年来多种二维组合模式的探索和完善，二维凝胶电泳（two-dimensional gel electrophoresis, 2-DE)已成为蛋白质组学研究中首选的分离技术之一。目前双向凝胶电泳通常指 IEF×SDS-PAGE。其基本原理是：一向分离根据蛋白质的等电点的差异，通过等电聚焦(Isoelectric focusing, IEF)进行分离，二向分离根据蛋白质相对分子质量大小的不同，通过 SDS-聚丙烯酰胺凝胶电泳进行分离。早期通过使用载体两性电解质产生 pH 梯度，造成了 2-DE 阴极漂移和结果重复性很差。Bjellquist 和 Görg 等发明了固相化 pH 梯度(immobilized pH gradient, IPG)等电聚焦电泳技术，使得 2-DE 的上样量和重复性得到改善。随着 EST 数据库等后续技术的改进和生物质谱技术灵敏度的提高，2-DE 得到了更为广泛的应用。但是，2-DE 技术仍然存在许多需要解决的问题，膜蛋白、碱性蛋白、低丰度蛋白的分离与检测，蛋白质分离的规模化和自动化，获得高重复性高分辨率的结果仍是 2-DE 面临的重要问题。

蛋白质高效分离体系中另一个常用的电泳方法是高效毛细管电泳技术(high performance capillary electrophoresis, HPCE)。HPCE 是一种高效、快速分离分析蛋白质等组分的新技术，是经典电泳技术与现代柱式分离技术的结合，在生物科学、医学和食品等领域具有广泛的应用前景。HPCE 是利用小的毛细管代替传统的大电泳槽，使电泳效率提高了几十倍。毛细管具有容积小、侧面积与截面积比值大的特点，可产生平面形状的电渗流，其分离原理基于各物质的净电荷与质量之间比值的差异，不同离子各自表面电荷密度的差异，在毛细管介质中的迁移速度不同一等。它是一种新型的蛋白质分离技术，操作简单、分离时间短、样品用量少，成本低，试剂使用少，毛细管可反复使用、可自行配制缓冲液等，在蛋白质、氨基酸、核酸等生物分子的分离分析方面显示出极大的优越性。但 HPCE 还有急需完善的地方，如电渗会造成基线不稳、重复性差、定性定量困难等问题；毛细管体积小，不能进行常量制备、进行微量制备也需要多次收集或采用高浓度的样品；高电压、高强度的使用环境使得填充管或涂层管的涂层材料选择不易等。

(二) 色谱技术

色谱法，因最先用于分离植物叶子色素，各种色素以不同速率通过柱子形成易于区分的色素带而得名。色谱又叫层析，层析技术有很多种，按照分离原理可分为吸附层析(absorption chromatography)、分配层析(partition chromatography)、离子交换层析(ion exchange chromatography)、凝胶过滤层析(gel filtration chromatography)、亲和层析(affinity chromatography)、金属螯合层析(metal chelating chromatography)、疏水层析(hydrophobic chromatography)和反相层析(reverse phase chromatography)等。

除了前面几章介绍过的离子交换层析、凝胶过滤层析外，高效液相色谱(high performance liquid chromatography, HPLC)、反相高效液相色谱(reversed phase HPLC, RP-HPLC)、快速蛋白质液相层析(fast protein LC, FPLC)在蛋白质分离纯化方面也颇受青睐。

高效液相色谱实际上是离子交换层析、凝胶过滤层析、吸附和分配层析等层析技术的发展新阶段，它一方面以这些层析原理为基础，另一方面在技术上作了很大改进，使这些层析有更高的效率、更高的分辨率和更快的过柱速度。HPLC 已成为目前最通用、最有力和最多能的层析形式。

反相高效液相色谱是利用物质表面疏水性进行物质分离分析的技术。反相 HPLC

中固定相是非极性的,而流动相是相对极性的。反相技术吸引人的地方就是流动相组成的小小变化就能成功地影响分离特性。

快速蛋白质液相层析专门用于蛋白质(多肽链)的快速分离纯化与分析。根据分离物的性质可进行离子交换层析、反相层析、疏水层析、亲和层析和凝胶过滤层析等,在最短的时间内快速得到优化的分离效果,并且实施全过程监测和自动收集。FPLC 是完成蛋白质快速分离纯化的有效工具。

(三)质谱技术

质谱,尤其是两类软电离生物质谱的出现和发展,给蛋白质组学研究提供了强大的技术支持,如前所述,几乎应用到蛋白质研究的各个领域。在此不再赘述。

(四)各种联用分析技术

随着质谱各个技术环节的不断完善,(反相)高效液相色谱、高效毛细管电泳等技术得以应用于高通量的分离蛋白质混合物。这些分离方法跳出了传统意义上的双向凝胶电泳,属于非凝胶技术,它们表现出高效、快速、自动化程度高、灵敏度高和检测限低等优点,已经逐步成为蛋白质组学的主流技术,极大地推动了蛋白质组学的相关研究,在此过程中也逐渐衍生出这些技术的串联体系,表现出更强大的效率和优势。其中发展比较成熟的是色谱-质谱串联(简称 LC-MS)和毛细管电泳-质谱串联(简称 CE-MS)。

(1) LC-MS。最常见的联用技术是将电喷雾质谱或串联质谱与纳升级的反向高效液相色谱联用,该联用技术使得在线分离鉴定复杂体系的蛋白质可以达到前所未有的高灵敏度和分析速度,尤其适合于不是很复杂的体系。

(2) CE-MS。自发现毛细管电泳(CE)具有超群的分离效能以来,CE 进入一个快速发展期。CE 根据不同的分离机制,采用不同的分离模式,在蛋白质研究中经常应用的模式有毛细管取代电泳、等电聚焦电泳和多维毛细管电泳。这些模式与质谱的联用各有特点,也各有困难,总体看还处于起步阶段。

(五)蛋白质芯片技术

蛋白质芯片是将各种微量纯化的探针阵列,如特定蛋白的抗体或受体、结合了阳离子或阴离子的化学基团、亲水或疏水的物质等,以特定方式固定在一种高密度的固相载体表面,然后让它与待测蛋白质样品结合,以测定相应蛋白质的性质、特征以及蛋白质与生物大分子之间的相互作用的一种技术。蛋白质芯片的工作原理是利用芯片上的探针来检测多种待测蛋白质,任何化合物基团只要能特异性地识别单个蛋白质分子,都可以固化制作成蛋白质芯片的探针,根据抗原-抗体的特异性反应,通常把抗体设计成探针。

蛋白质芯片按蛋白质性质可分为无活性芯片和有活性芯片两种形式,无活性芯片是将已经合成好的蛋白质以高密度阵列点样在芯片上进行杂交反应,有活性芯片是把生物体直接点在芯片上并原位表达蛋白质;蛋白质芯片按照点阵载体形式可分为三种:玻璃载玻片芯片、3-D 胶芯片和微孔芯片。新近发展的表面增强激光解吸离子化蛋白质芯片技术(surface enhanced laser desorption ionization,SELDI)是一种基于质谱的蛋白质组分析技术,这类芯片是一些表面经过特殊修饰的金属载体,可根据实验选择性地吸附不同的蛋白,从而达到预选目的,然后再通过飞行时间质谱直接对其进行分析。它的优点是减少了蛋白质样品的复杂性,并且可以同时、快速分析多种蛋白。

蛋白质芯片技术具有快速、易行、高通量、高灵敏度、操作自动化、重复性好等优点。但是,蛋白质芯片技术在寻找差异表达蛋白质时也有局限性,如待测的低丰度蛋白质往往被高丰度蛋白质所掩盖而检测不出来;蛋白质芯片技术对检测小分子蛋白质有效(相对分子质量 10 000～30 000),但小分子蛋白质只占总蛋白质的一小部分。

(六) 酵母双杂交技术

蛋白质-蛋白质的相互作用是细胞生命活动的基础和特征。这种千变万化的相互作用以及由此形成的纷繁复杂的蛋白质联系网络同样也是蛋白质组学的研究内容。

酵母双杂交技术(yeast two-hybrid)作为发现和研究在活细胞体内的蛋白质与蛋白质之间的相互作用的技术平台,在近几年来得到了广泛运用。酵母双杂交系统的建立是基于对真核生物调控转录起始过程的认识,例如酵母转录因子 GAL4 在结构上是组件式的(modular),往往由两个或两个以上结构上可以分开、功能上相互独立的结构域(domain)构成,其中有 DNA 结合功能域(DNA binding domain,DNA-BD)和转录激活功能域(activation domain,DNA-AD),这两个结构域相互分开独立存在时无转录活性,只有二者彼此接近时才能重新呈现完整的 GAL4 转录因子活性,并激活上游激活序列(upstream activating sequence, UAS),从而启动下游基因的转录。根据这个特性,将编码 BD 和 AD 的 DNA 片段与需要研究的两种蛋白质 cDNA 分别构建重组体,最后根据两个重组体在同一酵母细胞中产生的融合蛋白的相互作用来判断所研究的蛋白之间是否存在相互作用。如果两种蛋白能相互作用,则 BD 和 AD 被拉近,转录活性被激活;反之,则转录活性不被激活。

在酵母双杂交的基础上,又发展出了酵母单杂交、酵母三杂交和酵母的反向杂交技术。它们被分别用于核酸和文库蛋白之间的研究、三种不同蛋白之间的互作研究和两种蛋白相互作用的结构和位点分析上。

酵母双杂交技术无需分离纯化蛋白质,已成为大规模、高通量分析的主要技术。酵母双杂交系统自建立以来也在不断完善,如今它不但可用来在体内检验蛋白质间的相互作用,而且还能用来发现新的作用蛋白质,在对蛋白质组中特定的代谢途径中蛋白质相互作用关系网络的认识上发挥了重要的作用。

(七) 生物信息学技术

生物信息学在基因组研究中已经显示巨大的作用,由于蛋白质同核酸相比,种类更多、结构更复杂、相互作用更活跃多样,因此生物信息学对于蛋白质组学研究要比对于基因组学研究更加重要。生物信息学是以生物大分子为研究目标,以计算机为工具,运用数学和信息学的观点、理论和方法去研究生命现象,组织和分析数量极其巨大并呈指数级增长的生物信息数据的一门科学和研究方法。

蛋白质生物信息学由数据库、计算机网络和应用软件三大部分组成。蛋白质数据库是蛋白质组学研究水平的标志和基础,瑞士的 SWISS-PROT 拥有目前世界上最大、种类最多的蛋白质组数据库,丹麦、英国、美国等也都建立了各具特色的蛋白质组数据库。应用软件主要包括 2-DE 图像分析软件和质谱指纹图谱分析软件等,特别值得注意的是,蛋白质质谱鉴定软件和算法发展迅速,SWISS-PROT、Rockefeller 大学、UCSF 等都有自主的搜索软件和数据管理系统,最近发展的质谱数据直接搜寻基因组数据库,使得质谱数据可直接进行基因注释、判断复杂的拼接方式。

生物信息学目前在蛋白质组学研究方面的应用主要包括:蛋白质结构预测,分子进化,数据库建立及各种分析、检索软件的开发,直到建立虚拟生命等。蛋白质生物信息学发展水平的高低主要受制于蛋白质数据库的完善和丰富程度。评估每一个数据库的价值时,难免要考虑两个条件:① 数据库是否在任一时刻保持最新;② 何时能够相互连接,且以整体状态评估。目前的发展趋势是:① 信息量呈指数增长;② 蛋白质组计划的实施会产生新的数据库;③ 致力于模拟细胞内蛋白质的相互作用的新型数据库;④ 建立高级、智慧型的咨询工具是必需的。

(八) 小结

总体来看,基于各个技术的特点和功能,可以把蛋白质组研究技术分为以下三个技术体系:1D、2D 电泳/色谱技术,其作用是分离蛋白质;计算机图像分析和大规模数据处理技术,其作用是识别蛋白质;生物质谱技术,其作用是鉴定蛋白质。

二、蛋白质组学研究的技术策略

与基因组学相比,蛋白质组学的技术平台尚不完善,目前还没有合适的方法能一步实现对复杂蛋白质混合物的定性和定量分析,还必须把分离、鉴定、定量以及数据处理手段进行整合。从文献报道来看,当前蛋白质组学的研究策略主要有两条路线:一是传统的二维凝胶电泳分离、胶内酶解与质谱技术鉴定相结合的方法;二是将混合蛋白酶解,经过适当的色谱分离手段之后,对肽段进行质谱分析,并据此实现蛋白质的鉴定。

策略一已有 25 年的发展历史,该策略的基本路线是:首先,蛋白质通过二维凝胶电泳进行分离,染色后用蛋白凝胶成像系统将凝胶成像并进行分析,初步发现有差异的蛋白点;然后可以将感兴趣的蛋白质切下,酶解后用质谱技术鉴定或者转印到膜上进行 N 端测序或氨基酸组成分析。一个未知蛋白的鉴定通常需要从蛋白质的各个层面,如构象、鉴定、定量、定位、修饰、互作、活性等进行研究,这样才能比较全面、比较正确地探知蛋白质的功能,需要说明的是,每一层面有每一层面的特殊性和相对专用的技术方案。其技术路线可概括如图 10-1。

这一技术策略所面临的最大问题是:不论研究体系如何,许多鉴定的蛋白质都是相同的,这说明该技术方案的动态范围有限,对酵母蛋白质组的系统研究也发现该方法通常只能检测到高丰度的蛋白质。因此,二维凝胶电泳技术也在不断地发展和完善中,包括二维凝胶电泳分离前样品的预处理,开发更灵敏的染色方法以及更高分辨率的分离胶等。

策略二是近几年发展起来的,其起源可追溯到 1992 年,Hunt 和同事首先用 LC-MS/MS 的方法对蛋白复合物进行了研究。当时,该技术策略用于蛋白质组研究还面临很多困难:首先,复杂蛋白质体系酶解之后肽段数目极多,一维色谱峰容量不足;其次,无论是 MALDI-MS 还是 ESI-MS,都不是理想的定量检测器;第三,实验产生的大量数据,需要有相应的处理和分析手段。近年来多维色谱分析技术的出现使该技术策略不断得到发展。

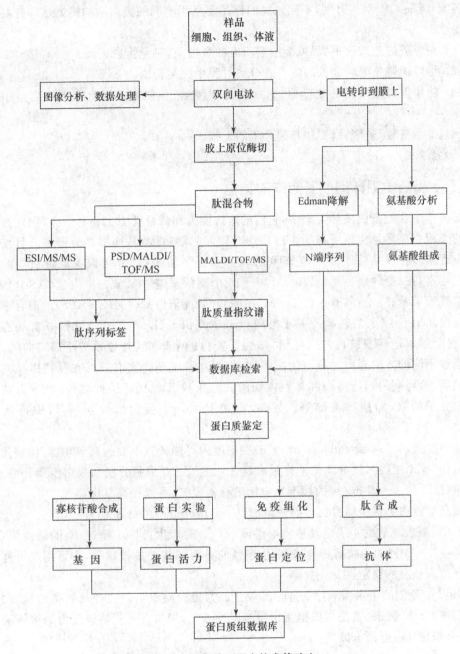

图 10-1 蛋白质组研究技术策略之一

三、大规模蛋白质组的制备、分离与鉴定

（一）样品制备的重要性与基本要求

蛋白质样品制备是蛋白质组研究的第一步,也是蛋白质组研究的最大难题。蛋白质组大规模研究要求样品制备尽可能获得所有的蛋白质,但蛋白质种类繁多、丰度不一、物化特性多样,要达到真正的全息制备很难;样品制备的方法还必须与后续的分离或鉴定方

法相匹配;样品来源千差万别,不同来源的样品需采用不同的蛋白质抽提方法。样品制备基本要求如下:

(1) 在合适的盐浓度下,尽可能溶解所有的蛋白质,避免蛋白丢失。

(2) 尽可能避免溶解度低的蛋白在分离过程中沉淀析出。

(3) 防止蛋白质人为的化学修饰,如蛋白质降解、蛋白酶或尿素热分解后所引起的修饰。

(4) 排除核酸、多糖、脂类和其他分子的干扰。

(5) 新鲜制备,冷冻保存。

(二)蛋白质组样品制备方法的发展

细胞中所含的蛋白质种类繁多,它们的溶解能力和聚合能力也各有差异,因此在样品处理的过程中要尽量使得所有的蛋白质均有较好的溶解度,从而提高分辨率。目前人们已经发现了多种样品处理试剂,它们可以增加样品的溶解度,并可以保证蛋白质的完整性。近年来,在"变性剂鸡尾酒"中,含 14～16 个碳的磺基甘氨酸三甲内盐(ASB14～16)的裂解液效果最好。而离液剂(2 mol/L 硫脲)和表面活性剂(4％ CHAPS)的混合液促使疏水蛋白从 IPG 胶上的转换。三丁基膦(tributyl phosphine,TBP)取代 β-巯基乙醇或 DTT 完全溶解链间或链内的二硫键,增强了蛋白的溶解度,并导致转至第二向的增加。两者通过不同的方法来增加蛋白的溶解度,作为互补试剂会更有效。在保持样品的完整性的前提下,可利用超速离心和核酸内切酶去除核酸(DNA)。除此之外,机械力被用来对蛋白分子解聚,如超声破碎等。另外,添加 PMSF 等蛋白酶抑制剂,可保持蛋白完整性。

低丰度蛋白(low abundance protein)在细胞内可能具有重要的调节功能,代表蛋白质组研究的"冰山之尖",故分离低丰度蛋白是一种挑战。亚细胞分级和蛋白质预分级、提高加样量(已达到 1～15 mg 级的标准)、应用敏感性检测,可以提高其敏感性。

提高组蛋白和核糖体蛋白等碱性蛋白(basic proteins)的分离是另一难点。由于碱性 pH 范围内凝胶基质的不稳定及逆向电渗流(EOF)的产生,对 pI 超过 10 的碱性蛋白,可通过产生 0～10％的山梨醇梯度或采用 16％的异丙醇减少条带飘移,亦可用双甲基丙烯酰胺来增加基质的稳定性。

Molloy 开创的蛋白质顺序(分步)提取法成为蛋白质组学研究样品制备的重要方法。所谓顺序(分步)提取,就是指根据蛋白质溶解性差异,用具有不同溶解能力的溶解液进行顺序(分步)提取,分别电泳。

(三)二维凝胶电泳分离及胶上鉴定

1. IEF×SDS-PAGE

作为标准的蛋白质分析工具,二维凝胶电泳随着蛋白质组学市场的不断扩大而焕发着全新的活力。尽管该技术存在着费时、费力的缺陷,但它与其他技术的兼容能力使其不但没有被历史淘汰,而是依然不断发展。

目前二维凝胶电泳是根据蛋白质的等电点和相对分子质量的不同对蛋白质进行分离和鉴定的。第一维:等电聚焦,蛋白质所处环境的 pH 与其等电点不符,则该蛋白质会带一定量的正电荷或负电荷。在强电场中,带电的蛋白质分子会向正极或负极漂移,当达到其等电点位置时,蛋白不带电,就不再漂移。连续分布的 pH 值被固相化在一维干胶条上,当蛋白质样本进胶条后,在强电场下按等电点不同分离蛋白质。等电聚焦的优点是:分辨度高,IPG 胶条可达到 0.01pH 差异的均匀分步;样品体积和加样位置不严格;分离快,薄层等电聚焦只需 2h;可保持原有蛋白的生物活性。缺点是:pI 附近会产生沉淀,影响分离效果;样品要不含盐;两性电解质可与蛋白质结合,使抗体反应、酶活性降低。

第二维:SDS-聚丙烯酰胺凝胶电泳(SDS-PAGE),二维电泳前,一维胶条要平衡,其目的是打开链内及链间二硫键,并封闭自由巯基;使 SDS 和蛋白质以质量比 1.4:1 结合,使亚基表面携带过量负电荷,在电场中向正极移动,最终主要依蛋白质分子大小进行分离。

2. 2D-DIGE

二维荧光差异凝胶电泳(two dimension fluorescence difference gel electrophoresis,2D-DIGE)是一种基于荧光标记的定量蛋白质组学技术,是唯一支持在一张 2D 胶上分析多个样本同时可以分别单独成像的技术,因此比传统的 2DE 具有更高的动力学范围和灵敏性。2D-DIGE 技术将内标引入蛋白质的分离过程,内标来源于所有样本中的每一个蛋白质,为蛋白样本的等量混合物,内标为试验中每张胶的每个蛋白点提供了参考点,进而减少了试验条件不一致引起的误差,同时,2D-DIGE 技术结合质谱、生物信息学以及适当的统计学方法使蛋白质的定量、鉴定成为了可能。目前,2D-DIGE 技术主要用于差异蛋白质组(comparative proteomics)的研究,尤其在疾病蛋白质组方面和抗逆蛋白质组方面。如图 10-2(参见彩图 9),正常组织和癌症组织来源的蛋白分别用绿色(Cy3)和红色(Cy5)荧光染料标记,一比一混合在同一胶内进行电泳分离,采用专门仪器分别激发荧光成像和叠加分析,即可很快判断出差异蛋白点来。

3. 2-DE 胶上蛋白质的鉴定

(1)图像分析技术:

"满天星"式的 2-DE 图谱分析不能依靠本能的直觉,每一个图像上斑点的上调、下调及出现、消失,都可能在生理和病理状态下产生,必须依靠计算机为基础的数据处理,进行定量分析。在一系列高质量的 2-DE 凝胶产生(低背景染色,高度的重复性)的前提下,图像分析包括斑点检测、背景消减、斑点配比和数据库构建。

首先,采集图像通常所用的系统是电荷耦合 CCD(charge coupled device)照相机;激光密度仪(laser densitometers)和 Phospho 或 Fluoro-imagers,对图像进行数字化,并成为以像素(pixels)为基础的空间和网格。其次,在图像灰度水平上过滤和变形,进行图像加工,以进行斑点检测。利用 Laplacian,Gaussian,DOG(difference of Gaussians)opreator 使有意义的区域与背景分离,精确限定斑点的强度、面积、周长和方向。图像分析检测的斑点须与肉眼观测的斑点一致,在这一原则下,多数系统以控制斑点的重心或最高峰来分析;边缘检测的软件可精确描述斑点外观,并进行边缘检测和邻近分析,以增加精确度;通过阈值分析、边缘检测、销蚀和扩大斑点检测的基本工具还可恢复共迁移的斑点边界。以 PC 机为基础的软件 Phoretix-2D 正挑战古老的 Unix 为基础的 2-D 分析软件包。再次,一旦 2-DE 图像上的斑点被检测,许多图像需要分析比较、增加、消减或均值化。由于在

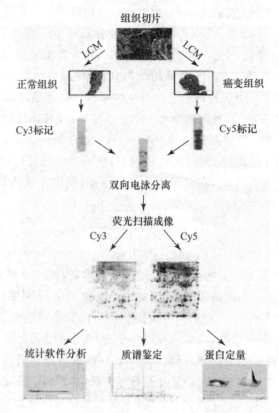

组织切片

LCM   LCM

正常组织   癌变组织

Cy3标记   Cy5标记

双向电泳分离

荧光扫描成像

Cy3   Cy5

统计软件分析   质谱鉴定   蛋白定量

图 10-2　新型 2D-DIGE 技术疾病相关差异蛋白分离鉴定示意图
（引自通用电器医疗集团网站，www.instrument.com.cn/netshow）

2-DE 中出现 100％的重复性是很困难的，由此凝胶间的蛋白质的配比对于图像分析系统是一个挑战。IPG 技术的出现已使斑点配比变得容易，因此，较大程度的相似性可通过斑点配比向量算法在长度和平行度上进行观测。用来配比的著名软件系统包括 Quest，Lips，Hermes，Gemini 等，计算机方法如相似性、聚类分析、等级分类和主要因素分析已被采用，而神经网络、子波变换和实用分析在未来可被采用。配比通常由一个人操作，其手工设定大约 50 个突出的斑点作为"路标"，进行交叉配比；之后，扩展至整个胶。例如，精确的 pI 和 M_r 的估计通过参考图上 20 个或更多的已知蛋白所组成的标准曲线来计算未知蛋白的 pI 和 M_r；在凝胶图像分析系统，依据已知蛋白质的 pI 产生 pI 网络，使得凝胶上其他蛋白的 pI 按此分配；所估计的精确度大大依赖于所建网格的结构及标本的类型，已知的未被修饰的大蛋白应该作为标志，变性的修饰的蛋白的 pI 估计约在 ±0.25 个单位；同理，已知蛋白的理论相对分子质量可以从数据库中计算，利用产生的表观相对分子质量的网格来估计蛋白的相对分子质量。

（2）微量测序：

蛋白质的微量测序已成为蛋白质分析和鉴定的基石，可以提供足够的信息。尽管氨基酸组分分析和肽质量指纹谱①可鉴定由 2-DE 分离的蛋白,但最普通的 N 末端 Edman 降解仍然是进行鉴定的主要技术。目前已实现蛋白质微量测序的自动化。

首先使经凝胶分离的蛋白质直接印迹在 PVDF 膜或玻璃纤维膜上,染色、切割,然后直接置于测序仪中,可用于 subpicomole 水平的蛋白质的鉴定。但有几点需注意:Edman 降解很缓慢,序列以 1 个氨基酸 40 min 的速率产生;与质谱相比,Edman 降解消耗大;试剂昂贵,每个氨基酸花费 3～4 美元。这都说明 Edman 降解不适合分析成百上千的蛋白质。然而,如果在一个凝胶上仅有几个有意义的蛋白质,或者如果其他技术无法测定而克隆其基因是必需的,则需要进行 Edman 降解测序。

近来,应用自动化的 Edman 降解可产生短的 N 末端序列标签,这种将质谱的序列标签概念用于 Edman 降解,已成为一种强有力的蛋白质鉴定技术。当对 Edman 的硬件进行简单改进,使其迅速产生 N 末端序列标签达 10～20 个/d,序列检签将适于在较小的蛋白质组中进行鉴定;若联合其他的蛋白质属性,如氨基酸组分分析、肽质量、表观蛋白质相对分子质量、等电点等,可以更加可靠地鉴定蛋白质。选择 BLAST 程序,可与数据库相配比。目前,采用一种 TagIdent 的检索程序,还可以进行种间比较鉴定,又提高了其在蛋白质组研究中的作用。

(四) 色谱-质谱技术的发展

1. 多维色谱

多维色谱分离系统比一维色谱可提供更高的峰容量,更适合于分离复杂生物体系。多维色谱分离系统的基本原理是按照样品中各个组分性质上的差异,先进行一维分离,然后将第一维馏分再进行第二维分离。为了得到最大的分离效率,必须注意:① 理想情况下,各维应具有完全不同的分离机制;② 高维的分离速度应快于低维的分离速度,以避免已分开的组分在高维分离中重新混合。常采用的二维分离模式有离子交换色谱-反相高效液相色谱、色谱聚焦-反相液相色谱、分子排阻色谱-反相液相色谱、亲和色谱-反相液相色谱等。其中,反相液相色谱因其高效的分离能力、无盐以及便于后续处理而成为二维分离体系中的最后一维。

2. 多维蛋白质鉴定技术

多维蛋白质鉴定技术(multidimensional protein identification technology,MudPIT)是将不同分离模式的色谱柱以串联分离的方式合并在同一根色谱柱上进行分离,进而质谱鉴定分析。该技术不需要切换阀,采用无接口的整体模式实现自动化分析。常用的 MudPIT 采用两相或多相色谱柱,如填充离子交换色谱和反相液相色谱柱实现正交的二维分离。色谱柱的末端经过特殊处理直接与质谱连接,减少了与质谱接口的死体积,由于采用无切换阀和柱间连接的无接口模式,也进一步减小了系统的死体积,降低了系统的检出限,对样品量较少的蛋白质混合物可以进行快速分析,适用于蛋白质组学中大规模的蛋白质分离鉴定。

---

① peptide mass fingerprint,PMF,利用酶法原位断裂胶上或膜上的蛋白质,再利用质谱法测定其相对分子质量,然后根据获得的肽质量与数据库进行对比,确定该蛋白质是否是未知蛋白质,或对其进行鉴定。

第四节　蛋白质组学的应用

在前面几节中,我们讨论了很多关于大规模分离、分析、鉴定和研究蛋白质的技术,这些技术在推动蛋白质组学研究内容、研究领域和研究深度发展的同时,主要用于解决基本生物过程、人类医学和药物学、农业和工业等领域的核心问题。

一、在基础研究方面的应用

当前蛋白质组学研究技术已被广泛应用到各个生命科学领域,涉及各种重要的生物学现象和过程。总体来看,主要有两大应用类型。第一种应用类型包括特殊细胞、组织或有机体的系统鉴定和所有蛋白质的定量,其目的是提供一个完全量化的含翻译后修饰变异体的蛋白质组,它尤其关注的是在相关样品中寻找差异,即生理状态的变化相伴产生的蛋白质图谱的变化。第二种应用类型主要关注蛋白质功能和蛋白质相互作用的研究,包括蛋白质序列、结构、相互作用和生化活性等的研究。将以上各方面的发现结合起来进行分析,将更好地增进对许多生物过程的认识。具体而言,蛋白质组学主要关注以下基本科学问题:

(1) 发掘未知蛋白:对不同组织、细胞和个体的蛋白质尽可能全地进行分析、鉴定和分门别类。

(2) 描绘蛋白质表达谱的轮廓:对人类疾病、个体发育和组织分化等生理或病理状态下蛋白质的变化模式和规律进行精细的分析和研究。

(3) 蛋白质相互作用网络的构建:如生物合成途径、蛋白质降解途径、信号通路等中的蛋白质分子及其相互关系。

(4) 蛋白质修饰图谱的构建:如糖基化、磷酸化、乙酰化等与生理、发育或病理过程的关系。

(5) 蛋白质的结构层次、细胞或亚细胞定位、代谢活性等与时空变化的关系。

二、在医学与药物学中的应用

蛋白质是细胞功能的执行体,病变组织或细胞内蛋白质的合成、修饰和分解代谢都可能发生一定的变化。蛋白质组学在医学和药物学中的应用主要体现在高通量地分析生理条件与疾病状态下蛋白质组表达谱的变化,例如,正常组织演变到早、中、晚期癌不同病程阶段蛋白质组的变化,不同致病型病原微生物蛋白质组的变化,药物治疗前后蛋白质组的变化等,以此推动对人类疾病的发病机制、早期诊断及治疗、致病微生物的致病机制、耐药性及新药开发等的研究,蛋白质组学将成为寻找疾病生物标记和药物靶标最有效的方法之一。

蛋白质组学的首要应用是用来发现生物标记。生物标记(biomarker)是细胞、组织或有机体在特殊生理状态下的一个生物特性。在医学中,大多数重要的生物标记是那些在病理状态下产生或消失的蛋白质,或与药物反应时产生或消失的蛋白质。2DE 与质谱联用成为发现新蛋白标记的标准方法。对于各种肿瘤组织与正常组织之间蛋白质谱差异的研究,已经找到一些肿瘤特异性的蛋白质分子,可能对肿瘤早期诊断、治疗选择和预后评价有辅助作用,目前已应用于肝癌、膀胱癌、结肠癌、前列腺癌、乳腺癌等的研究中,此外,还发现一些心脏疾病、神经系统疾病和其他疾病(如关节炎和肝炎)的新标记。尽管已有许多成功的例子,但是利用 2DE 发现生物标记的方法还存在很多缺点,如灵敏度低、样品需求量相对比较大等,因此研究者对这一标准方法从各个环节进行了改进,主要的措施有:使用 2D-DIGE 进行综合分析,使用各种样品预分离方法进行特殊目标物的捕获和分离,使用激光捕获显微切割(lase capture microdissection,LCM)技术解决少量样品的污染问题,以及 LC-MS、组织切片的直接质谱(成像质谱)、对肿瘤或其他疾病特异性抗体表达文库的筛选以及蛋白质芯片的使用等。

一种新药物的诞生标志着一项长期、复杂和昂贵工程的结束(靶鉴定→靶确认→先导化合物鉴定→先导化合物优化→毒理学动物模型→临床试验→新药),所以药物制造商总是希望拥有能加快药物研发的新技术,以降低占大部分研发费用的前期风险投资。由于作为疾病生物标志的蛋白在人体患病和健康状态下都是特异和优先表达的,这些蛋白不仅是有用的生物标记物,而且很可能作为治疗用的药靶,因此,生物标记物的发现对药物研发过程中药靶的确定很有帮助,而且,疾病期下调的特异性蛋白可能就是潜在的药物。所以,比较蛋白质组学可以为新的治疗性蛋白质研究指明方向。

蛋白质组学不仅提供了确定人类疾病治疗靶点的方法,也提供了鉴定病原体蛋白质组内靶标的许多策略,从而使得它能够引领针对传染病的药物和疫苗研究。通过对感染或发病期间细胞表面蛋白或分泌蛋白的特性研究,能够快速找到新药或新疫苗的标靶。例如,免疫组学的方法,即是通过 2-DE 分离病原蛋白质组,再用不同患者的超免血清鉴定出强免疫性的蛋白,因为这些蛋白能引起宿主的免疫应答,所以这种方法很有希望成为寻找药物和疫苗靶位的有效途径。蛋白质组学的其他应用还包括:通过同一生物体致病部分和非致病部分的比较,可鉴定出病原相关蛋白;或者通过比较感染前后宿主和(或)病理组织的蛋白质谱,鉴定出宿主和病原相互作用的一些特殊蛋白。

三、在农业科学研究中的应用

在农业科学研究方面,蛋白质组学的应用也已经有很长的历史了,早在 1980 年,2-DE已经被用于研究天然植物的遗传可变性。当前蛋白质组学已用于研究植物发育、植物生理以及与其他有机体的相互作用、突变性状的基因功能研究等。

在植物蛋白质组学研究领域,主要进行作物品种的鉴别,如小麦、大麦、水稻、甘蔗、胡椒及其他树种均进行了相似的种质研究。蛋白质组学也用来了解植物的生理、发育、抗逆等,如农艺性状相关蛋白质的鉴定、逆境条件下蛋白质定量多态性的鉴定等。

由于蛋白质组学可以鉴定出蛋白质的丰度变化和翻译后修饰,因而它在食品安全性评估中起重要作用。由 ENTRANSFOOD 协会建立的工作组 GMOCARE 所组织的几个项目对 2-DE 在食品安全检测中的应用进行了评估,与之相类似,英国食品标准局(UK Food Standards Agency)则建立了多维色谱和基于 ICAT(isotope coded affinity tags,同位素标记亲和标签技术)定量质谱体系,用于比较遗传修饰(genetically modified,GM)和非 GM 作物。

次级代谢产物(second metabolite)是植物产生的具有复杂结构的非主要代谢产物,它们在植物体内发挥着有用的功能,包括抵抗病原菌和吸引授粉者,它们对人类也有许多益处,被广泛用于药物、染料、香料、营养增补剂和调味品。不幸的是,许多有益次级代谢产物合成量非常低,代谢途径非常复杂,商业增殖和提取很不方便。蛋白质组学可促进植物体内次级代谢的发现,可鉴定次级代谢关键反应酶,而且能鉴定调控蛋白以及参与次级代谢中间产物在区室间穿梭的那些蛋白。产生有用次级代谢产物最好的模型之一是马达加斯加的长春花,它可以产生数百种生物碱,包括潜在的抗肿瘤药长春碱和长春新碱。蛋白质组学研究发现 5 个可能具有催化或调控长春花细胞培养物的生物碱合成的蛋白。当前,蛋白质组学还应用于大豆、鹰嘴豆和烟草培养物中植物杀菌素合成途径的研究,发现了一些关键调节蛋白。

第五节　蛋白质组学的挑战

蛋白质组学采用一系列技术方法来对蛋白质进行大规模鉴定,虽然目前蛋白质组研究技术飞速发展,但显然没有一种技术能适用于所有的蛋白,不同的技术有各自不同的优缺点。在方法学上,2DE-MS 分析虽然是当前的主流技术,但其分辨率、特异性、灵敏度及重复性均有待进一步提高,主要表现在:样品制备阶段,对一些分子较大、极酸或极碱的蛋白以及膜蛋白,其分离制备技术显得力不从心,同时还面临制备过程中造成的蛋白质降解、功能失活、样品污染等问题;在分离鉴定阶段,低丰度蛋白和细胞因子的检测、极端等电点蛋白的分离、蛋白质染色的动态范围、重复性等均有待改进;在数据库检索和蛋白质鉴定阶段,数据库的信息量及来源、数据的识别和计算均因生命现象的复杂性而不能简单套用。尽管一些新的技术脱颖而出,如二维或多维色谱技术、银染技术、荧光染色技术、LCM 和 ICAT 技术等,但如何把这些技术方法进行整合并实现自动化是一个巨大的挑战,而这正是大规模 DNA 测序计划成功的一个重要因素,人们必须克服从样品制备到数据库管理的每一个分析阶段的重要障碍。

尽管蛋白质组学研究技术在自动化、重复性等方面仍存在诸多不足,但毋庸置疑,蛋白质组学在未来的生命科学领域乃至整个自然科学发展中将占有举足轻重的地位,随着研究方法的不断创新与发展,它必将在揭示诸如发育、新陈代谢调控、衰老等生命活动规律和人类重大疾病发生机制、诊断和防治上发挥巨大潜力。

思考题

(1) 简述蛋白质组研究的技术体系及功能特点。

(2) 简述多维蛋白质鉴定技术的发展方向。

(3) 简述蛋白质组学的提出、发展和应用状况。

(张艳贞　宣劲松)

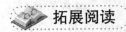
拓展阅读

人类肝脏蛋白质组计划——机遇敲响中国大门

20世纪90年代初，人们预期"人类基因组计划"完成以后，人类生老病死的一切奥秘就会随之揭开。2003年4月14日，人类基因组全部序列图宣告完成，基因研究已近"登峰造极"。但是，人们在欢呼雀跃之时，愈来愈清醒地意识到一项更艰巨、更宏大的任务——"解读天书"，生命科学几乎在转瞬之间进入了新的纪元——后基因组时代。

基因是遗传信息的携带者，生命活动的执行者却是基因编码的蛋白质，二者之间，犹如设计图纸与建筑材料的关系，正是蛋白质放大了基因上的细微差别，如人类和老鼠外形虽是天壤之别，但基因组却有99%相同。因此，要"解读天书"，就必须全面研究蛋白质。当前人类很多重大疾病原因复杂，只有研究由基因转录到翻译出蛋白质的全过程以及蛋白质在生物体生理功能和病理变化过程中的整体变化——即蛋白质组，才可能比较全面地揭示生命活动规律，找到病发机制，才可能发现更多的疾病诊断标志、预防标志以及药物筛选靶标和疾病治疗靶标，最终找到人类认识自身、征服疾病的"钥匙"。

面对蛋白质组学研究的巨大发展前景，各国政府纷纷加紧投入，力图抢占该领域制高点。在此基础上，2001年，国际人类蛋白质组组织宣告成立，它积极倡导并推进"人类蛋白质组计划"。2002年4月，当时最年轻的中科院院士贺福初将军带队远征，在华盛顿国际会议上首次擎起"人类肝脏蛋白质组计划"大旗，并在2002年11月法国凡尔赛首届人类蛋白质组组织会议上被推举为计划执行主席，这是中国科学家首次牵头实施世界重大科技工程。同时，该组织宣布启动"人类血浆蛋白质组计划"和"人类肝脏蛋白质组计划"，这标志着"人类蛋白质组计划"正式开始实施。

在人类基因组计划中，中国作为唯一的发展中国家，承担了1%的研究任务；在人类肝脏蛋白质组计划中，中国科学家则承担了20%以上的研究任务，在领导大型国际计划中首次实现零的突破。由贺福初院士牵头的"人类肝脏蛋白质组计划"是第一个人类组织/器官的蛋白组计划，其目标是：揭示并确认肝脏的蛋白质组；在蛋白质水平规模化注解与验证人类基因组计划所预测的编码基因；实现肝脏转录组、肝脏蛋白质组、血浆蛋白质组及人类基因组的对接与整合；揭示人类转录、翻译水平的整体、群集调控规律；建立肝脏"生理组"、"病理组"；为重大肝病预防、诊断、治疗和新药研发的突破提供重要的科学基础。

为何选择牵头"人类肝脏蛋白质组计划"呢？肝脏是人生命中最重要的器官之一，具有多种重要的功能，是人体的"发电厂"、"化工厂"、"信息集散中心"，是造血系统、免疫系统的"摇篮"，也是血液的"源泉"。但是肝脏容易遭受多种毒物、异物的毒害、感染、污染因而非常容易患病。肝病是一种几乎肆虐了大半个地球的人类公敌，目前，全球仍以每年新增肝炎病患者约5000万人的速度递增。我国是一个肝脏病多发国，有超过1亿人患肝病，每年死于肝病的人有数十万之多，全国一年的防治费用高达1千亿元以上。研究肝脏蛋白质组既可从器官层面认识人体组成规律，又可比较全面地了解人体生理功能。同时，肝脏是终生保持旺盛再生能力的少数器官之一，是再生医学发展最好的模型。

我国人类肝脏蛋白质组计划自 2002～2005 年组织启动,2005～2010 年全面实施,取得了令人瞩目的成绩。几年来,贺福初院士领导的北京蛋白质组研究中心成功鉴定了人类肝脏蛋白质 13 000 余种;构建了国际上最大规模的、含有 3480 多对高可信肝脏蛋白质相互作用的网络图;建立了国际上首个系统人体器官蛋白质组数据库;发现了脂肪肝、肝细胞病毒感染、癌变以及转移相关的蛋白质标志物群、潜在药靶和候选药物;寻找到了一批与肝癌、脓毒症和鼻咽癌等复杂疾病相关的易感基因。

由我国科学家倡导并领衔的国际人类肝脏蛋白质组计划,率先提出和建立了组织/器官的蛋白质组研究框架、模式和标准,为国际人类蛋白质组计划的全面展开和顺利实施发挥了普遍的示范和指导作用。科学家倡议,我国应该抓住蛋白质组学发展的契机,立足国际发展前沿,整合国内优势力量,加快启动实施"中国人类蛋白质组计划",建立以中国为主的蛋白质数据库,积极推进前期基础研究成果的转化,实现我国蛋白质科学技术的跨越式发展。

(张艳贞)

参 考 文 献

[1] 蔡耘,钱小红. 生物质谱技术在糖蛋白结构分析中的应用[J]. 生物技术通讯,2002,13(5):404—407.

[2] 蔡耘,代景泉,张养军等. 糖蛋白的质谱分析策略[J]. 质谱学报,2004,10(增刊):131—132.

[3] 昌增益,焦旺汪. 细胞内一种耗能蛋白质降解途径的发现——2004 年诺贝尔化学奖工作介绍[J]. 生物物理学报,2004,20(6):421—425.

[4] 陈天艳,成军,张树林. 酵母双杂交系统的原理及应用[J]. 世界华人消化杂志,2003,11(4):451—455.

[5] 程诗萌,刘建英,冷大亮等. 阿尔茨海默氏病研究进展[J]. 生物学教学,2011,36(1):8—10.

[6] 戴雪伶,姜招峰. 阿尔茨海默氏病中 β-淀粉样蛋白的神经毒性及其治疗策略[J]. 现代生物医学进展,2009,9(8):1577—1579.

[7] 黄珍玉,于雁灵,方彩云等. 质谱鉴定磷酸化蛋白研究进展[J]. 质谱学报,2003,24(4):494—500.

[8] 高雪,郑俊杰,贺福初. 我国蛋白质组学研究现状及展望[J]. 生命科学,2007,19(3):257—263.

[9] 郭葆玉. 药物蛋白质组学[M]. 北京:人民卫生出版社,2007.

[10] 郭晓强. 可逆磷酸化发现者——埃德温·格汉德·克雷布斯[J]. 自然杂志,2011,33(2):121—124.

[11] 郭尧君. 蛋白质电泳实验技术[M]. 2 版. 北京:科学出版社,1999.

[12] 金丽琴. 生物化学[M]. 杭州:浙江大学出版社,2007.

[13] 江松敏,李军,孙庆文. 蛋白质组学[M]. 北京:军事医学出版社,2010.

[14] 江亚平. 疯牛病带来的眼泪[J]. //罗维扬. 外国人怎么当农民[M]. 武汉:湖北人民出版社,2005:62—66.

[15] 姜颖,徐朗莱,贺福初. 质谱技术解析磷酸化蛋白质组[J]. 生物化学与生物物理进展,2003,30(3):350—356.

[16] 焦旭雯,赵树进. 药用植物代谢组学的研究进展[J]. 广东药学院学报,2007,23(2):228—230.

[17] 靳慧,张英东等. 淀粉样 β 肽相关阿尔茨海默病治疗进展[J]. 中风与神经疾病杂志,2011,28(4),378—380.

[18] 来鲁华等著. 蛋白质的结构预测与分子设计[M]. 北京:北京大学出版社,1993.

[19] 陆宏,霍正浩. 蛋白质构象病. 生物学通报[J]. 2005,40(9):9—10.

[20] 刘金凤,王京兰,钱小红等. 翻译后修饰蛋白质组学研究的技术策略[J]. 中国生物化学与分子生物学报,2007,23(2):93—100.

[21] 骆建新,郑掘村,马用信等. 人类基因组计划与后基因组计划[J]. 中国生物工程杂志,2003,23(11):87—94.

[22] 孟凡臣,张艳贞,胡英考等. 生物质谱及其在蛋白质组学研究中的应用[J]. 生物技术通讯,2006,17(3):468—47.

[23] 莫重文. 蛋白质化学与工艺学[M]. 北京:化学工业出版社,2007.

[24] 彭超,黄和,肖爱华等. 代谢组学分析技术平台及方法研究进展[J]. 食品安全与检测,2008,9:220—223.

[25] 钱小红,贺福初. 蛋白质组学:理论与方法[M]. 北京:科学出版社,2003.

[26] 屈伸,药立波,孙军. 图表生物化学[M]. 北京:人民卫生出版社,2010.

[27] 舒宏. 肝癌发生发展血清蛋白质组的比较研究和结合珠蛋白动态变化及 N-聚糖特征的探索[D]. 广西医科大学硕士学位论文,2008.

[28] 宋建德,朱迪国,郑雪光等. 欧盟牛海绵状脑病防控概况[J]. 中国动物检疫,2011,28(6):75—78.

[29] 坎贝尔. 探索基因组学、蛋白质组学和生物信息学[M]. 孙之荣译. 北京:科学出版社,2004.

[30] 王大成. 蛋白质工程[M]. 北京:化学工业出版社,2002.

[31] 徐曼,窦岫,杨春霞等. 大豆活性肽的研究进展[J],食品工业,2012,33(4):126—130.

[32] 王海波,安学丽,张艳贞等. 蛋白质相互作用研究方法及其应用[J]. 生物技术通报,2006(增刊):167—170.

[33] [英]特怀曼. 蛋白质组学原理[M]. 王恒樑,袁静,刘先凯等译. 北京:化学工业出版社,2007.

[34] 汪家政,范明. 蛋白质技术手册[M]. 北京:科学出版社,2000.

[35] 王金凤. 质谱和核磁共振成为研究生物大分子的重要方法——简介 2002 年诺贝尔化学奖得主的贡献. 生物物理学报,2002,18(4):379—382.

[36] 王京兰,钱小红. 磷酸化蛋白质分析技术在蛋白质组研究中的应用[J]. 分析化学,2005,33(7):1029—1035.

[37] 王镜岩,朱圣庚. 生物化学教程[M]. 北京:高等教育出版社,2008.

[38] 王镜岩,朱圣庚,徐长法. 生物化学(上册)[M]. 3 版. 北京:高等教育出版社,2002.

[39] 王克夷. 蛋白质导论[M]. 北京:科学出版社,2007.

[40] 王廷华,邢如新,游潮. 蛋白质理论与技术[M]. 2 版. 北京:科学出版社,2009.

[41] 王希成. 生物化学. 3 版[M]. 北京:清华大学出版社,2010.

[42] 王咏雪. 绿色荧光蛋白:生物化学中的"北斗星"——钱永健等三位科学家获诺贝尔化学奖[J]. 科学 24 小时,2009,1:7.

[43] 王志均. 班廷的奇迹——胰岛素的发现[J]. 生物学通报,2007,42(11):3—5.

[44] 韦佳. 田中耕一——其人其事[J]. 日本学刊,2003,2:154—157.

［45］夏其昌,曾嵘. 蛋白质化学与蛋白质组学［M］. 北京：科学出版社,2004.

［46］邢鸿飞编译. 生化无界［J］. 科学与社会——林道会议专题（一）,2011,12：43—48.

［47］许培扬. 胰岛素的发现者——班廷. http://blog. sciencenet. cn/home. php? mod＝space&uid＝280034&do＝blog&id＝270724

［48］杨芃原. 生物质谱技术与方法［M］. 北京：科学出版社,2003.

［49］尹恒,李曙光,白雪芳等. 植物代谢组学的研究方法及其应用［J］. 植物学通报,2005,22(5)：532—540.

［50］岳东方. 2004 年诺贝尔化学奖［J］. 生命科学,2004,16(6)：417—420.

［51］岳俊杰,冯华,梁龙主编：蛋白质结构预测实验指南［M］. 北京：化学工业出版社,2010.

［52］张洪渊. 生物化学原理［M］. 北京：科学出版社,2006.

［53］张倩,杨震,张艳贞等. 蛋白质糖基化修饰的研究方法及其应用［J］. 生物技术通报,2006,1：46—49.

［54］张婷. 小麦种子在萌发和幼苗生长时期的蛋白质组学分析［D］. 首都师范大学硕士学位论文,2012.

［55］张叶,雷虹. 生物活性肽药理活性的研究进展［J］. 北方药学,2012,9(1)：32—33.

［56］赵宝昌. 生物化学［M］. 北京：高等教育出版社,2004 年.

［57］赵德明. 传染性海绵状脑病［M］. 北京：中国农业大学出版社,2012.

［58］赵谋明,任娇艳. 食源性生物活性肽结构特征与生理活性的研究现状与趋势［J］. 中国食品学报,2011,11(9)：69—81.

［59］赵永芳,黄健. 生物化学技术原理及应用［M］. 4 版. 北京：科学出版社,2008.

［60］甄艳,许淑萍,赵振洲等. 2D-DIGE 蛋白质组技术体系及其在植物研究中的应用［J］. 分子植物育种,2008,6：405—412.

［61］曾晓波,林永成等. 食物中的生物活性肽：生物活性及研究进展［J］,食品工业科技,2004,25(4)：151—155.

［62］周程,纪秀芳. 诺贝尔奖级科技突破是怎样取得的——田中耕一发明软激光解吸电离法案例研究［J］. 科学研究,2009,27(10)：1473—1479.

［63］周海梦,王洪睿. 蛋白质化学修饰［M］. 北京：清华大学出版社,1998.

［64］D. R. 马歇克,J. T. 门永等著. 蛋白质纯化与鉴定实验指南［M］. 朱厚础等译. 北京：科学出版社,2000.

［65］朱杰,吴平. 绿色荧光蛋白的发现与发展［J］. 化学教学,2009,1：49—52.

［66］Adelinda Y. An NMR approach to structural proteomics［J］. PNAS, 2002, 99：1825—1830.

［67］Aebersold R, Mann M. Mass spectrometry-based proteomics［J］. Nature, 2003,422：198—207.

［68］Albbot A. And now for the proteome［J］. Nature,2001,409：747

［69］Anderson N G , Anderson N L. Proteome and proteomics: New technologies, new concepts, new words[J]. Electrophoresis,1998,19:1853—1861.

[70] Barry R C, Alsaker B L, Robison-Cox J F, et al. Quantitative evaluation of sample application methods for semipreparative separations of basic proteins by two-dimensional gel electrophoresis[J]. Electrophoresis, 2003, 24: 3390—3404.

[71] Berg J M, John L. Tymoczko, Lubert Stryer. Biochemistry[M]. 6th. W. H. Freeman and Company, 2007.

[72] Birgit K, Ganesh K A, Pawel D, et al. Plant phosphoproteomics: An update [J]. Proteomics, 2009, 9:964—988.

[73] Burbaum J. ,G. M. Proteomics in drug discovery[J]. Curr Opin Chem Biol, 2002,6:427—433.

[74] Branden C,Tooze J. Introduction to Protein Structure [M]. 2nd. Garland Publishing,1999.

[75] Carrel R W, Lamas D A. Conformational disease[J]. Lancet, 1997, 350: 134—138.

[76] Chakravarti D N, Chakravarti B, Moutsatsos I. Informatic tools for proteome profiling[J]. Computational Proteomics, 2002,32: S4—S15.

[77] Chen Jake Y, Stefano L. Biological data mining [M]. Taylor & Francis Group, Boca Raton London NewYork: CRC Press. 2010.

[78] Coiras M, Camafeita E, López M R-H, et al. Application of proteomics technology for analyzing the interactions between host cells and intracellular infectious agents[J]. Proteomics,2008,8(4):852—873.

[79] Dennison C,A Guide to Protein Isolation[M]. Netherlands: Kluwer Academic Publishers,2002.

[80] Dominguez D C, Lopes R, Torres M L, et al. Proteomics : clinical applications[J]. Clin Lab Sci. , 2007,20(4) :245—248.

[81] Dupont F M. Metabolic pathways of the wheat (*Triticum aestivum*) endosperm amyloplast revealed by proteomics[J]. Biomed Central (BMC) Plant Biology, 2008, 8:1471—2229.

[82] Englbrecht C C, Facius A. Bioinformatics challenges in proteomics[J]. Comb Chen High Throughput Screen, 2005, 8(8):705—715.

[83] Ficarro S B, McCleland M L, Stukenberg P T, et al. Phosphoproteome analysis by mass spectrometry and its application to Saccharomyces cerevisiae[J]. Nature Biotechnol, 2002,20:301—305.

[84] Fiels S. Proteomics in genomeland[J]. Science, 2001,291:1221—1224.

[85] Gandy Sam. The role of cerebral amyloid β accumulation in common forms of Alzheimer disease[J]. The journal of clinical investigation. 2005,115(5):1121—1129.

[86] Gao L Y, Ma W J, Yan Y M. Proteome analysis of wheat leaf under salt stress by two-dimensional difference gel electrophoresis (2D-DIGE) [J]. Phytochemistry, Proteomics Special Issues, 2011: 72: 1180—1191.

[87] Gao L Y, Ma W J, Chen J, et al. Characterization and Comparative Analysis of Wheat High Molecular Weight Glutenin Subunits by SDS-PAGE, RP-HPLC, HPCE, and MALDI-TOF-MS[J]. Journal of Agriculture and Food Chemistry, 2010, 58: 2777—2786.

[88] Gao X. Zhang X L. Zheng J J. He F C. Proteomics in China: Ready for prime time[J]. Science China, 2010,53(1):22—33.

[89] Garrett R H, Grisham C M. Biochemistry[M]. Belmont: Brooks Cole Publishing, 2008, fourth edition.

[90] Ge P, Ma C, Wang S, et al. Comparative proteomic analysis of grain development in two spring wheat varieties under drought stress[J]. Analytical and Bioanalytical Chemistry, 2012, 402:1297—1313.

[91] Ginalski K. Practical lessons from protein structure prediction[J]. Nucleic Acids Res, 2005,33:1874—1891.

[92] Gorg A, Obermaier C, Boguth G, Weiss W. Recent developments in two-dimensional gel electrophoresis with immobilized pH gradients: Wide pH gradients up to pH 12, longer separation distances and simplified procedures[J]. Electrophresis, 1999, 20: 712—717.

[93] Guo G f, Ge P, Ma Ch Y, et al. Comparative proteomic analysis of salt response proteins in seedling roots of two wheat varieties[J]. Journal of Proteomics, 2012, 75: 1867—1885.

[94] GST Gene Fusion System Handbook. https://www. gelifesciences. com/geh-cls _ images/GELS/Related% 20Content/Files/1314807262343/litdoc18115758AB _ 20110831220904. pdf

[95] Gygi S P, Coahals G L, Zhang Yet al. Evaluation of two-dimensional gel electmphoresis-based proteome analysis technology[J]. Proc Natl Acad Sci USA, 2000, 97: 9390—9395.

[96] Hanash S. Disease proteomics [J]. Nature, 2003,422:226—232.

[97] He Q Y,Chiu J F. Proteomics in biomarker discovery and drug development [J]. J Cell Biochem, 2003,89:868—886.

[98] http:// wenku. baidu. com/view/b02df9868762caaedd33d4a3. html)

[99] http://www. infzm. com/content/18480. 2008—10—15

[100] Giagen 产品手册(英文 PDF)http://www. qiagen. com/literature/handbooks/ literature. aspx? id=1000137

[101] Jeffery D A, Bogyo M. Chemical proteomics and its application to drug discovery[J]. Curr Opin Biotechnol, 2003,14:87—95.

[102] Jensen O N. Modification-specific proteomics: characterization of post-translational modifications by mass spectrometry[J]. Curr Opin Chem Biol, 2004,8:33—41.

[103] Kalume D E, Molina H, Pandey A. Tackling the phosphoproteome: tools and strategies[J]. Curr Opin Chem Biol, 2003,7:64—69.

[104] Kannicht C. Posttranslational Modifications of Proteins-Tools for Functional Proteomics[M]. Totowa Humana Press, 2002.

[105] Koller A, Washburn M P, Lange B M, et al. Proteomics survey of metabolic pathways in rice[J]. Proc Natl Acad Sic USA, 2002, 99: 11969—11974.

[106] Lecchi P, Gupet A R, Perez R E et al. Size-exclusion chromotography in multidimensional separation schemes for proteome analysis[J]. J Biochem Biophys Methods, 2003, 56: 141—152.

[107] Lee K H. Proteomics: a technology driven and technology-limited discovery science[J]. Trends Biotechnol, 2001, 19: 217—222.

[108] Liebler D C, Yates J R. Introduction to Proteomics - Tools for the New Biology[M]. Totowa: Humana Press, 2002.

[109] Li J, Wang Sh L, Yu Z T, et al. Optimization and development of capillary electrophoresis for separating and identifying wheat low molecular weight glutenin subunits [J]. Journal of Cereal Science, 2012, 55: 254—256.

[110] Li Q Y, Ji K M, Zhang Y Z, et al. Characterization of monoclonal antibodies specific to wheat glutenin subunits and their correlation with quality parameters[J]. Can. J. Plant Sci., 2009, 89: 11—19.

[111] Lee W C, Lee K H. Application of affinity chromatography in proteomics [J]. Anal Biochem, 2004, 324: 1—10.

[112] Liu W, Zhang Y, Gao X, et al. Comparative proteome analysis of glutenin synthesis and accumulation in developing grains between superior and poor quality bread wheat cultivars[J]. J Sci Food Agric, 2012, 92: 106—115.

[113] Lueking A, Horm M, Eickhoff H, et al. Protein microarrays for gene expression and antibody screening [J]. Analytical Biochemistry, 1999, 270: 103—111.

[114] Mann M, Jensen O N. Proteomic analysis of post-translational modifications [J]. Nature Biotechnology, 2003, 21: 255—261.

[115] Mann M, Ong S E, Grønborg M, et al. Analysis of protein phosphorylation using mass spectrometry: deciphering the phosphoproteome [J]. Trends Biotechnol, 2002, 20: 261—268.

[116] Marko-Varga G., Fehniger T. E. Proteomics and disease-The challenges for technology and discovery [J]. J Proteomr Res, 2004, 3: 167—178.

[117] Mitsuaki Yanagida. Functional proteomics: current achievements[J]. Journal of Chromatography B, 2002, 771: 89—106.

[118] Morelle W, Canis K, Chirat F, et al. The use of mass spectrometry for the proteomic analysis of glycosylation [J]. Proteomics, 2006, 6(14): 406—414.

[119] Ndimba B K, Chivasa S, Simon W J, Slabas A R. Identification of Arabidopsis salt and osmotic stress responsive proteins using two-dimensional difference gel electrophoresis and mass spectrometry[J]. Proteomics, 2005, 5: 4185—4196.

[120] Ng J H, Ilag L L. Biomedical applications of protein chips[J]. J Cell Mol

Med，2002,6:329—340.

[121] Peng J M，Schwartz D，Elias J E，et al. A proteomics approach to under-standing protein ubiquitination[J]. Nature Biotechnol，2003,21:921—926.

[122] Posch A，Weiss W，Wheeler C，et al. Sequence analysis of wheat grain aller-gens separated by teo-dimensional electrophoresis with immobilized pH gradients[J]. E-lectrophoresis，1995,18:1115—1119.

[123] Prusiner S B，Groth D F，Bolton D C，et al. Purification and structural stud-ies of a major scrapie prion protein[J]. Cell,1984,38(1):127—134.

[124] Qian B. High-resolution structure prediction and the crystallography phase problem [J]. Nature,2007,450: 259—264.

[125] Rabilloud T. Two-dimensional gel electrophoresis in proteomics：old，old fashioned，but still it climbs up the mountains[J]. Proteomics,2002,2:3—10.

[126] Reif D M，White B C，Moore J H. Integrated analysis of genetic,genomic and proteomic data[J]. Expert Rev. Proteomics,2004,1:67—75.

[127] Richard A. Harvey，Denise R. Ferrier. 图解生物化学[M]. 林德馨译.北京：科学出版社,2011.

[128] Schueler-Furman Ora. Progress in modeling of protein structures and interac-tions[J]. Science,2005,310: 638—639.

[129] Soto C,Gabriela P S. Prions:disease propagation and disease therapy by con-formational transmis[J]. Tren in Mol Med,2001,7:109—114.

[130] Starck J，Ilenius G K，Marklund B-I，et al. Comparative proteome analysis of *Mycobacterium tuberculosis* grown under serobic and anserobic conditions [J]. Micro-biology，2004,150 (11):3821—3829.

[131] Timms J F，Cramer R. Difference gel electrophoresis [J]. Proteomics，2008,8 (23—24): 4886—4897.

[132] Tyers M，Mann M. From genomics to proteomics [J]. Nature，2003,422：193—197.

[133] Williams M. Target validation [J]. Curr Opin Pharmacol，2003，3：571—577.

[134] Witze E S，Old W M，Resing K A，et al. Mapping protein post-translational modifications with mass spectrometry[J]. Nat Methods，2007,4(10):798—806.

[135]Yamagata A,Kristensen D B,Takeda Y，et al. Mapping of phosphorylated proteins on two-dimensional polyacrylamide gels using protein phosphatase[J]. Pro-teomics,2002,2:1267—1276

[136] Zhang J T，Liu Y. Use of comparative proteomics to identify potential resist-ance mechanisms in cancer treatment[J]. Cancer Treat Rev，2007,33(8):741—756.

[137] Zhang L J，Lu H J，Yang P Y. Specific enrichment methods for glycopro-teome research[J]. Anal Bioanal Chem，2010，396:199—203.

[138] Zhang Y Z，Li X H，Wang A L，et al. Novel x-type HMW glutenin genes

from Aegilops tauschii and their implications on the wheat origin and evolution mechanism of Glu-D1-1 proteins[J]. Genetics, 2008, 178(1): 23—33.

[139] Zhou H, Watts J D, Aebersold R. A systematic approach to the analysis of protein phosphorylation. Nat Biotechnol, 2001, 19, (4), 375—378.

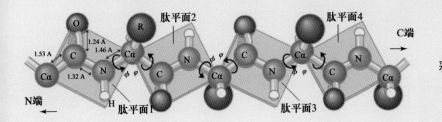

彩图1 肽键/肽平面和 Cα的二面角

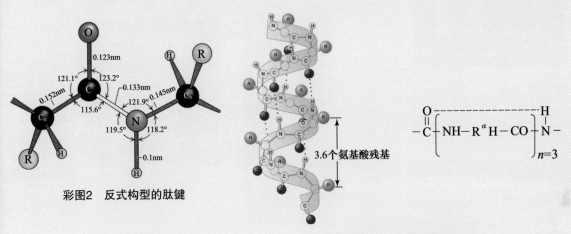

彩图2 反式构型的肽键

彩图3 α螺旋结构特点

3.6个氨基酸残基

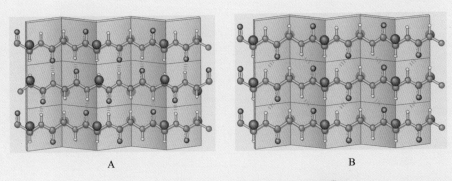

彩图4 反平行式（A）与平行式（B）折叠结构

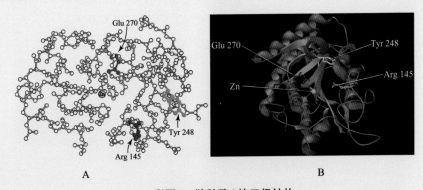

彩图5 羧肽酶A的三级结构

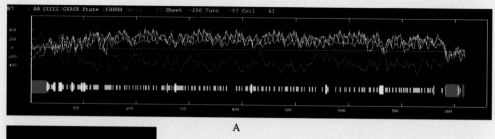

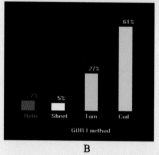

彩图6　GOR方法预测结果示例

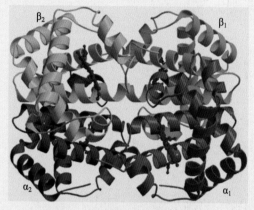

彩图7　血红蛋白四级结构示意图

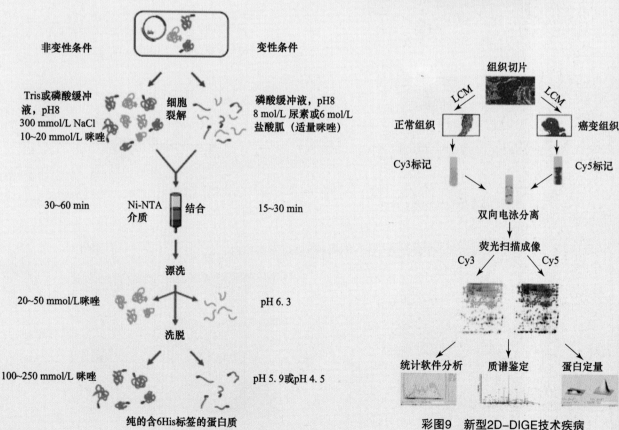

彩图8　分别在天然条件和变性条件下对
含有6His标签的融合蛋白进行亲和层析

彩图9　新型2D-DIGE技术疾病
相关差异蛋白分离鉴定示意图